高等职业教育"十三五"规划教材

网络交换技术

张 博 主编

北京邮电大学出版社
www.buptpress.com

内 容 简 介

计算机网络的出现与发展,深刻地改变着世界,每个人的生活和工作都与计算机网络密切相关。目前对于网络组建、网络应用及网络运维人员的需求量越来越大,随着物联网、大数据、人工智能等新技术热点的"井喷",对于支撑它们的计算机网络又迎来了新的一轮变革。计算机行业从业者如何在信息化的浪潮中,把握机会,学习和掌握一项关键技能,为自己筹划未来,计算机网络技术无疑是很好的选择。

本书较完整地叙述了数据通信原理、网络交换技术常用的协议及设备,将数据通信、计算网络的知识融合在一起,主要介绍了数据通信技术基础、交换技术(交换机)、安全技术(防火墙)等理论内容以及基于此基础之上的实训实践。在介绍理论知识的前提下,着重强调了应用能力的培养,使读者在学习的过程中,不仅掌握理论知识,而且具备实际的应用能力。通过学习本书,读者可以对数据通信和网络技术有一个全面的了解,掌握数据通信网络基础实验的实际配置与管理方法。

本书内容完整、新颖、实用,适于作为计算机应用、计算机网络、电子与信息工程、通信等相关专业的大学教材或自学用书,也可作为以上相关专业的工程技术人员和管理人员自学用书或工具用书。

图书在版编目(CIP)数据

网络交换技术 / 张博主编 . -- 北京:北京邮电大学出版社,2019.8(2021.6 重印)
ISBN 978-7-5635-5768-4

Ⅰ. ①网… Ⅱ. ①张… Ⅲ. ①网络交换 Ⅳ. ①TP393

中国版本图书馆 CIP 数据核字(2019)第 161807 号

书　　　名	网络交换技术
主　　　编	张　博
责 任 编 辑	满志文
出 版 发 行	北京邮电大学出版社
社　　　址	北京市海淀区西土城路 10 号(邮编:100876)
发 行 部	电话:010-62282185　传真:010-62283578
E-mail	publish@bupt.edu.cn
经　　　销	各地新华书店
印　　　刷	唐山玺诚印务有限公司
开　　　本	787 mm×1 092 mm　1/16
印　　　张	15
字　　　数	373 千字
版　　　次	2019 年 8 月第 1 版　2021 年 6 月第 2 次印刷

ISBN 978-7-5635-5768-4　　　　　　　　　　　　　　　　　定　价:45.00 元

前　言

随着计算机网络技术的发展以及计算机网络在人们日常生活中的普遍应用,从最普通的办公局域网、SOHO 网络到较为复杂的具有路由功能的跨区域网及国际互联网,计算机网络正无处不在地影响着人们的生活,计算机网络已经成为与人们日常生活息息相关的一种技术。本书着重介绍了数据通信技术的基础、交换技术、安全技术,并在最后一章通过华为 eNSP 网络仿真平台进行数据通信的基础实训,让广大读者在没有真实设备的情况下模拟演练,学习数据通信网络技术。

本书由浅入深地介绍了数据通信网络的基础概念及交换技术、安全技术等主要技术,力求以全新的视野,通过 eNSP 对企业网络路由器、交换机进行软件仿真,完美呈现真实设备实景,支持大型网络模拟,让广大读者有机会在没有真实设备的情况下能够模拟演练,学习网络技术。本书第 1 章对数据通信技术的基础知识进行了介绍。第 2 章对交换技术(交换机)进行了详细介绍。第 3 章对安全技术(防火墙)进行了介绍。第 4 章实训指导通过 eNSP 介绍了数据网中常见的网络配置。

本书在介绍数据组网时以华为公司的产品为例,具有一定的代表性,读者可以举一反三。

本书由北京政法职业学院信息技术系张博老师主编,由于编者水平有限,书中难免存在不妥之处,恳请广大读者批评指正。

编　者

目　　录

第 1 章　数据通信技术概述

1.1　数据通信基础

目前,人类社会已经进入信息时代,信息和通信已成为现代社会的"命脉"。通信作为传输信息的手段和方式,已经成为推动人类社会文明的进步与发展的巨大动力。数据通信是通信技术与计算机技术相结合而产生的一种新的通信方式。数据通信是网络实现资源共享的基础,数据通信网络的核心是数据通信设备,网络中的信息交换是指一个计算机系统中的信号通过网络传输到另一个计算机系统中去处理和使用。如何将计算机中的信号进行传输,这是数据通信需要解决的问题。由于计算机在数据通信领域中的不断渗透,现在大多数信息交换都是在计算机之间,或计算机与其终端、打印机等外围设备之间进行,所以人们把数据通信也称为计算机通信。要在两地间传输信息必须有传输信道,根据传输介质的不同,分为有线数据通信与无线数据通信。但它们都是通过传输信道将数据终端与计算机连接起来,而使不同地点的数据端实现软、硬件和信息资源的共享。

1.1.1　数据通信基本概念

数据通信主要是在网络的两点或多点之间传送数据信息的过程。因此,数据通信就是按照**通信协议**,通过**传输信道**,利用**传输技术**在**功能单元**之间传送**数据信息**,从而实现计算机与计算机之间、计算机与数据终端之间、数据终端与数据终端之间的信息交互而产生的一种通信技术。

数据通信和数字通信有概念上的区别。数据通信是一种通信方式,而数字通信则是一种通信技术体制。在电信系统中,在电信号的传输与交换可以采用模拟技术体制,也可以采用数字技术体制。对于数据通信,既可以采用模拟通信技术体制,也可以采用数字通信技术体制,即在信源和信宿中,数据是以数字形式存在的,但在传输期间,数据可以是数字形式也可以是模拟形式。

在数据通信系统中,数据的传输要借助于一定形式的物理信号,如电信号、光信号或电磁波等。信号代表数据,但不完全等同于数据。两者存在一定的编码关系。简单地说,信号是数据的物理表现。

1. 信息、信号和数据

通信是为了交换信息(information)。信息的载体可以是数字、文字、声音、图形、图像和视频等,常称它们为数据(data)。数据是由数字、字符和符号等组成的,是一种承载信息的实体。它涉及事物的具体形式,数据是对客观事实进行描述与记载的物理符号。而信息是对数据的解释,是数据的集合、含义与解释。数据和信息是有区别的。数据是独立的,是尚未组织起来的事物的集合。信息在不同的领域有不同的定义,一般认为信息是人对现实世界事物存在方式或运动状态的某种认识。例如,对一个企业当前生产各类经营指标的数据进行分析,可以得出企业生产经营状况的若干信息。这说明表示信息的形式可以是数字、文字、声音、图形、图像及视频等,这些归根到底都是数据的一种形式,是数据的内容和解释,也就是说,数据是信息的表现形式,信息是数据形式的内涵。数据可分为模拟数据和数字数据。

模拟数据(analog data)是在某个区间内连续的值。如声音和视频就是频率和振幅随时间连续改变的值。模拟数据大多数用传感器收集,如温度和压力都是模拟数据。

数字数据(digital data)是离散而不连续的值。它用一系列符号代表信息,而每个符号只可以取有限的值,如文本信息和整数。

信号(signal)是数据的具体物理表示形式,或称数据的电磁或电子编码,它使数据以适当的形式在介质上传输。信号按其编码机制可分为模拟信号和数字信号两种。

模拟信号(analog signal)是随时间连续变化的电磁波信号,其特点是幅度连续。连续的含义是在某一取值范围内可以取无限多个数值。也就是说,连续变化的模拟信号的取值可以有无限多个,是某些物理量的测量结果,这种信号可以用不同的频率在各种介质上传输。例如,电话的话音信号和传真、电视的图像信号都是模拟信号。图 1-1-1(a)所示的信号即为模拟信号。

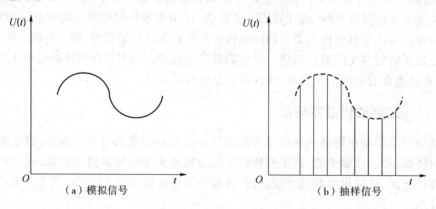

图 1-1-1　模拟信号的表示

图 1-1-1(b)所示的信号是抽样信号,该信号在时间上是离散的,但其幅度仍是连续的,所以图 1-1-1(b)所示的仍是模拟信号。

数字信号(digital signal)是随时间离散变化的信号,其特点是幅度被限制在有限个数值之内,它不是连续的,而是离散的。如图 1-1-2 所示,数字信号的波形是一系列的电脉冲。图 1-1-2(a)是二进制数字信号,每个码元只能取"0""1"两个状态之一,如计算机的计算结果、数字仪表的测量结果等。图 1-1-2(b)是四进制数字信号,其每个码元只能取(-3,-1,1,3)四个状态中的一个。这种幅度离散的信号称为数字信号。

通信的根本目的是传输信息,而信息往往以具体的数据形式来表现。数据通过介质传输时,又必须转换为一定形式的信号。因此,通信归根到底是在一定的传输媒体上传输信号,以达到交换信息的目的。数据、信息、信号这三者是紧密相关的,在数据通信系统中,人们关注更多的是数据和信号。

2. 数据通信系统的模型

用于传递信息所需的全部技术设备和传输介质的总和称为通信系统。通信系统的功能

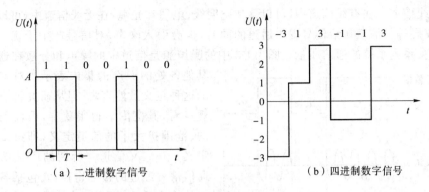

（a）二进制数字信号　　　　　　　（b）四进制数字信号

图 1-1-2　数字信号的表示

是对原始信号进行转换、处理和传输。由于通信系统的种类繁多，因此它们的具体设备组成和业务功能可能不尽相同，经过抽象概括，可以得到通信系统一般模型，如图 1-1-3 所示。

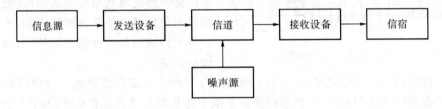

图 1-1-3　通信系统的模型

一般来说，点到点的通信系统均可用图 1-1-3 表示。

（1）信息源

信息源（简称信源）是产生和发送信息的一端，是消息的产生来源，其作用是把各种消息转换成原始电信号。根据消息种类的不同，信源可分为模拟信源和数字信源。模拟信源输出的是连续的模拟信号，电话机和摄像机就是模拟信源；数字信源输出的是离散的数字信号，如计算机等各种数字终端设备。

（2）发送设备

发送设备的作用是将原始电信号转换成适合信道中传输的信号，使发送信号的特征和信道特性相匹配。在实际的通信系统中有各种具体的设备名称。发送设备涵盖放大、滤波、编码、调制等过程。例如，信源发出的是数字信号，当要采用模拟信号传输时，则要用调制器将数字信号转换成模拟信号，而接收端要将模拟信号恢复为数字信号。则因为在通信中常要进行两个方向的传输，故将调制器与解调器做成一个设备，称为调制解调器，其具有将数字信号转换为模拟信号和将模拟信号恢复为数字信号两种功能。当信源发出的为模拟信号，而要以数字信号的形式传输时，则要将模拟信号转换为数字信号，这通常是通过编码器来实现的，在接收端再经过解码器将数字信号恢复为原来的模拟信号。实际上，也是考虑到一般为双向通信，故将编码器与解码器做成一个设备，称为编码解码器。对于多路传输系统，发送设备中还包括多路复用器。

（3）信道

信道即传输信号的通道，是指信号的传输介质，用来将来自发送设备的信号传输到接收端，它是任何通信系统中最基本的组成部分。信道的定义通常有两种，即狭义信道和广义信道。所谓的狭义信道是指传输信号的物理传输介质。狭义信道概括起来分为两种，即有线信道和无线信道。在有线信道中,可以是架空明线、电缆和光缆;在无线信道中,可以是自由空间、电离层等。信道在给信号提供通道的同时,也会引入噪声,对信号产生干扰。信道的噪声直接关系到系统的通信质量。图 1-1-3 中的噪声源是信道中的噪声和分散在通信系统

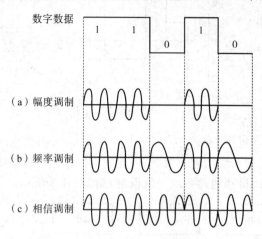

其他各处的噪声的集中表示。对狭义信道的这种定义虽然直观,但从研究消息传输的观点看,其范围显得很狭窄,因而引入了新的、范围扩大了的信道定义,即第二种信道定义——广义信道。所谓的广义信道是指通信信号经过的整个途径,它包括各种类型的传输介质和中间相关的通信设备等。对通信系统进行分析时常用的一种广义信道是调制信道,如图 1-1-4 所示。调制信道是从研究调制与解调角度定义的,其范围从调制器的输出端至解调器的输入端,由于在该信道中传输的是已被调制的信号,故称其为调制信道。

图 1-1-4 数字数据的 3 种调制方法

另一种常用的广义信道是编码信道,如图 1-1-5 所示。编码信道通常指由编码器的输出到译码器的输入之间的部分,实际的通信系统中并非要包括其所有环节,如下节所要讲的基带传输系统中就不包括调制与解调环节,至于采用哪些环节,取决于具体的设计条件和要求。

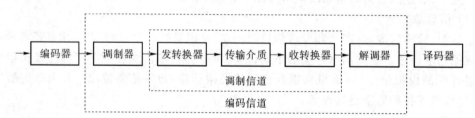

图 1-1-5 广义信道的划分示意图

(4)接收设备

接收设备的作用是对接收的信号进行处理和恢复,如解调、译码等,其目的是从受到衰减的接收信号中正确恢复出原始电信号。对于多路复用信号,接收设备还应包括正确分路的功能。

(5)信宿

信宿(也称受信者),它是传送消息的目的地,其作用与信息源相反,即把原始电信号转换成相应的消息,如扬声器等。

此外,信息在信道中传输时,可能会受到外界的干扰,一般称之为噪声。噪声不是人为实现的实体,在实际的通信系统中客观存在,在图 1-1-3 模型中将它集中表示。实际上,干扰噪声可能在信源处就混入了,也可能从构成转换器的电子设备中引入。传输信道中的电磁感应及接收端的各种设备也可能引入干扰噪声。如信号在无屏蔽双绞线中传输会受到电磁场的干扰。数据通信系统是指以计算机为中心,用通信线路连接分布在各地的数据终端设备而执行数据传输功能的系统。

3. 数据通信与信道

数据通信(data communication)是依照一定的通信协议,利用数据传输技术在两个终端之间传递数据信息的一种通信方式和通信业务。它可以实现计算机和计算机、计算机和终端以及终端与终端之间的数据信息传递,是继电报、电话业务之后的第三种的通信业务。

在许多情况下,我们要使用"信道(channel)"这一名词。信道和电路并不等同。信道一般都是用来表示向某一个方向传输信息的介质。因此,一条通信电路往往包含一条发送信道和一条接收信道。一个信道可以看成是一条电路的逻辑部件。

信道可以分成传输模拟信号的模拟信道和传输数字信号的数字信道两大类。但应注意,数字信号在经过数模转换(D/A)后就可以在模拟信道上传输,而模拟信号在经过模数转换(A/D)后也可以在数字信道上传输。

信号在信道上传输的形式有基带传输和频带传输。简单来说,所谓基带传输就是将数字信号1或0直接用两种不同的电压来表示。然后直接送到线路上去传输。而频带传输则是将基带信号进行调制变换,变成能在公用电话网中传输的模拟信号。基带信号进行调制后,其频谱搬移到较高的频率处。由于每一路基带信号的频谱被搬移到不同的频段,因此合在一起后并不会互相干扰。这样做就可以在一条电缆中同时传输许多路的数字信号,因而提高了线路的利用率,这就是所谓的频分复用。

在通信网的发展初期,所有的通信信道都是模拟信道。但由于数字信道可提供更高的通信服务质量,因此过去建造的模拟信道正在被新的数字信道所代替。现在计算机通信所使用的通信信道,在主干线路上已基本是数字信道。但目前大量的用户线路则基本上还是传统的模拟信道。

4. 数据通信性能指标

对一个数据通信网络如何进行评价是个很重要的问题,为了取得理想的通信效果,用户总是希望一个数据通信网络传输速率快、出错率低、可靠性高、传输信息量大,既经济又便于维护。这些要求可以用下列指标来描述。

(1) 模拟通信系统的有效性

模拟通信系统是利用模拟信号来传递信息的通信系统,其模型如图1-1-6所示。这里将发送设备简化为调制器,接收设备简化为解调器,主要是强调调制、解调在模拟通信系统中的重要作用。通常将信源发出的原始电信号称为基带信号,基带的含义是指信号的频谱从零频附近开始,如语音信号为300~3 400 Hz,图像信号为0~6 MHz。由于基带信号具有很低的频谱分量,通常不能直接在信道中传输,它必须通过调制才能转换成适合不同信道中传输的信号,并可在接收端进行恢复(解调)。经过调制后的信号称为已调信号,由于其频谱远离零频且具有带通形式,因而已调信号又称频带信号。

图1-1-6 模拟通信系统模型

模拟通信系统的有效性通常用传输频带来度量。当信道的容许传输带宽一定时,信号的传输频带越窄,信道能容许同时传输的信号路数越多,其有效性就越好。另外,信号的传输频带与调制方式有关,例如话音信号,采用单边带调制(SSB)时,占用的带宽仅为 4 kHz,而采用调频(FM)时,占用的带宽则为 48 kHz(调频指数为 5 时)。显然调幅信号的有效性比调频的好。

(2) 数字通信系统的有效性

数字通信系统是利用数字信号来传递信息的通信系统,其模型如图 1-1-7 所示。在数字通信系统中,除了调制和解调外,还有信息源编码与译码、信道编码与译码、加密与解密等。

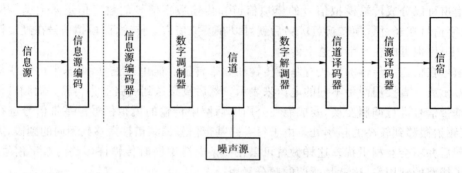

图 1-1-7　数字通信系统的模型

当信源发出的是模拟信号时,需要信源编码将其转换为数字信号,以实现模拟信号的数字化传输。信源编码的作用就是完成模数(A/D)转换,信源译码则是信源编码的逆过程,即完成数模(D/A)转换。对于信源已经是数字信号的情况,则可省去信源编码的环节。

信道编码的目的是提高数字信号的抗干扰能力。由于信道噪声的干扰,可能会使传输的数字信号产生差错,为了减小差错,需在信源编码后的信息码流中,按一定规律加入多余码元(称为冗余码),以使码元之间形成较强的规律性。接收端的信道译码器根据一定规律进行解码,以实现自动检错和纠错的功能,提高系统的可靠性。

数字调制的作用是把数字基带信号转换成适合在信道中传输的带通信号,在接收端采用数字解调还原数字基带信号。将数字基带信号直接送到信道上的传输方式称为数字信号的基带传输,而将数字基带信号经过调制后送到信道的传输方式称为数字信号频带传输。

在数字通信中,为了保证所传信息的安全,人为地将被传输的数字序列扰乱,即加上密码,这种处理过程称为加密。在接收端利用与发送端相同的密码对收到的数字序列进行解密,恢复原来的信息。

需要说明的是,图 1-1-7 是数字通信系统的一般化模型,实际的数字通信系统不一定包括图中的所有环节。例如,当信息源是数字信息时,则信息源编码和译码环节可以省略,对于数字基带传输系统,则无须调制与解调。

数字通信系统的有效性可用传输速率和频带利用率来衡量。

1) 信号传输速率

信号传输速率即每秒发送的码元数(又称"信号速率"或"调制速率""波形速率""码元速率""传码率""波特率"),其定义为单位时间(每秒)传送码元的数目,单位为波特(Baud),简记为 R_B。如果设 T 为数字脉冲信号的宽度或周期,单位为秒,则波特率 $R_B = 1/T$(Baud)。例如,某系统在 2 s 内传送 2 400 个码元,则该系统的码元速率为 1 200 Baud。码元速率仅仅表示单位时间内传送码元的个数,而没有限定码元是何种进制,即码元可以是多进制的,也可以是二进制的。

根据码元速率的定义,设 T 为数字脉冲信号的宽度或周期,单位为秒,N 为脉冲信号所有可能的状态数(如数字信号的状态数只有"0"和"1"两个状态,$N=2$),则信号传输速率计算公式为

$$R_B = 1/T \log_2 N \tag{1-1}$$

当 $N=2$ 时,

$$R_B = 1/T \tag{1-2}$$

最高可应用的波特率受到信道的最高码元传输速率的限制。这种最高速率由"奈奎斯特准则"决定:

$$理想低通信道最高码元传输速率 = 2W(\text{Baud}) \tag{1-3}$$
$$理想带通信道最高码元传输速率 = W(\text{Baud}) \tag{1-4}$$

式(1-3)中的 W 是理想低通信道的带宽(单位是 Hz)。其中"理想低通信道"就是信号的所有低频分量,只要频率不超过某个上限值,都能不失真地通过此信道。而频率超过该上限值的所有高频分量都不能通过该信道。式(1-4)中的"理想带通信道"是指频率在从频带下限频率 f_1 到频带上限频率 f_2 之间的频率分量能够不失真地通过此信道,而低于 f_1 和高于 f_2 的所有频率分量都不能通过该信道。实际中如果信号传输速率超过了式中给出的最高码元传输速率,在接收端将无法准确地判断出传输码元(0 或 1)的正确值。

需要强调的一点是,上面说的具有理想低通(或带通)信道是理想化的信道,它和实际上所使用的信道有相当大的差别。所以一个实际的信道所能传输的最高码元速率,要明显低于奈奎斯特准则给出的这个上限数值。

2) 数据传输速率

数据传输速率是指每秒能传输二进制代码的位数(比特数)。它反映出一个数据传输系统每秒内所传输的信息量的多少。数据传输速率又称信息传输速率,简称传信率,又称比特率,简记为 R_b。其定义为单位时间内平均传送的信息量或比特数,单位为比特/秒,简记为 bit/s 或 b/s。更常用的比特率的单位是千比特每秒 bit/s、兆比特每秒 Mbit/s(10^6 bit/s)、吉比特每秒 Gbit/s(10^9 bit/s)和太比特每秒 Tbit/s(10^{12} bit/s)。数据传输速率的高低,由每位数据所占的时间宽度决定,一位数据所占的时间宽度越小,其数据传输速率越高。

比特率受到信道的最大传输能力即极限信息传输速率限制。这种极限速率由著名的香农(Shannon)公式表示,则信道的极限信息传输速率 C 可表达为

$$C = W \log_2(1 + S/N) \tag{1-5}$$

式(1-5)中 W 为信道的带宽(以 Hz 为单位);S 为信道内所传信号的平均功率;N 为信道内部的高斯噪声功率;S/N 是信号功率与噪声功率之比,简称信噪比,单位为分贝(dB)。

香农公式表明,信道的带宽或信道中的信噪比越大,则信道的极限信息传输速率就越高。但更重要的是,香农公式指出了只要信息传输速率低于信道的极限信息传输速率,就一定可以找到某种办法来实现无差错的传输。不过,香农没有明确具体的实现办法,这要由研究通信的专家去寻找。事实上,自从香农公式发表后,人们不断在努力探索和研究各种各样的信号转换与处理(调制)技术,其目的都是为了尽可能地接近香农公式所给出的传输速率极限。一条信道上实际所运用的传输速率一般都远小于由公式所给出的值。

"比特率"和"波特率"是在两种不同概念上定义的速率单位。一般地,如果某数字传输系统的码元状态数为 N,则系统中比特率和波特率的关系是 $R_b = R_B \log_2 N$。当 $N=2$ 时,波特率与比特率两者在数值上是相等的,但它们所代表的意思却不同。要反映真实的信息传

输速率大小，必须使用"比特率"（即信息速率）。例如，某系统在 1 秒内传送 3 600 个二进制数字信号，则该系统的信息速率 R_b＝3 600 bit/s。

对于 M 进制传输，由于每个码元可用 $k(k=\log_2 M)$ 位二进制码元表示，因此，码元速率和信息速率可通过式（1-6）、式（1-7）来换算，即

$$R_b=R_B \log_2 M \tag{1-6}$$

或

$$R_B=\frac{R_b}{\log_2 M} \tag{1-7}$$

例如在八进制（$M=8$）中，若码元速率为 1 200 Baud，则信息速率为 3 600 bit/s。对于二进制数字信号，由于 $M=2$，故其码元速率和信息速率在数量上相等。

3）频带利用率

在比较不同通信系统的有效性时，不能单看它们的传输速率，还应考虑所占用的频带宽度，因为两个传输速率相等的系统其传输效率并不一定相同。所以，真正衡量数字通信系统的有效性指标是频带利用率，其定义为单位带宽（1 Hz）内的传输速率，即

$$\eta=\frac{R_B}{B} \tag{1-8}$$

或

$$\eta_b=\frac{R_b}{B} \tag{1-9}$$

式中，B 为信道所需的传输带宽。

4）可靠性指标

模拟通信系统的可靠性通常用整个通信系统的输出信噪比来衡量，由于信道内存在噪声，因此接收到的波形实际上是信号和噪声的叠加，它们经过解调后同时在通信系统的输出端出现。因此，噪声对模拟信号的影响可用输出信号功率与噪声功率之比来衡量。显然输出信噪比越高，通信系统的质量越好，或者说该系统的抗噪声能力就越强。同样，不同调制方式的输出信噪比是不同的，如调频信号的输出信噪比，即抗干扰能力比调幅信号的好。但是，调频系统的有效性不如调幅系统，这里又出现了可靠性与有效性之间的矛盾。

数字通信系统的可靠性常用误码率和误信率表示。

① 误码率

误码率是指错误接收的码元数与传输的总码元数之比，即

$$P_e=\frac{错误码元数}{传输总码元数} \tag{1-10}$$

② 误信率

误信率又称误比特率，是指错误接收的比特数与传输的总比特数之比，即

$$P_b=\frac{错误比特数}{传输总比特数} \tag{1-11}$$

在二进制数字通信中，误码率与误比特率相等。即

$$P_e=P_b \tag{1-12}$$

显然，从通信的有效性和可靠性出发，希望单位频带的传信率越大越好，误码率越小越好。

一般的电话通信线路，当传输率在 600～2 400 bit/s 时，其 P_e 为 10^{-6}～10^{-4} 时就可以满足通信质量的要求。但随着传输速率的增加，P_e 也会明显地增大。在计算机与计算机之间传输数据时，其 P_e 要求低于 10^{-9}。

传输出错是指信号在物理信道传输的过程中,由于受到线路本身所产生的随机噪声(又称热噪声)的影响,使信号发生畸变。相邻线路间的干扰,以及各种外界因素(如大气中的闪电、开关的跳变、外界的强电流磁场的变化、电源电压的波动等)都会造成信号的失真。信号的任何一点变化或失真,都会造成接收端接收到的二进制数位(码元)和发送端实际发送的二进制数位不一致,如"1"变为"0",或"0"变为"1"。

5)信道容量

信道容量用来表征一个信道传输数字信号的能力,它以数据传输速率作为指标,它表示一个信道的最大数据传输速率,单位是比特每秒(bit/s)。信道容量与数据传输速率的区别是,前者表示信道的最大数据传输速率,是信道传输数据能力的极限,而后者是实际的数据传输速率。

1.1.2 数据编码技术

一般来说,模拟数据采用模拟信号传输,可以不做任何转换,但这仅限于基带传输,即按原始信号的固有频率来传输。数据基带信号都是用携带信息的电脉冲来表示的。表示单个数据信息或码元的电脉冲形状称为波形,如矩形波、三角波、升余弦波等。表示数据信息序列或码元序列的电脉冲格式称为码型,如单极性归零码、双极性非归零码等。在有线信道中传输的基带信号又称为线路传输码型,即传输码。为了适应信道传输特性和恢复数据信号的需要,数据基带信号应具有下列主要特性。

(1)对于传输频带低端受限的信道,线路传输码型的频谱中应不含有直流分量。

(2)信号的抗噪声能力要强。产生误码时,在译码中产生误码扩散的影响越小越好。

(3)便于从信号中提取位定时信息。

(4)尽量减少基带信号频谱中的高频分量,以节省传输频带并减小串扰。

(5)对于采用分组形式传输的基带通信,收信端除了要提取位定时信息,还要恢复出分组同步信息,以便正确划分码组。

(6)码型应与信源的统计特性无关。信源的统计特性是指信源产生各种数字信息时频率分布。

(7)编译码的设备应尽量简单,易于实现。

数据基带信号的常见码型有单极性非归零码、双极性非归零码、单极性归零码、双极性归零码、差分码等,下面分别介绍基本码型的编码规则、特点及应用等。

1. 单极性非归零码

单极性编码(图 1-1-8)只使用一个电压值代表二进制中的一个状态,而以零电压代表另一个状态。非归零码(Not Return Zero code,NRZ 码)指的是在整个码元期间电平保持不变。

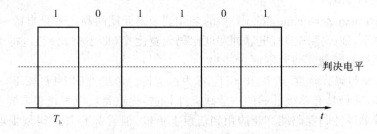

图 1-1-8 单极性非归零码波形

单极性非归零码波形如图 1-1-8 所示,这是一种最简单、最常用的基带信号形式。这种信号脉冲的零电平和正电平分别对应着二进制代码 0 和 1,或者说,它在一个码元时间内用脉冲的有或无来对应表示 0 或 1 码。单极性非归零码有如下特点:

(1) 发送能量大,有利于提高接收端信噪比;

(2) 在信道上占用频带较窄;

(3) 有直流分量,将导致信号的失真与畸变,且由于直流分量的存在,无法使用一些交流耦合的线路和设备;

(4) 不能直接提取位同步信息;

(5) 接收单极性 NRZ 码的判决电平应取"1"码电平的一半。

由于单极性 NRZ 码特点中的一些缺点,数字基带信号传输中很少采用这种码型,它只适合用于导线连接的近距离传输。

2. 双极性非归零码

双极性非归零码描述信号的 0 和 1 均可以由正电平和负电平来表示。

非归零电平码指的是用正电平描述信号 1,用负电平描述信号 0。双极性非归零码电平的码型如图 1-1-9 所示。

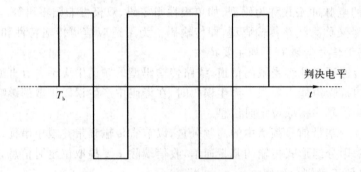

图 1-1-9 双极性非归零电平的码型

用正电平和负电平分别表示 1 和 0,在整个码元期间电平保持不变,双极性码在 1、0 等概率出现时无直流成分,可以在电缆等无接地的传输线上传输。其特点除与单极性 NRZ 码特点(1)(2)(4)相同外,还有以下特点:

(1) 从统计平均角度来看,"1"和"0"数目各占一半时无直流分量,但当"1"和"0"出现概率不相等时,仍有直流成分;

(2) 接收端判决门限为 0,容易设置并且稳定,因此抗干扰能力强;

(3) 可以在电缆等无接地线上传输。

3. 单极性归零码

归零码(Return Zero code,RZ 码)指的是在整个码元期间高电平只维持一段时间,其余时间返回零电平,即归零码的有电脉冲宽度比码元宽度窄(即占空比<1),每个脉冲在还没有到一个码元终止时刻就回到零值。

脉冲宽度 τ 与码元宽度 T_b 之比 τ/T_b 称为占空比。单极性归零码(图 1-1-10)与单极性非归零码比较,除仍具有单极性码的一般缺点外,主要优点是可以直接提取同步信号。此优点虽不意味着单极性归零码能广泛应用到信道上传输,但它却是其他码型提取同步信号需采用的一个过渡码型。即它是适合信道传输的,但不能直接提取同步信号的码型,可先变为单极性归零码,再提取同步信号。

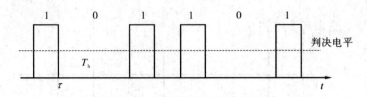

图 1-1-10 单极性归零码

4. 双极性归零码

双极性归零码(图 1-1-11)使用正、负两个电平分别描述信号 0 和 1,每个信号都在比特位置的中点时刻发生信号的归零过程。通过归零,使每个比特位(码元)都发生信号变化,接收端可利用信号跳变建立与发送端之间的同步。它比单极性和非归零编码有效。其缺点是每个比特位发生两次信号变化,多占用了带宽。

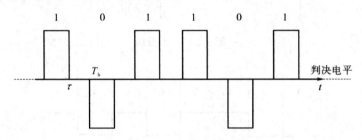

图 1-1-11 双极性归零码

在接收端根据接收波形归于零电平便知道 1 比特信息已接收完毕,以便准备下一比特信息的接收。所以,在发送端不必按一定的周期发送信息。可以认为正负脉冲前沿起了启动信号的作用,后沿起了终止信号的作用,因此,可以经常保持正确的比特同步。即收发之间无须特别定时,且各符号独立地构成起止方式,此方式也称自同步方式。此外,双极性归零码也具有双极性不归零码的抗干扰能力强及码中不含直流成分的优点。双极性归零码得到了比较广泛的应用。

5. 差分码

在差分码(图 1-1-12)中,1 和 0 分别用电平的跳变或不变来表示。在电报通信中,常把 1 称为传号,把 0 称为空号。若用电平跳变表示 1,则称为传号差分码。若用电平跳变表示 0,则称为空号差分码。传号差分码和空号差分码分别记作 NRZ(M)和 NRZ(S)。这种码型的信息 1 和 0 不直接对应具体的电平幅度,而是用电平的相对变化来表示差分码的优点是信息存在于电平的变化之中,故得到广泛应用。由于差分码中电平只具有相对意义,因此又称为相对码。即使传输过程中所有电平都发生了反转,接收端仍能正确判决。差分码是数据传输系统中的一种常用码型。

6. 曼彻斯特编码

曼彻斯特编码(图 1-1-13)的规则是将每个比特的周期分为前与后两部分,通过前传送该比特的反码,通过后传送该比特的原码。每个比特的中间有一次跳变,它既可以作为位同步方式的内带时钟,又可以表示二进制数据。当表示数据时,由高电平到低电平的跳变表示"0",由低电平到高电平的跳变表示"1",位与位之间有或没有跳变都不代表实际的意义。曼彻斯特编码的优点一是"自带时钟信号",不必另发同步时钟信号;二是不含直流分量。

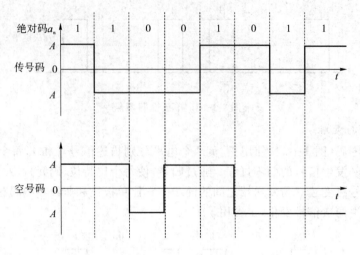

图 1-1-12　差分码

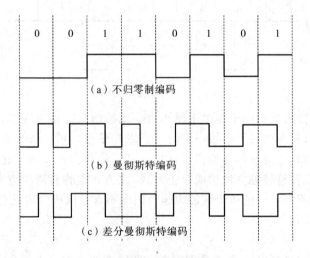

图 1-1-13　3 种编码方式

差分曼彻斯特编码是每个"1"信号都发生相邻的交替反转过程,而每个"0"作为跟随信息。差分曼彻斯特编码每个比特的中间有一次跳变,它的作用是只作为位同步方式的内带时钟,不论由高电平到低电平的跳变,还是由低电平到高电平的跳变都与数据信号无关。

二进制数据 0、1 是根据两比特之间有没有跳变来区分的。如果两比特中间有一次电平跳变,则下一个数据是"0";如果两比特中间没有电平跳变,则下一个数据是"1"。编码规则是码元为 1,则其前半个码元的电平与上一个码元的后半个码元的电平一样;若码元为 0,则其前半个码元的电平与上一个码元的后半个码元的电平相反。不论码元是 1 或 0,在每个码元的正中间的时刻,一定要有一次电平的转换。差分曼彻斯特编码需要较复杂的技术,但可以获得较好的抗干扰性能。

差分曼彻斯特编码中,比特间隙中的信号跳变只表示同步信息,不同比特通过在比特开始位置有无电平反转来表示。在比特开始位置电平跃迁代表 0,否则为 1。在曼彻斯特编码中,比特位中的信号跳变同时是同步信息和比特编码。

1.1.3 数据传输技术

在计算机网络中,从不同的角度看有多种不同的数据传输技术。数据的通信按照数据流的组织方式分为并行通信与串行通信;数据的通信按照通信两端通信的同步方式分为同步通信与异步通信;数据通信按照信号传输方向与时间的关系,可以分为单工通信、半双工通信和全双工通信。

1. 并行通信和串行通信

并行传输是指代表信息的数字码元序列以成组的方式,在多条并行信道上同时进行传输。常用的就是将构成一个字符代码的几位二进制码,分别在几个并行信道上进行传输。例如,采用8比特代码的字符,可以用8个信道并行传输,一次传送一个字符,如图1-1-14所示。

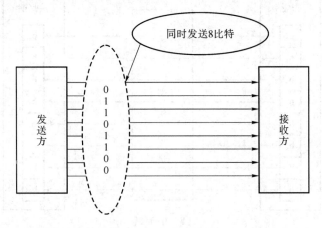

图 1-1-14 并行通信

并行传输的优点是传输速率快,并且收、发双方不存在字符的同步问题;缺点是需要 n 条并行信道,成本高,一般只用于设备之间的近距离通信,如计算机和打印机之间的数据传输。

串行传输是将数字码元序列以串行方式,一个码元接一个码元在一条信道上传输,如图1-1-15所示。

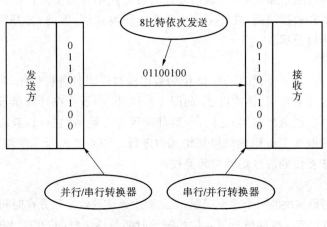

图 1-1-15 串行通信

　　串行传输的优点是只需要一条传输信道,易于实现,是目前主要采用的一种传输方式;缺点是传输速率慢,需要外加同步措施解决收发双方码组或字符的同步问题。

　　数据的传递和交换可以发生在计算机内部各部件之间、计算机与各种外围设备之间或者计算机与计算机之间。数据的传递和交换有两种基本方式:串行通信和并行通信。

　　串行通信和并行通信的工作方式如图 1-1-16 所示。

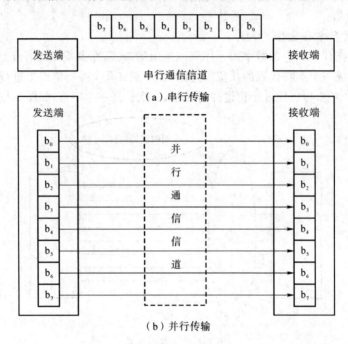

图 1-1-16　串行通信与并行通信

　　(1)串行通信

　　串行通信是在一根数据传输线上每次传输一位二进制数据,即数据一位接一位地传输,如图 1-1-16(a)所示。

　　在传输距离远和传输数字数据时,都采用串行通信方式。在同样的时钟频率下,与同时传输多位数据的并行通信相比,串行通信方式的传输速率要慢得多。但由于串行通信节省了大量的通信设备和通信线路,在技术上更适合远距离通信,因此,计算机通信网络普遍采用串行通信方式传输数据。

　　(2)并行通信

　　并行通信方式是将 8 位、16 位或 32 位的数据按数位同时进行传输,每一个数位都有自己相应的数据传输线和发送、接收设备,如图 1-1-16(b)所示。在计算机设备内部或主机与高速外设(如打印机、磁盘存储器)之间,一般都采用并行通信,它可以获得很高的数据传输速率。并行通信一般在 1 m 以内的极短距离内进行。如果要进行远距离的并行通信,则要求采用多元调制或复用的信号编码与转换技术。

　　2. 信道的通信方式

　　数字通信中必须解决的一个重要问题,就是要求通信的收发双方在时间基准上保持一致。即接收方必须知道它所接收的数据每一位的开始时间与持续时间,这样才能正确地接收发送方发来的数据。数据的通信按照通信两端通信的同步方式分为同步通信与异步通信两大类。

（1）同步通信

同步通信的方式不是对每个字节单独进行同步，而是对一组字符组成的数据块进行同步。同步通信就是要求接收端的时钟频率和发送端的时钟频率相等（这常称为收发双方的时钟是同步的），以便使接收端对收到比特流的采样判决的时间是准确的。当收、发双方的时钟不是精确同步时，在接收端对收到的码元进行判决的时间就会逐渐向前或向后移动。当接收端的判决点移动的时间超过码元宽度的一半时（本来判决点应当处于每一个码元的中间），就要产生差错（比特重读或漏读），这就是所谓的滑动。例如，数据传输的速率是1 Mbit/s，即 1 μs 发送一个比特。在接收端，采样的时刻应当在每一个比特的中心位置。如果接收端的时钟速率有 1/100 的误差，那么每接收一个比特，采样点就偏离比特的中心位置 0.01 μs。当接收了 50 个比特后，采样点就偏离比特中心位置 0.5 μs（半个比特的宽度），这时就要产生判决错误。所以像这样的不精确的接收端时钟是不能用于同步通信的。

严格的同步通信是用一个非常精确的主时钟负责全网的同步，全网的其他所有的时钟频率都来自这个主时钟频率（长期精度优于 $\pm 1.0 \times 10^{-11}$）。但是这种同步方式需要使用十分复杂的技术，而且价格昂贵。因此在过去相当长的时间，各国的数字网主要是采用准同步方式。准同步方式是各有关信号使用一些独立的、具有相同的频率标称值的时钟源，但这些频率的实际数值允许有微小的误差（在允许范围内）。

（2）异步通信

异步通信的工作原理是：每个字节作为一个单元独立传输，字节之间的传输间隔任意。异步通信是在发送端将欲发送的数据以字节（8 比特）为单位进行逐个字节的封装，即对每一个字节增加一个起始比特和一个停止比特，共 10 比特。然后将这种 10 比特的数据单元一一发送出去。接收端的时钟并没有和发送端同步，但接收端每收到一个起始比特，就知道有一个 10 比特的数据单元到了，于是开始进行判决，但只判决这个数据单元的 10 比特。因此，即使接收端的时钟不太准确，只要它能够保证正确接收 10 比特就行。

异步通信的另一个特点就是发送端在发送完一个字节后（即在发送停止比特结束后），可以经过任意长的时间间隔再发送下一个字节。当然，每一个字节中的所有比特（包括增加的起始比特和停止比特）的发送时间间隔都必须是恒定的。

总之，异步通信是通过增加通信开销（每发送 10 个比特就有两个比特的额外开销，因而数据的有效传输速率就降低了）使接收端能够使用廉价的、具有一般精度的时钟来进行数据通信。例如，用户使用的调制解调器正好适应异步通信的特点，因为一般用户的通信量并不大，不是每天 24 小时工作，而且用户也负担不起购买同步通信所需的昂贵设备。

3. 信号传输方式

通信方式是指通信双方之间的工作形式和信号传输方式。从不同的角度出发，通信方式有多种分类方法。

对于点对点之间的通信，按信息传递的方向与时间关系，通信方式可分为单工通信、半双工通信和全双工通信，如图 1-1-17 所示。

（1）单工通信

单工通信是指信息只能单方向传输的通信方式，如图 1-1-17(a)所示。通信的双方中只有一方可以发送信息，另一方只能接收信息。例如广播、遥控等都属于单工通信。

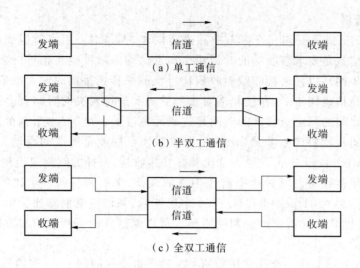

图 1-1-17 传输方向不同的三种传输方式

（2）半双工通信

半双工通信是指通信双方都能收发信息，但不能同时进行接收和发送的通信方式，如图 1-1-17(b)所示。例如对讲机、收发报机都是半双工通信方式。

（3）全双工通信

全双工通信是指通信双方可同时进行收发信息的通信方式，如图 1-1-17(c)所示。例如有线电话、手机等都是常见的全双工通信，通信的双方可同时进行送话和受话。

单工通信只需要一条信道，而全双工通信则需要两条信道（每个方向各一条）。显然，全双工通信的传输效率最高。

1.1.4 信道复用技术

多路复用技术是通信系统中的一项基本技术。当传输介质的带宽超过了传输单个信号所需的带宽时，人们就通过在一条介质上同时携带多个传输信号的方法来提高传输系统的利用率，这就是多路复用（Multiplexing）。在数据通信系统中，经常需要在异地之间同时传送多路信号，一般采用两种方式：一是近距离多路信号传输，采用多路低速传输介质分别传输多路信号；二是远距离多路信号传输，采用一条高速传输介质传输多路信号，即所谓的多路复用技术。多路复用技术能把多个信号组合在一条物理信道上进行传输，使多个计算机或终端设备共享信道资源，提高信道的利用率。特别是在远距离传输时，可大大节省电缆的成本、安装与维护费用。信道多路复用的特点是将一个物理信道分为多个逻辑信道，使多路信号同时在一个物理信道传输，以有效地使用传输介质。

多路复用技术的理论依据是信号分割原理。信号分割的依据在于信号之间的差别，这种差别可以体现在频率、时间、码型、波长等参量上。目前广泛采用的复用技术有：按照时间参量上的差别来分割信号的多路复用称为时分多路复用（TDM）；按照频率参量的差别来分割信号的多路复用称为频分多路复用（FDM）；按照波长参量上的差别来分割信号的多路复用称为波分多路复用（WDM）；根据码型结构的不同来分割信号的多路复用称为码分多路复用（CDM）。

1. 时分多路复用

时分多路复用（Time Division Multiplcxing，TDM）是将一条物理信号的传输时间分成若干个时间间隔(称为时隙、时间片等)轮流地给多个信号源使用,如图 1-1-18 所示每个时间片被复用的一路信号占用。这样,当有多路信号准备传输时,一个信道就能在不同的时间片传输多路信号。

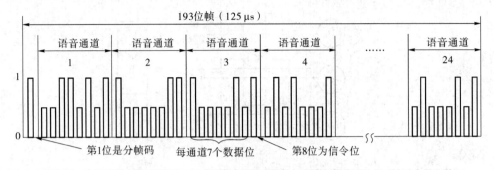

图 1-1-18　T 系列的时分复用帧

为实现这一点,时分复用以时间作为分割信号的参量,将时间划分为等长的时隙(也就是时分复用帧,即 TDM 帧)。每个时分复用的用户在每个 TDM 帧中占用固定序号的时隙。为简单起见,如图 1-1-19 所示。假设甲、乙两地有 n 对用户要同时进行数据通信,但只有一对传输线路,于是就在收发双方各加一对电子开关 K_1、K_2 来控制不同的用户占用信道的不同时间,轮流传送每一路信号。K_1 旋转一周即对每路信号抽样一次。K_1 旋转一周的时间就等于抽样周期。只要接收端的电子开关 K_2 与发送端的电子开关 K_1 保持同频同相,确保发送端信号能够在接收端正确接收,即可实现时分复用。因此 TDM 信号也称为等时信号。可以看出,时分多路复用的所有用户是在不同的时间占用同样的频带宽度。

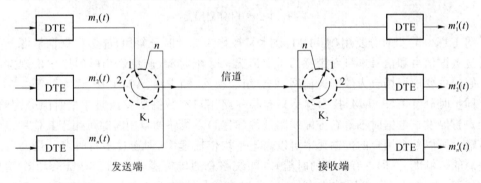

图 1-1-19　时分多路复用

我们应注意到,时隙宽度非常窄的脉冲信号所占有的频谱范围却是非常宽的;在进行通信时,复用器(multiplexer)总是和分用器(demultiplexer)成对地使用的。在复用器和分用器之间是用户共享的高速信道。分用器的作用正好和复用器相反,它将高速线路传输过来的数据进行分用,分别送到相应的用户处。

TDM 有着非常广泛的应用,数字电话系统就是其中最经典的例子,此外 TDM 在广电网络、数据通信网络也同样取得了广泛的应用。使用时分复用时,每个时分复用帧的长度是不变的,始终是 125 μs。若有 1 000 个用户进行时分复用,则每个用户分配到的时隙宽度就是 125 μs 的千分之一,即 0.125 μs,时隙宽度变得非常窄。如图 1-1-20 所示,TDM 又分为同步时分复用(Synchronous Time Division Multiplexing,STDM)和异步时分复用(Asynchronous Time Division Multiplexing,ATDM)。

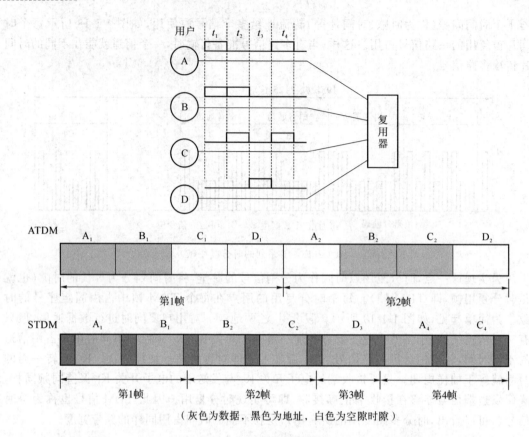

（灰色为数据，黑色为地址，白色为空隙时隙）

图 1-1-20　时分复用器

图 1-1-20 异步时分复用（ATDM）技术又被称为统计时分复用，能够根据信号源是否需要发送数据信号和信号本身对带宽的需求情况来分配时隙，避免每个时间段中出现空闲时隙。它的主要应用场合为数据通信网，如分组交换网、帧中继、ATM、IP、以太网等。

同步时分复用（STDM）技术就是只有某一路用户有数据要发送时才把时隙分配给它。当用户暂停发送数据时不给它分配线路资源（时隙）。线路的空闲时隙可用于其他用户的数据传输。所以每个用户的传输速率可以高于平均传输速率（即通过多占时隙），最高可达到线路总的传输能力（即占有所有的时隙）。如线路总的传输能力为 28.8 kbit/s，3 个用户公用此线路，在同步时分复用方式中，则每个用户的最高传输速率为 9 600 bit/s，而在异步时分复用方式时，每个用户的最高传输速率可达 28.8 kbit/s。为了识别每个时隙中信息的来源和目的地，需要在时隙内另外添加信息的地址。ATDM 与 STDM 的工作原理比较如图 1-1-21 所示。

ATDM 的优点是提高了信道利用率，但是技术复杂性也比较高，而且增加了额外开销，加重了系统负担。相比而言，STDM 适用于实时性要求高的场合，如话音通信；而 ATDM 适用于信道利用率要求高的场合，如数据通信。

2. 频分多路复用

通常在数据通信系统中，信道所能提供的带宽远远大于传输一路信号所需要的带宽。因此，一个信道只传输一路信号是非常浪费的。为了充分利用信道的带宽，因而提出了频分复用的概念。采用频分多路复用时，数据在各子信道上是并行传输的。如图 1-1-22 所示，

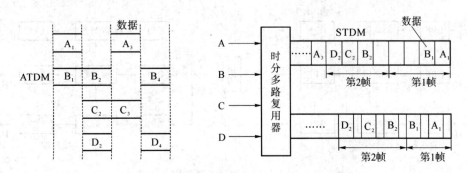

图 1-1-21　STDM 与 ATDM 的工作原理比较图

频分多路复用(Frequcncy Division Multlplexing,FDM)就是将具有一定带宽的信道分割为若干个有较小频带的子信道,每个子信道供一个用户使用。然后通过频谱迁移(调制)技术,将各路信号调制到彼此有足够频率间隔的各个载波频率上,通过复合电路将它们同时发送到线路上传输。这样在信道中就可同时传输多个不同频率的信号。由于各子信道相互独立,故一个子信道发生故障时不影响其他子信道。

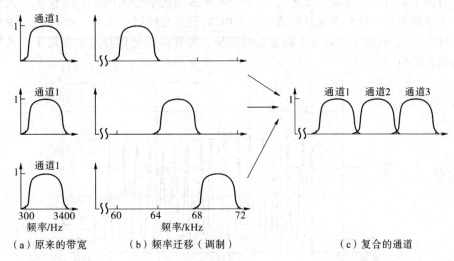

（a）原来的带宽　　　　　（b）频率迁移（调制）　　　　　（c）复合的通道

图 1-1-22　频分复用

　　频分复用的特点如图 1-1-23 所示,发送端由低通滤波器(LPF)限制信号的传输频带,避免调制后的信号与相邻信号产生干扰。调制器利用不同的载频把各路信号搬移到不同的频段,再通过带通滤波器(BPF)把已调信号的频带控制在各自的范围内。各路信号经信道传输至接收端。带通滤波器对收到的信号按频段进行分开,送至解调器,解调后再由低通滤波器恢复出原始信号。可见频分多路复用的所有用户在同样的时间占有不同的带宽资源。通过信道传输的 FDM 信号必须是模拟的。用户在分配到一定的频带后,在通信过程中自始至终都占有这个频带。

　　FDM 多用于模拟信号的传输。它最常见的应用是模拟电话系统和有线电视传输系统。在使用频分多路复用时,若每个用户占用的带宽不变,则当复用的用户数增加时,复用后的信道的总带宽就跟着变宽。如传统的电话通信每个标准话路的带宽是 4 kHz(即通信用的3.1 kHz 加上两边的保护频带),那么若有 1 000 个用户进行频分多路复用,则复用后的总带宽就是 4 MHz。目前,有线电视系统中主要使用同轴电缆作为传输媒介,同轴电缆的传

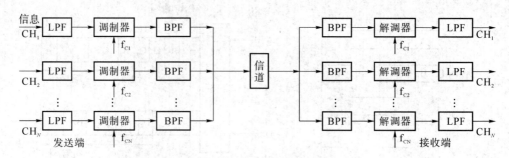

图 1-1-23　频分多路复用

输带宽大约为 500 MHz。一个模拟电视频道大约需要 6 MHz 的传输带宽。因此从理论上讲,一条同轴电缆可以同时承载 83 个电视频道。

3. 波分多路复用

波分多路复用(Wave Division Multiplexing,WDM)是一种新发展起来的多路复用技术,它采用一种新的复用方式,使光纤通信的容量能够成几十倍地提高。它也将是数据通信系统今后的主要通信传输复用技术之一,WDM 传送的光信号如图 1-1-24 所示。波分多路复用技术是频率分割技术在光纤信道上的应用,它就是光的频分复用。频率不同,对应的光的波长就不同,它利用了光具有不同波长的特征。波分多路复用技术主要用于全光纤网组成的通信系统中。

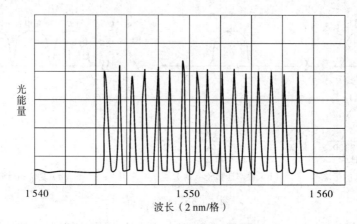

图 1-1-24　WDM 传送的光信号

所谓波分多路复用是指在一根光纤上能同时传输多个波长不同的光载波的复用技术。通过 WDM,可使原来在一根光纤上只能传输一个光载波的单一光信道,变成可传输多个不同波长光载波的光信道,使得光纤的传输能力成倍增加,也可以利用不同波长沿不同方向传输来实现单根光纤的双向传输。

如图 1-1-25 所示,发送端的光发射机发出波长不同且精度和稳定度满足一定要求的光信号,经过光波长复用器(合波器)合并送入光纤传输,到达接收端后将光波送入光波长分用器(分波器)分解出原来的各路光信号。如图 1-1-25 所示 3 路传输速率均为 2.5 Gbit/s 的光载波,其波长均为 1 310 nm(单位 nm 是“纳米”。即 10^{-9} 米)。经光的调制后,分别将波长转换到 1 550～1 557 nm,每个光载波相隔几纳米(这里只是为了方便地说明问题,实际上,对于密集波分复用,光载波的间隔一般是 0.8 nm 或 1.6 nm)。这 3 个波长很接近的光载波经过光复用器(波分复用的复用器又称为合波器)后。就在一根光纤中传输。因此,在一根光纤上数据传输的总速率就达到了 3×2.5 Gbit/s＝7.5 Gbit/s。

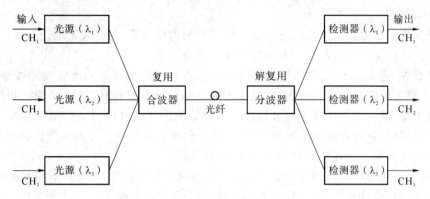

图 1-1-25　波分多路复用

光信号传输了一段距离后就会衰减,因此对衰减了的光信号必须进行放大才能继续传输。现在已经有了很好的掺铒光纤放大器(Erbium Doped Fiber Amplifier,EDFA)。它是一种光放大器,不需要再像以前那样先把光信号转换成电信号,经过电放大器放大后,再转换成光信号。

掺铒光纤放大器不需要进行光电转换而直接对光信号进行放大,并且在 1 550 nm 波长附近有 35 nm(即 4.2 THz)频带范围提供较均匀的、最高可达 40～50 dB 的增益。两个光纤放大器之间的光缆长度可达 120 km,而光复用器和光分用器(波分多路复用的分用器又称为分波器)之间的无光电转换距离可达 600 km(只需放入 4 个光纤放大器)。

在使用波分多路复用技术和光纤放大器之前,要在 600 km 的距离传输 7.5 Gbit/s,需要铺设 3 根传输速率为 2.5 Gbit/s 的光纤,而且每隔 35 km 就要用一个再生中继器进行光电转换、放大,并再转换为光信号(这样的中继器总共需要有 48 个之多)。

4. 码分多路复用

码分多路复用是一种用于移动通信系统的新技术,笔记本电脑和掌上电脑等移动性计算机的联网通信将会大量使用码分多路复用技术。码分多路复用(Code Division Multiplexing,CDM)的特点是频率和时间资源均为共享,因此在频率和时间资源紧缺的情况下 CDM 技术将独具魅力,这也是 CDM 受到人们普遍关注的缘故。

码分多路复用技术的基础是微波扩频通信。扩频通信的特征是使用比发送的数据传输速率高许多倍的伪随机码对载荷数据的基带信号的频谱进行扩展,形成宽带低功率频谱密度的信号来发射。人们更常用的名词是码分多址(Code Division Multiplexing Access,CDMA)。

1.1.5　数据交换技术

两个通信设备进行数据通信,最简单的方式是用一条线路直接连接这两个设备。但在计算机网络中两个相距很远的设备之间不可能有直接的连线,它们是通过通信子网建立连接的。通信子网由传输线路和中间节点构成,当信源和信宿之间没有线路直接相连时,信源发出的数据先到达与之相连的中间节点,再从中间节点传到下一个中间节点,直至到达信宿,这个过程称为交换。从通信资源的分配角度来看,"交换"就是按照某种方式动态分配传输线路的资源。在一个通信网络系统中,通常采用的数据交换技术有 3 种,即电路交换方式(circuit switching)、报文交换方式(message switching)和分组交换方式(packet switching)。

1. 电路交换

电路交换要求通信双方之间建立起一条实际的物理通路,并在整个通信过程中,这条通路被独占。电话交换系统的交换方式就是属于电路交换。

电路交换,它类似于电话系统,希望通信的计算机之间必须事先建立物理线路(或者物理连接)。整个电路交换的过程包括"建立连接→通信→释放连接"三个步骤。在使用电路交换如打电话之前,必须先建立拨号连接。当拨号的信令通过许多交换机到达被叫用户所连接的交换机时,该交换机就会发送指令,使用户的电话机响铃。在被叫用户摘机且摘机信令传输回到主叫用户所连接的交换机后,呼叫即完成。

这样,从主叫用户到被叫用户就建立了一条连接(物理通路)。此后主叫和被叫双方才能通话。通话完毕挂机后,挂机信令告诉这些交换机,使交换机释放刚才使用的这条物理通路。这种必须经过"建立连接→通信→释放连接"三个步骤的联网方式称为面向连接(Connection-oriented)的服务方式。电路交换必定是属于面向连接的。

如图 1-1-26 所示为电路交换示意图。为简单起见,图 1-1-26 中没有区分市话交换机和长途交换机。应当注意的是,用户线归电话用户专用,而对交换机之间拥有大量话路的中继线则是许多用户共享的,正在通话的用户只占用了其中的一个话路,而在通话的全部时间内,通话的两个用户始终占用端到端的固定传输带宽。

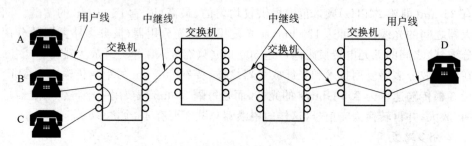

图 1-1-26 电路交换示意图

电路交换的特点如下所述。

(1) 独占性:建立线路之后、释放线路之前,即使站点之间无任何数据可以传输,整个线路仍不允许其他站点共享,因此线路的利用率较低,并且容易引起接续时的拥塞。

(2) 实时性好:一旦线路建立,通信双方的所有资源(包括线路资源)均用于本次通信,除了少量的传输延迟之外,不再有其他延迟,具有较好的实时性。

(3) 电路交换设备简单,不提供任何缓存装置。

(4) 用户数据透明传输,要求收发双方自动进行传输速率匹配。

如图 1-1-26 中电话机 C 和 D 之间的通路共经过了 4 个交换机,而电话机 A 和 B 是属于同一个交换机的地理覆盖范围中的用户,因此这两个电话机之间建立的连接就不需要再经过其他的交换机。

2. 报文交换

报文交换的基本工作原理是不需要在两个站点之间建立一条专用通路,其数据传输的单位是报文(信息的一个逻辑单位),长度不限且可调整。

报文交换有以下一些优点:

（1）线路效率较高，这是因为许多报文可以用分时方式共享一条节点到节点的通道；

（2）在线路交换网上，当通信量变得很大时，就不能接收某些呼叫。而在报文交换网上却仍然可以接收报文，只是传输延迟会增加；

（3）报文交换系统可以把一个报文发送到多个目的地；

（4）不需要同时使用发送器和接收器来传输数据，网络可以在接收器可用之前暂时存储这个报文；

（5）报文交换网可以进行速度和代码的转换，因为每个站点都可以用它特有的数据传输率连接到其他站点，所以两个不同传输速率的站点也可以连接，另外还可以转换传输数据的格式。

报文交换的传输过程采用"存储转发"的方式，即发送站在发送一个报文时，把目的地址附加在报文上，途经的网络节点根据报文上的目的地址信息，把报文发送到下一个节点，通过逐个节点转送直到目的站点。每个节点在收到整个报文后，暂存这个报文并检查有无错误，然后利用路由信息找出下一个节点的地址，再把整个报文传输给下一个节点。在同一时间内，报文的传输只占用两个节点之间的一段线路。而在两个通信用户间的其他线路段，可传输其他用户的报文，不像线路交换那样必须占用端到端的全部信道。

报文交换也有以下一些缺点：

（1）报文交换不能满足实时或交互式的通信要求，因为网络的延迟相当长，而且有相当大的变化，因此，这种方式不能用于传输声音和图像数据，也不适合于进行交互式处理；

（2）有时节点收到的数据过多而不得不丢弃报文，同时也会阻止其他报文的发送；

（3）对交换节点的存储容量有较高的要求。

3. 分组交换

如图 1-1-27 所示是分组的形成与格式示意图。在发送报文之前，先将较长的报文划分为一个个较小的等长数据段，如每个数据段为 1 024 bit。在每个数据段前面，加上一些必要的控制信息组成首部（header）后，就构成了一个分组（packet）。分组又称为"包"。分组是在计算机通信网络中传输的数据单元。在一个分组中，首部是非常重要的，正是由于分组的首部包含了诸如目的地址和源地址等重要控制信息，每个分组才能在分组交换网中独立地选择路由。

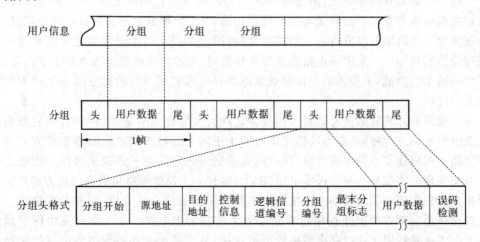

图 1-1-27　分组的形成与格式

如图 1-1-28 所示。分组交换机为每个数据分组独立地寻找路径。因一份报文包含的不同分组可能沿着不同的路径到达终点，在网络终点需要重新排序。分组交换方式兼有报文交换和电路交换的优点，其形式上非常像报文交换。主要差别在于分组交换网中要限制传输的数据单位跃度，一般在报文交换系统中可传输的报文数据位数可做得很长，而在分组交换系统中，传输报文的最大长度是有限制的，如超出某一长度，报文必须要分割成较小的单位，然后依次发送，一般通常称这些较小的数据单位为分组。其传输过程在表面上看与报文交换相似，但由于限制了每个分组的长度，因此大大改善了网络传输的性能，这就是报文交换与分组交换所不同之处。

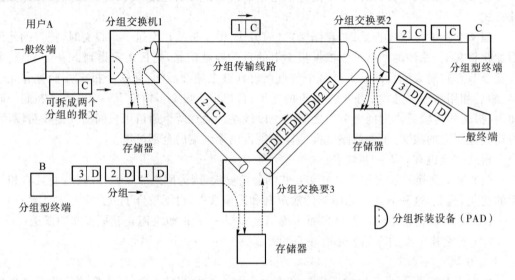

图 1-1-28　分组交换示意图

分组交换的基本思想是存储转发。以报文分组作为存储转发的单位，分组在各交换节点之间传输比较灵活，交换节点不必等待整个报文的其他分组到齐，一个分组、一个分组地转发。这样可以大大压缩节点所需的存储容量，也缩短了网络时延。另外，较短的报文分组比长的报文可减少差错的产生，提高了传输的可靠性。

分组交换通常有两种方式：数据报（datagrarn）服务方式和虚电路（virtual circuit）服务方式。数据报服务方式是面向无连接的数据传输，每个数据分组都包含目标地址信息，分组交换机为每一个数据分组进行独立的路由选择；同一个报文的不同分组之间可能选择不同的路径传输到目标端。采用虚电路服务方式传输时，物理媒介被理解为由多个子信道（称之为逻辑信道 LC）组成，子信道的串接形成虚电路（VC），利用不同的虚电路来支持不同的用户数据的传输。

虚电路服务方式就是在发送者和接收者之间首先要建立一条逻辑电路，然后数据就按照这条逻辑电路进行传输，直到通信完毕后该条逻辑电路被拆除。虚电路服务方式在一条物理通路上可以建立多条逻辑通路，用户之间通信只占用其中一条逻辑通路。虚电路服务方式有交换虚电路（SVC）和永久虚电路（PVC）两种。交换虚电路是指通信双方的电路在用户看来是由独立节点临时且动态连接的虚电路。一旦通信会话完成，便取消虚电路。永久虚电路是指通信双方的电路在用户看来是永久连接的虚电路。永久虚电路由网管预先定义。永久虚电路适用于通过路由器维持恒定连接，从而便于在动态网络环境下传输路由选择信息的电路。

在分组交换方式中,由于能够以分组方式进行数据的暂时存储交换,经交换机处理后,容易实现不同传输速率、不同规程的终端间通信。主要特点是更短的具有统一规格的分组包,而且每个分组都带有控制信息和地址信息,因此,分组更利于交换机存储和处理,还可在网内独立的传输,以分组进行流量控制、路由选择和差错控制等处理。分组交换的主要优点如下。

(1)线路利用率高,采用动态统计时分复用技术。分组交换以虚电路的形式进行信道的多路复用,实现资源共享,可在一条物理线路上提供多条逻辑信道,极大地提高了线路的利用率。

(2)信息传输可靠性高。每个分组在网络中进行传输时,在节点交换机之间采用该方式是把长的报文分成若干个较短的、标准的"报文分组"(packet),以报文分组为单位进行发送,暂存和转发。每个报文分组,除有传输的数据地址信息外,还有数据分组编号。

(3)不同种类的终端可以相互通信。数据以分组为单位在网络内存储转发,使不同传输速率终端、不同协议的设备经网络提供的协议转换后实现互相通信。

(4)由于采用差错控制等措施,所以传输质量高。报文在发送端被分组后,各组报文可按不同的传输路径进行传输,经过节点时,同样要存储、转发,最后在接收端将报文分组按编号顺序再重新组成报文,因为具有差错校验与重发的功能,因而在网络中传输的误码率大大降低。而且当网络内发生故障时,网络中的路由机制会使分组自动地选择一条新的路由以避开故障点,不会造成通信中断。

分组交换的缺点是传输开销大、效率低、技术实现复杂。

4. 三种交换方式的比较

图 1-1-29 显示了电路交换、报文交换和分组交换的主要区别。为了便于理解与区别,本节对以上三种交换方式进行比较。首先从大的分类上进行比较,那就是"电路交换"与"报文交换"的比较。图中 A 和 D 分别表示源点和终点,而 B 和 C 是在 A 和 D 之间的中间节点。从图 1-1-29 中不难看出,若要连续传输大量的数据,且其传输时间远大于连接建立时间,则电路交换具有传输速率较快的优点。

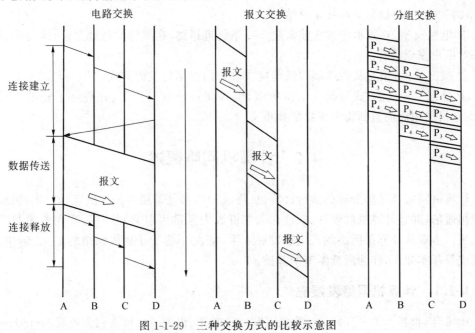

图 1-1-29　三种交换方式的比较示意图

（1）"报文交换"方式与"电路交换"方式的主要区别

在报文交换方式中，发送的数据与目的地址、源地址和控制信息按照一定格式组成一个数据单元（报文或报文分组）进入通信子网。通信子网中的节点是通信控制处理机，它负责完成数据单元的接收、差错校验、存储、路选和转发功能，在电路交换方式中以上功能均不具备。存储转发相对电路交换方式具有以下优点：

① 由于通信子网中的通信控制处理机可以存储分组，多个分组可以共享通信信道，线路利用率高；

② 通信子网中通信控制处理机具有路选功能，可以动态选择报文分组通过通信子网的最佳路径；

③ 可以平滑通信量，提高系统效率；

④ 分组在通过通信子网中的每个通信控制处理机时，均要进行差错检查与纠错处理，因此可以减少传输错误，提高系统可靠性；

⑤ 通过通信控制处理机可以对不同通信速率的线路进行转换，也可以对不同的数据代码格式进行变换。

（2）电路交换与分组交换的比较

① 从分配通信资源（主要是线路）方式看。电路交换方式静态地事先分配线路，造成线路资源的浪费，并导致接续时的困难；而分组交换方式可动态地（按序）分配线路，提高了线路的利用率，但由于使用内存来暂存分组，可能会出现因为内存资源耗尽，而中间节点不得不丢弃接到的分组的现象。

② 从用户的灵活性方面看。电路交换的信息传输是全透明的。用户可以自行定义传输信息的内容、传输速率、体积和格式等，可以同时传输语音、数据和图像等；分组交换的信息传输则是半透明的，用户必须按照分组设备的要求使用基本的参数。

③ 从收费方面看。电路交换网络的收费仅限于通信的距离和使用的时间；分组交换网络的收费则考虑传输的字节（或者分组）数和连接的时间。

（3）以上三种数据交换技术总结

① 电路交换：在数据传送之前需建立一条物理通路，在线路被释放之前，该通路将一直被一对用户完全占有。

② 报文交换：报文从发送端传送到接收端采用存储转发的方式。

③ 分组交换：此方式与报文交换类似，但报文被分成组传送，并规定了分组的最大长度，到达目的地后需重新将分组组装成报文。

1.2　计算机网络概述

计算机网络就是将分散的多台计算机、终端和外部设备用通信线路互联起来，彼此间实现互相通信，并且计算机的硬件、软件和数据资源大家都可以共同使用，实现资源共享的整体系统。本章从计算机网络的产生和发展入手，依次介绍了计算机网络的定义、结构、分类和组成等基本知识，作为后续章节的基础。

1.2.1　计算机网络发展史

1946 年，世界上第一台数字计算机问世。1954 年，出现了一种被称为收发器（transceiver）

的终端,计算机网络的基本原型诞生。目前,全球以美国为核心的高速计算机互联网络即Internet已经形成,Internet已经成为人类最重要的、最大的知识宝库。21世纪是属于信息化的社会,人们的生活、工作以及各行各业都无法离开网络,可以说,当今的社会如果离开了网络将会处于瘫痪状态。现在,计算机网络已成为人类社会结构的一个重要组成部分。网络被广泛用于政府、商业、工厂、教育、军事等多行业的各个方面,绝大多数单位拥有了一个或者多个网络。简而言之,计算机通信网络已遍布全球的各个领域。

美国政府又分别于1996年和1997年开始研究发展更加快速可靠的因特网2(Internet 2)和下一代因特网(Next Generation Internet)。网络互联和高速计算机网络正是现在最新一代计算机网络的发展方向。

任何科学技术的发展都必须具备两个条件:技术的成熟度和较强的社会需求,计算机网络的发展也不例外,回顾计算机网络的发展历史可以发现,它和其他事物的发展一样,经历了从简单到复杂、从低级到高级的发展过程。在这一过程中,计算机技术与通信技术紧密结合,相互促进,共同发展,最终产生了计算机通信网络。总体看来,计算机网络的产生和发展可以分为四个阶段。

1. 单主机多终端时期

在1946年,世界上第一台数字计算机产生,当时的计算机虽然体积庞大、数量少、价格昂贵,但它的处理速度非常快。然而,由于输入/输出设备的速度是计算机处理速度的百万分之一,导致了高速和昂贵的计算机主机资源得不到高效利用,所以在当时就出现了多个人共享主机资源来进行信息的采集和数据的处理的想法。人们利用通信线路、多路复用器以及公用电话网等设备,将一台计算机与多台用户终端相连接,用户通过终端命令以交互的方式使用计算机系统,从而将单一计算机系统的各种资源分散到了每个用户手中。这样就出现了将多个终端设备通过通信线路与主机系统进行互联的联机终端系统,这种以单主机互联系统为中心的互联系统,就是单主机多终端系统,如图1-2-1所示。

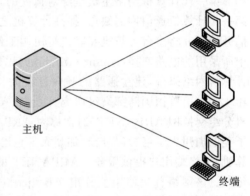

主机

终端

图1-2-1 单主机多终端系统

单主机多终端时代,终端用户通过终端向主机发送一些数据运算处理请求,主机运算后又发给终端,而且终端用户要存储数据时向主机里存储,终端并不保存任何数据。早期的计算机网络是以单个主机为中心的星形网,各终端通过电话网共享主机的硬件和软件资源。所以说第一代网络并不是真正意义上的网络,而是一个面向终端的互联通信系统。当时的主机负责两方面的任务:

(1) 负责终端用户的数据处理和存储;

(2) 负责主机与终端之间的通信过程。

所谓终端是指不具有处理和存储能力的计算机。在单主机多终端时代,主机系统要负责数据的处理、存储和与终端之间的通信处理工作,但是随着终端用户对主机的资源需求量增加,主机的处理能力就变得非常有限,而且随着终端用户的不断增加,主机响应终端用户的请求就变得越来越慢。为了克服单主机多终端的缺点,出现了通信控制处理机(Communication

Control Processor,CCP)。它的主要作用是完成全部的通信过程处理任务,主机专门进行数据处理,提高了数据处理的效率,减轻了主机系统的负担,如图 1-2-2 所示。

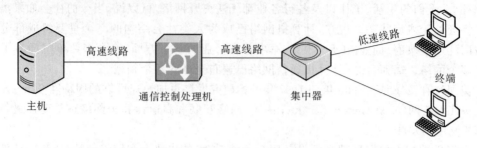

图 1-2-2　单主机联机系统

　　主机主要作用是处理和存储终端用户发出对主机的数据请求,通信任务主要由通信控制器(CCP)来完成。这样把通信任务分配给通信控制器,主机的性能就会有很大的提高,集线器主要负责从终端到主机的数据集中收集及主机到终端的数据分发,这就构成了联机系统。联机终端网络典型的范例是美国航空公司与 IBM 公司在 20 世纪 60 年代投入使用的飞机订票系统(SABRE-I),当时在全美被广泛应用。

　　2. 多主机时期

　　第一代计算机网络主机是绝对孤立的,不能与其他的主机系统进行协调工作,为了克服第一代计算机通信网的缺点,提高计算机之间的交互能力,提高网络的可靠性和可用性,人们开始研究将多台计算机互联进行协调工作的方法。人们首先想到的是能否借鉴电话系统中所采用的电路交换(circuit switching)思想。电路交换本来是为电话通信而设计的,对于计算机网络来说,建立通路的呼叫过程太长,必须寻找新的计算机通信的交换技术。1969年 12 月,由美国国防部高级研究计划局(Advanced Research Projects Agency)研制的计算机分组交换网 ARPANET(通常称为 ARPA 网或阿帕网)网络投入运行。ARPANET 连接了美国加州大学洛杉矶分校、加州大学圣巴巴拉分校、斯坦福大学和犹他大学 4 个节点的计算机,为终端用户提供服务。ARPANET 的成功,标志着计算机网络的发展进入了一个新纪元。该网络首次使用了分组交换(packet switching)技术,为计算机网络的发展奠定了基础。该网络各主机之间不是直接用线路相连,而是由接口报文处理机(IMP)转接后互联的。接口报文处理机及其之间互联的通信线路一起负责主机间的通信任务,共同构成了通信子网。主机和终端都处在通信子网的外围,构成了资源子网,多主机时期的计算机网络如图 1-2-3 所示。

　　分组交换网以通信子网为中心,主机和终端都处在网络的边缘。主机和终端构成了用户资源子网。所谓通信子网一般由通信设备、网络介质等物理设备所构成;而资源子网的主体为网络资源设备,如服务器、用户计算机(终端或工作站)、网络存储系统、网络打印机、数据存储设备(虚线以外的设备)等。用户不仅共享通信子网的资源,而且还可共享用户资源子网的丰富的硬件和软件资源。这种以资源子网为中心的计算机网络通常被称为第二代计算机网络。现代计算机网络中资源子网和通信子网也是必不可少的部分,通信子网为资源子网提供信息传输服务,资源子网用户之间的通信是建立在通信子网的基础上的。没有通信子网,网络就不能工作;没有资源子网,通信子网的传输也就失去了意义。

　　3. 标准化时期

　　在多主机网络时期,为了垄断市场,各厂家采用自己独特的技术并开发了自己的网络体

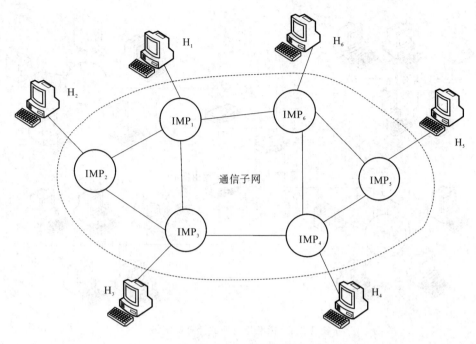

图 1-2-3 多主机时期的计算机网络

系结构,不同的网络体系结构是无法互联的,所以不同厂家的设备无法达到互联,即使是同一家产品在不同时期也是无法达到互联的。当他们想实现与不同的机构进行互联时才发现,由于各自采用的体系结构和协议不一致,无法实现上述要求,这样就阻碍了大范围网络的发展。

为了实现网络大范围的互联和不同厂家设备的互联,20 世纪 70 年代,形成了具有统一的网络体系结构、遵循国际标准化协议的计算机网络。1974 年,文特·瑟夫(Vint Cerf)和罗伯特·卡恩(Robert Kahn)提出一组网络通信协议的建议,这就是著名的 IP 协议(Internet 协议)和 TCP 协议(传输控制协议),合称 TCP/IP 协议,这两个协议定义了一种在计算机网络间传送报文(文件或命令)的方法。1977 年,国际标准化组织 ISO(International Organization for Standardization)提出了一个标准框架—OSI(Open System Interconnection/Reference Model,开放系统互联参考模型)。随后,美国国防部决定向全世界无条件地免费提供 TCP/IP,即向全世界公布解决计算机网络之间通信的核心技术,TCP/IP 协议核心技术的公布最终导致了 Internet 的大发展。有了 TCP/IP,网络可伸展到任何地方,数据不费吹灰之力就可以从一个网络传到另一个网络。因此文特·瑟夫和罗伯特·卡恩也可称为互联网之父。标准化时期的计算机网络结构如图 1-2-4 所示。

1980 年,世界上既有使用 TCP/IP 协议的美国军方的 ARPANET,也有很多使用其他通信协议的各种网络。为了将这些网络连接起来,文特·瑟夫提出一个想法:在每个网络内部各自使用自己的通信协议,在和其他网络通信时使用 TCP/IP 协议。这个设想最终导致了 Internet 的诞生,并确立了 TCP/IP 协议在网络互联方面不可动摇的地位。1984 年正式发布了 OSI。OSI 及标准协议的制定和完善大大加速了计算机网络的发展。遵循国际标准化协议的计算机网络具有统一的网络体系结构,厂商需按照共同认可的国际标准开发自己的网络产品,从而可保证不同厂商的产品可以在同一个网络中进行通信。

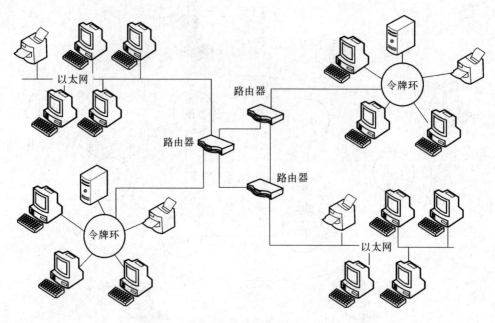

图1-2-4　标准化时期的计算机网络

4. 综合化、宽带化时期

在20世纪90年代,计算机网络迅猛发展,人类自此进入了面向互联、高速、智能化方向发展的计算机网络时代。

1993年,由欧洲核子研究组织(CERN)开发的万维网(World Wide Web)首次在Internet上露面,立即引起轰动并大获成功。万维网的最大贡献在于大大方便了非专业人员对网络的使用,并成为Internet日后成指数级增长的主要驱动力。

1995—2000年,许多主流公司和数以千计的后起之秀创造Internet的产品和服务。到2000年年末,Internet已支持数百个流行的应用程序,包括电子邮件、即时信息和MP3的对等文件共享等。Internet最初起源于ARPANET(阿帕网),是由美国国防部资助ARPA承建的一个网络。该系统由分散的指挥点组成,当部分指挥点被摧毁后,其他点仍能正常工作。

21世纪以来,计算机网络的发展主要体现在住宅宽带接入Internet、无线接入Internet和无线局域网、对等联网(P2P)等几个方面。住宅宽带接入Internet采用DSL(数字用户线)和电缆调制解调器技术,在世界范围迅速推广,这为多媒体应用的发展奠定了良好基础。

1994年起,通过国家四大骨干网:中国公用计算机互联网(ChinaNET)、中国国家计算机与网络设施(NCFC)、中国国家公用经济信息通信网(ChinaGBN)、中国教育和科研计算机网(CERNET)联入国际互联网,我国正式进入Internet。

大约在1990年,无线局域网产品在市场上出现,1997年6月IEEE 802.11无线局域网标准颁布。虽然无线局域网起步较迟,但无线网络成本持续下调,配套技术日渐完善,覆盖范围不断突破,大大促进了无线网络通信的推广。近年来,企业和家庭用户逐渐认识到无线局域网的好处,在世界无线局域网市场中,WaveLAN占有较大的份额。从通信技术的发展方向来看,CDMA技术是主要的发展趋势之一。

21世纪我国又新增加了中国联通互联网(UNINET)、中国移动互联网(CMNET)、中国网通互联网(CNCNET)、中国长城互联网(CGWNET)、中国国际经济贸易网(CIETNET)、中国卫星集团互联网(CSNET)等。

P2P是指信息直接在对等方之间传输,而无须通过中心服务器,对等方(用户计算机)一般具有间歇性的连接。例如,P2P文件共享应用程序,可用于传输MP3、视频、图像和文本文件。具有联系人列表的即时信息系统是一种P2P通信应用程序,综合化、宽带化期的计算机网络结构如图1-2-5所示。

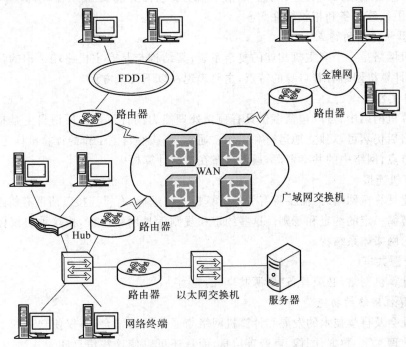

图1-2-5 综合化、宽带化时期的计算机网络

1.2.2 计算机网络的组成、特点和功能

计算机网络是指利用通信线路将具有独立功能的计算机连接起来而形成的计算机集合,计算机间可以借助通信线路传递信息,共享软件、硬件和数据等资源。计算机网络是将地理位置不同的、功能独立的多台计算机通过通信设备和线路连接,在网络操作系统、通信协议和网络管理软件的控制和协调下,实现资源共享和提供网络服务的自治的计算机系统。

完整的计算机网络主要由网络硬件系统和网络软件系统组成。其中网络硬件系统主要包括网络服务器、网络工作站、网络适配器、传输介质等;网络软件系统主要包括网络操作系统软件、网络通信协议、网络工具软件、网络应用软件等。

计算机网络的主要功能包括数据通信、资源共享和分布式处理等。其中数据通信是计算机网络最基本的功能,即实现不同地理位置的计算机与终端、计算机与计算机之间的数据传输;资源共享是建立计算机网络的目的,它包括网络中软件、硬件和数据资源的共享,是计算机网络最主要和最有吸引力的功能。

1. 计算机网络的组成

计算机网络的组成部件主要用来完成网络通信和资源共享两种功能。可将计算机网络看成一个两级网络,即内层的通信子网和外层的资源子网。这种两级计算机网络是现代计算机通信网结构的主要形式。

（1）资源子网

资源子网实现资源共享功能，包括数据处理、提供网络资源和网络服务。资源子网主要包括主机及其外设、服务器、工作站、网络打印机和其他外设及其相关软件。

（2）通信子网

通信子网实现网络通信功能，包括数据的加工、传输和交换等通信处理工作，即将一台计算机的信息传输给另一台计算机。通信子网主要包括交换机、路由器、网桥、中继器、集线器、网卡和缆线等设备和相关软件。

2. 计算机网络的特点

计算机网络是一个多主机相连的复杂系统，其结构与具有主机终端结构的计算机系统不同，使得计算机网络有着自身的特点，主要表现在以下几个方面。

（1）自主性

在计算机网络中，可以包括多台具有独立处理能力的计算机。所谓自主是指这些计算机离开网络后仍然可以独立地运行和工作。通常，将这些自主工作的计算机称为主机，在网络中称为节点，网络中的共享资源，通常分布在这些计算机中。

（2）有机连接

在组建计算机网络时，需要将有关的计算机系统进行"有机连接"，所谓有机连接是指在连接时要遵循一定的约定和规则。这些约定和规则就是网络协议，按这种协议标准连接就形成相应的网络体系结构。

（3）资源共享

作为计算机网络，必须具备"资源共享"的能力。

3. 计算机网络的功能

随着社会及科学技术的发展和计算机网络与通信网的结合，不仅使众多的个人计算机能够同时处理文字、数据、图像、声音等信息，而且还可以使这些信息四通八达，及时地与全国乃至全世界的信息进行共享。目前计算机网络在各行各业中都得到了广泛的应用，计算机网络最重要的3个功能是数据通信、资源共享和分布处理。

（1）数据通信

数据通信是依照一定的协议，利用数据传输技术在两个终端之间传递数据信息的一种通信方式和通信业务。它实现了计算机与计算机、计算机与终端以及终端与终端之间的数据信息传递。例如，综合业务数据网络（ISDN）就是将电话、传真机、电视机和复印机等办公设备纳入计算机网络中，提供了数字、声音、图形、图像等多种信息的数据通信。计算机网络也可以作为通信媒介，用户可以在自己的计算机上把电子邮件（E-mail）发送到世界各地，这些邮件中可以包括文字、声音、图形、图像等信息。

（2）资源共享

资源指的是网络中所有的软件、硬件和数据资源，而资源共享指的就是网络中的用户都能够部分或全部地享受这些资源。例如电子数据交换（EDI）是计算机网络在商业中的一种重要的应用形式。它以共同认可的数据格式，在贸易伙伴的计算机之间传输数据，取代了传统的贸易单据，从而节省了大量的人力和财力，提高了效率。

（3）分布处理

分布处理就是由不同的计算机来协同处理同一个任务的一种计算机制。分布处理主要在两种情况下使用：①本地的计算机负担过重或正在处理某项工作，网络将新任务转交给空闲的其他计算机来完成,来均衡各计算机的负载并提高处理问题的实时性。②对于大型综合性问题,将问题各部分交给不同的计算机分别处理,扩大计算机的处理能力,增强实用性。例如,利用计算机网络,人们可以通过个人计算机参加会议讨论。联机会议除了可以使用文字外,还可以传输声音和图像。总之,计算机网络的应用范围非常广泛,它已经渗透到国民经济以及人们日常生活的各个方面。

1.2.3 计算机网络的分类

计算机网络可按不同的标准分类,如按网络的使用范围分类、按地理位置分类、按网络中的计算机和设备在网络中的地位分类以及按传输介质的使用方式分类等。

1. 按照网络的使用范围分类

计算机网络按照网络的使用范围分类,可分为公用网和专用网两类。① 公用网(public network)一般是由电信部门或其他提供通信服务的经营部门组建、管理和控制,网络内的传输和转接装置可供任何部门和个人使用;公用网常用于广域网络的构造,支持用户的远程通信,如我国的电信网、广电网、联通网等。② 专用网(private network)是由用户部门为其特殊工作的需要而组建经营的网络,一般只为本单位的人员提供服务,不容许其他用户和部门使用;由于投资的因素,专用网常为局域网或者是通过租借电信部门的线路而组建的广域网。如由学校组建的校园网、由企业组建的企业网等。另外,许多部门直接租用电信部门的通信网,并配置一台或者多台主机,向社会各界提供网络服务,如全国各大银行的网络等。

2. 按照地理位置分类

计算机网络按照联网计算机之间的距离和网络覆盖面的不同,可分为局域网、广域网和城域网,如表 1-2-1 所示。

表 1-2-1 计算机网络按地理位置分类

网络分类	分布距离	跨越的地理范围	带宽
局域网	10 m 200 m 10 km 以内	房间 建筑物 校园内	10 Mbit/s～10 Gbit/s
城域网	10 km～100 km	城市	100 Mbit/s 以上
广域网	几千米到几千千米	国家、大洲	9.6 kbit/s～45 Mbit/s
互联网	全球	房间、建筑物、城市、国家、大洲或全球	10 Mbit/s 以下

(1)局域网 LAN(Local Area Network)

局域网是一个单位或部门组建的小型网络,一般局限在一个房间、每个楼层、整栋楼及楼群之间等,范围一般在 2 km 以内,最大距离不超过 10 km。局域网规模小、传输速率高,应用广泛,是目前计算机通信网络中最活跃的分支。

局域网主要特点如下:

① 适应网络范围小;

② 传输速率高;

③ 组建方便、使用灵活；

④ 网络组建成本低；

⑤ 数据传输错误率低。

局域网的布局如图 1-2-6 所示。

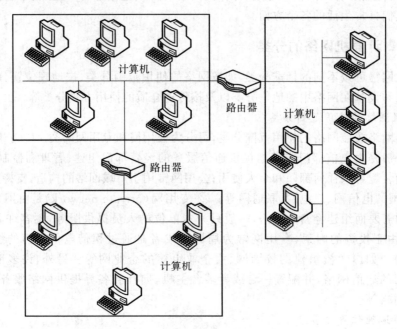

图 1-2-6　局域网的布局

（2）城域网 MAN（Metropolitan Area Network）

城域网是介于广域网与局域网之间的一种大范围的高速网络，它的覆盖范围通常为几千米至几十千米，城域网主要指大中型企业集团、ISP、电信部门、有线电视台和政府构建的专用网络和公用网络。

城域网主要特点如下：

① 适合比 LAN 大的区域（通常用于分布在一个城市的校园或大企业之间）；

② 比 LAN 的传输速率低，但比 WAN 的传输速率高；

③ 设备昂贵；

④ 网络传输错误率中等。

城域网的布局如图 1-2-7 所示。

（3）广域网 WAN（Wide Area Network）

广域网的覆盖范围很大，从几十千米到几千千米。几个城市、一个国家、几个国家甚至大洲都属于广域网的范畴。由于广域网分布距离远，其传输速率要比局域网低得多。

广域网的主要特点如下：

① 规模可以很大；

② 传输速率一般比局域网和城域网低很多；

③ 网络传输错误率高；

④ 网络设备昂贵。

广域网的布局如图 1-2-8 所示。

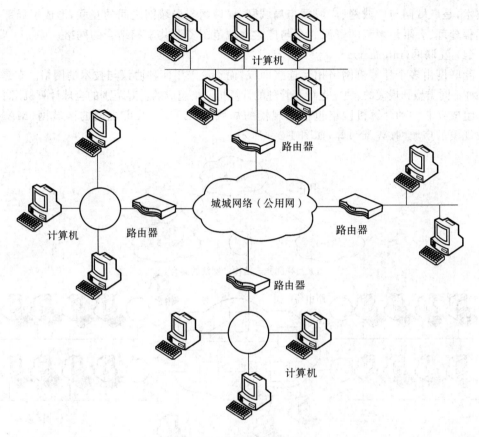

图 1-2-7　城域网的布局

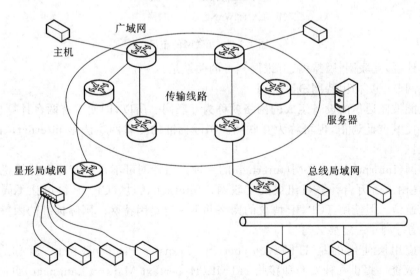

图 1-2-8　广域网的布局

需要指出的是,广域网、局域网和城域网的划分只是一个相对的分界。随着计算机网络技术的发展,三者的界限已经变得越来越模糊。另外,互联网在范畴上属于广域网。但它并不是一种具体的物理网络技术。它是将不同的物理网络技术按某种协议统一起来的一种高层技术,是广域网与广域网、广域网与局域网、局域网与局域网之间的互联,形成了局部处理与远程处理、有限地域范围资源共享与广大地域范围资源共享相结合的网络。

（4）互联网（internet）

互联网由多个计算机网络相互连接而成,而不论采用何种协议与技术的网络。它是一个由各种不同类型和规模的、独立运行和管理的计算机网络组成的世界范围的全球计算机网络。

组成互联网的计算机网络包括小规模的局域网（LAN）、城市规模的区域网（MAN）以及大规模的广域网（WAN）等,如图 1-2-9 所示。

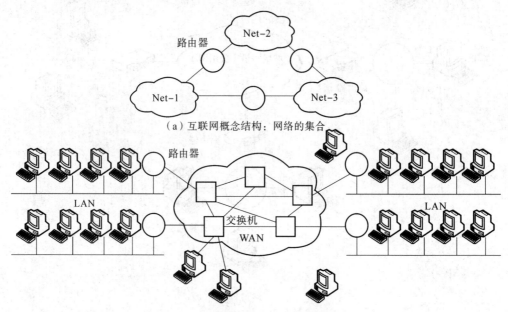

（a）互联网概念结构：网络的集合

（b）LAN和WAN组成的互联网

图 1-2-9　互联网的布局

简单地说,互联网、因特网、万维网三者的关系是:

互联网⊇（包含）因特网⊇万维网

凡是能彼此通信的设备组成的网络就称为互联网。所以,即使仅有两台计算机,不论用何种技术使其彼此通信,也可称为互联网。国际标准的互联网写法是 internet,首字母 i 一定要小写!

因特网（Internet）是互联网（internet）的一种。因特网可不是仅有两台计算机组成的互联网,它是由上千万台计算机组成的互联网。Internet 通过 TCP/IP 协议让不同的计算机可以彼此通信。但使用 TCP/IP 协议的网络并不一定是因特网。国际标准的因特网写法是 Internet,首字母 I 一定要大写!

只要应用层使用的是 HTTP（Hypertext Transfer Protocol）协议,就称为万维网。HTTP 协议能够提供一种发布和接收 HTML（Hypertext Markup Language）页面的方法。

3. 按照计算机和设备在网络中的地位分类

按照计算机在网络中的地位分类,可以分为基于服务器的网络和对等网络。

（1）基于服务器（Server）的网络

服务器是指任何在网络上允许用户文件访问、打印、通信及其他服务的计算机。在计算机网络中,为网络用户提供共享资源和服务功能的计算机或设备称为服务器。服务器运行服务器端操作系统,接受服务或访问服务器上共享资源的计算机称为客户机,客户机运行客户端软件。如果构成计算机网络的计算机或设备,既有服务器又有客户机,这样的网络就称为基于服务器的网络。根据服务器所提供的服务,又可以将服务器分为文件服务器、打印服务器、应用服务器和通信服务器等。现在所说的服务器(Server)意义更广泛,是指任何向客户端(Client)程序提供某种特定服务的计算机或者软件包。

基于服务器的网络随着计算机网络服务功能的改变,经历了从工作站/文件服务器模式到客户端/服务器模式,以及目前在因特网普遍应用的浏览器/服务器模式的发展过程。

1)工作站/文件服务器(Work Sation/File Server)模式

工作站也称客户端(Client),指的是由服务器进行管理和提供服务的、连入网络的任何计算机。在工作站/文件服务器模式的计算机网络中,工作站对文件服务器的文件资源的访问处理过程,是将所需的文件整个下载到工作站上,处理结束后再上传到文件服务器。

2)客户端/服务器(Client/Server)模式

如图1-2-10所示,在客户端/服务器模式的计算机网络中,客户机对服务器资源的访问处理,只下载相关部分,处理结束后再上传到服务器。

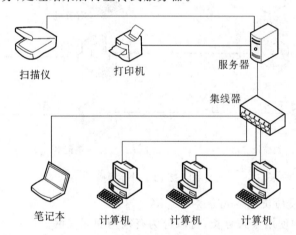

图1-2-10 客户端/服务器应用系统

3)浏览器/服务器(Browser/Server)模式

浏览器/服务器模式的计算机网络与客户端/服务器模式的计算机网络的主要区别是在客户端运行的是浏览器软件,如图1-2-11所示。客户不需要了解更多的计算机操作知识,甚至只需会操作鼠标就能够运行相应的操作。

目前,单纯的工作站/文件服务器模式的计算机网络基本上已不再使用了。基于服务器的网络可以集中管理网络中的共享资源和网络用户,具有较好的安全性。

(2)对等网络

在对等网络中,没有专用的服务器,网络中的所有计算机都是平等的,如图1-2-12所示,各台计算机既是服务器又是客户机,每台计算机分别管理自己的资源和用户,同时又可以作为客户机访问其他计算机的资源。

对等网络也称为工作组。由于每台计算机独自管理自己的资源,很难控制网络中的资源和用户,安全性稍差。

对等网络中设置配置时,各计算机必须配置相同的协议。

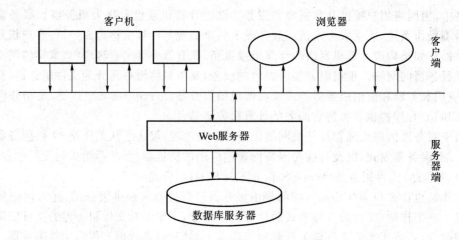

图 1-2-11　浏览器/服务器模式的网络

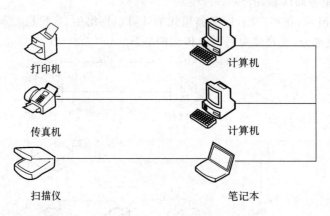

图 1-2-12　对等网络

4. 按照传输介质的使用方式分类

按照传输介质的使用方式分类,可以分为有线网和无线网。

(1) 有线网

有线网是采用同轴电缆、双绞线、光纤连接的计算机网络。用同轴电缆连接的网络成本低,安装较为便利,但传输速率和抗干扰能力一般,传输距离较短。用双绞线连接的网络价格便宜,安装方便,但其易受干扰,传输速率也比较低,且传输距离比同轴电缆要短。光纤网是采用光导纤维作为传输介质的,光纤传输距离长,传输速率高,抗干扰性强,不会受到电子监听设备的监听,是高安全性网络的理想选择。但其成本较高,且需要高水平的安装技术。

(2) 无线网

无线网是用电磁波作为载体来传输数据的,目前无线网联网的费用较高,还不太普及。但由于联网方式灵活方便,无线网是一种很有前途的联网方式。

1.2.4　计算机网络的拓扑结构

拓扑学(Topology)是几何学的一个分支,是一种研究与大小、形状无关的点、线、面关系的方法。

按照拓扑学的观点,将工作站、服务器、交换机等网络单元抽象为"点",网络中的传输介质抽象为"线",计算机网络系统就变成了由点和线组成的几何图形,它表示了通信媒介与各节点的物理连接结构,这种结构称为网络的拓扑结构。网络的拓扑结构主要有总线形、环形、星形、树形和网状拓扑结构。

1. 总线型拓扑结构

总线型拓扑(Bus Topology)结构是将网络中的所有设备都通过一根公共总线连接,通信时信息通过总线进行广播式传输,如图 1-2-13 所示。

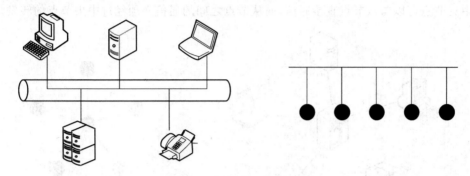

图 1-2-13　总线型拓扑结构

总线型拓扑结构投资少、安装布线容易、可靠性较高,总线网是常用的局域网拓扑结构之一。总线型拓扑结构简单,增删节点容易。网络中任何节点的故障都不会造成全网的瘫痪,可靠性高。但是任何两个节点之间传输数据都要经过总线,总线成为整个网络的"瓶颈"。当节点数目多时,易发生信息拥塞、信道争用问题。为了减少信道争用带来的冲突,带有冲突检测的载波监听多路访问/冲突检测(CSMA/CD)协议被用于总线网中。为了防止信号到达总线两端的回声,总线两端都要安装吸收信号的端接器。

2. 环形拓扑结构

环形拓扑(Ring Topology)结构中,所有设备被连接成环,信息是通过环进行广播式传输的,如图 1-2-14 所示。在环形拓扑结构中,每台设备只能和相邻节点直接通信。与其他节点通信时,信息必须依次经过两者间的每个节点。

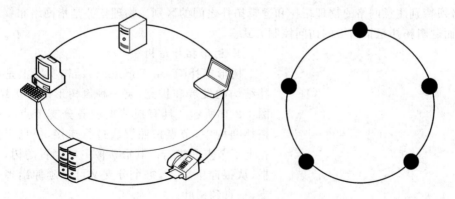

图 1-2-14　环形拓扑结构

环形网一般采用令牌(一种特殊格式的帧)来控制数据的传输,只有获得令牌的计算机才能发送数据,因此避免了冲突现象。环形网有单环和双环两种结构。双环结构常用于以光导纤维作为传输介质的环形网中。目的是设置一条备用环路,当光纤环发生故障时,可迅速启用备用环,提高环形网的可靠性。最常见的环形网有令牌环网和 FDDI(光纤分布式数据接口)。

环形拓扑结构传输路径固定,无路径选择问题,故实现简单。但任何节点的故障都会导致全网瘫痪,可靠性较差。另外,环形网的管理比较复杂,投资费用较高。当环形拓扑结构需要调整时,如节点的增、删、改,一般需要将整个网重新配置,扩展性、灵活性差,维护困难。

3. 星形拓扑结构

星形拓扑(Star Topology)结构是由一个中央节点和若干从节点组成的,如图 1-2-15 所示。中央节点可以与从节点直接通信,而从节点之间的通信必须经过中央节点的转发。

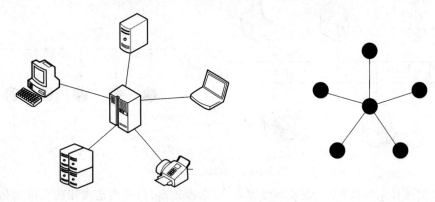

图 1-2-15   星形拓扑结构

星形拓扑结构简单,建网容易,传输速率高。每个节点独占一条传输线路,消除了数据传输堵塞现象。一台计算机及其接口的故障不会影响到网络,扩展性好,配置灵活,增、删、改一个站点容易实现,网络易管理和维护。网络可靠性依赖于中央节点,中央节点一旦出现故障将导致全网瘫痪。

常见的采用星形物理拓扑的网络有 100BaseT 以太网、令牌环网和 ATM 网等。星形网中央节点是该网的"瓶颈"。早期的星形网,中央节点是一台功能强大的计算机,既具有独立的信息处理能力,又具备信息转接能力。现在的星形网的中央节点多采用诸如交换机、集线器等网络转接、交换设备。

必须特别注意网络的物理拓扑和逻辑拓扑之间的区别。物理拓扑是指网络布线的连接方式,而逻辑拓扑是指网络的访问控制方式。

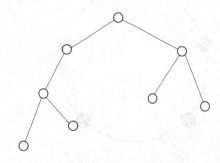

图 1-2-16   树形拓扑结构

4. 树形拓扑结构

树形拓扑(Tree Topology)结构实际上是星形拓扑结构的发展和扩充,是一种倒树形的分级结构,如图 1-2-16所示。具有根节点和各分支节点。在树形拓扑结构中,节点按照层次进行连接,信息交换主要在上下节点间进行。其形状像一棵倒置的树,顶端为根,从根向下分支,每个分支又可以延伸出多个子分支,一直到树叶。

现在一些局域网络利用集线器(Hub)或交换机(Switch)将网络配置成级联的树形拓扑结构。树形网络的特点是结构比较灵活,易于进行网络的扩展。与星形拓扑结构相似,当根节点出现故障时,会影响到全局。树形拓扑结构是中大型局域网常采用的一种拓扑结构。

5. 网状拓扑结构

网状拓扑（Net Topology）结构分为一般网状拓扑结构和全连接网状拓扑结构两种。全连接网状拓扑结构中的每个节点都与其他所有节点相连通。一般网状拓扑结构中每个节点至少与其他两个节点直接相连。如图1-2-17（a）所示为一般网状拓扑结构，如图1-2-17（b）所示为全连接网状拓扑结构。

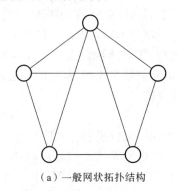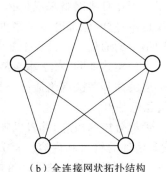

（a）一般网状拓扑结构　　　　　　　　（b）全连接网状拓扑结构

图 1-2-17　网状拓扑结构

网状拓扑结构的容错能力强，如果网络中一个节点或一段链路发生故障，信息可通过其他节点和链路到达目的节点，故可靠性高。但其建网费用高，布线困难。

网状拓扑结构的最大特点是其强大的容错能力，因此主要用于强调可靠性的网络中，如ATM网、帧中继网等。

1.2.5　计算机网络的体系结构

计算机网络是一个非常复杂的过程，将一个复杂过程分解为若干个容易处理的部分，然后逐个分析处理，这种结构化设计方法是工程设计中经常用到的手段。分层就是系统分解最好的方法之一。另外，计算机网络是一个十分复杂的系统，要使其能协同工作实现信息交换和资源共享，它们之间必须具有共同约定。如何表达信息、交流什么、怎样交流及何时交流，则必须遵循某种互相都能接受的规则。

一个计算机网络有许多互相连接的节点，这些节点之间要不断地进行数据交换。要做到有条不紊地交换数据，每个节点就必须遵守一些事先约定好的规则。这些为进行网络中的数据交换而建立的规则、标准或约定即称为网络协议（Network Protocol）。应该注意，协议总是指体系结构中某一层的协议。准确地说，协议是对同等层实体之间为通信制定的有关通信规则或约定的集合。网络协议主要由以下三个要素组成。

（1）语义

语义是对协议元素的含义进行解释，它规定通信双方彼此"讲什么"，即确定通信双方要发出什么控制信息，执行的动作和返回的应答，主要涉及用于协调与差错处理的控制信息。不同类型的协议元素所规定的语义是不同的。例如需要发出何种控制信息、完成何种动作及得到的响应等。

（2）语法

语法是将若干个协议元素和数据组合在一起，用来表达一个完整的内容所应遵循的格式，也就是对信息的数据结构做一种规定。它规定通信双方彼此"如何讲"，即确定协议元素的格式，例如用户数据与控制信息的结构与格式等。

（3）时序

时序是对事件实现顺序的详细说明，它规定信息交流的次序，主要涉及传输速率匹配和排序等。例如，在双方进行通信时，发送点发出一个数据报文，如果目标点正确收到，则回答发送点接收正确；若接收到错误的信息，则要求发送点重发一次。

由此可以看出，协议（protocol）实质上是网络通信时所使用的一种语言。

网络协议对于计算机网络来说是必不可少的。不同结构的网络，不同厂家的网络产品，所使用的协议也不一样，但都遵循一些协议标准，这样便于不同厂家的网络产品进行互联。

计算机网络中的通信过程是一个非常复杂的过程，很难想象制定一个完整的规则来描述所有这些问题。实践证明，对于非常复杂的计算机通信网络规则，最好的方法是采用分层式结构。每一层关注和解决网络通信中某一方面的规则。

（1）分层思想举例

为了便于理解分层的概念，首先以邮政通信系统为例进行说明。人们平常写信时，都有个约定，这就是信件的格式和内容。首先，我们写信时必须采用双方都懂的语言文字和文体，开头是对方称谓，最后是落款等。这样，对方收到信后，才可以看懂信中的内容，知道是谁写的，什么时候写的等。当然还可以有其他的一些特殊约定，如书信的编号、间谍的密写等。信写好之后，必须用信封封装并交由邮局寄发，这样寄信人和邮局之间也要有约定，这就是规定信封写法并贴邮票。在中国寄信必须先写收信人姓名、地址，然后才写寄信人的姓名和地址。邮局收到信后，首先进行信件的分拣和分类，然后交付有关运输部门进行运输，如航空信交付民航公司，平信交铁路或公路运输部门等。这时，邮局和运输部门也有约定，如到站地点、时间、包裹形式等。信件运送到目的地后进行相反的过程，最终将信件送到收信人手中，收信人依照约定的格式才能读懂信件。如图 1-2-18 所示，在整个过程中，主要涉及了三个子系统，即用户子系统、邮政子系统和运输子系统。各种约定都是为了达到将信件从一个源点送到某一个目的点这个目标而设计的，这就是说，它们是因信息的流动而产生的。可以将这些约定分为同等机构间的约定，如用户之间的约定、邮政局之间的约定和运输部门之间的约定，以及不同机构间的约定，如用户与邮政局之间的约定、邮政局与运输部门之间的约定。虽然两个用户、两个邮政局、两个运输部门分处甲、乙两地。但它们都分别对应同等机构，同属一个子系统；而同处一地的不同机构则不在一个子系统内，而且它们之间的关系是服务与被服务的关系。很显然，这两种约定是不同的，前者为部门内部的约定，而后者是不同部门之间的约定。

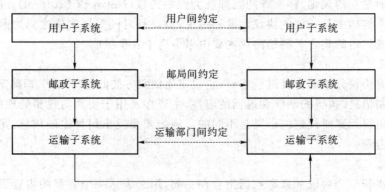

图 1-2-18　邮政通信系统的分层模型示例

在数据通信网络环境中,两台计算机的两个进程之间进行通信的过程与邮政通信的过程十分相似。用户进程对应于用户,计算机中进行通信的进程(也可以是专门的通信处理机)对应于邮局,通信设施对应于运输部门。为了减少数据通信网络设计的复杂性,人们往往按功能将数据通信网络划分为多个不同的功能层。利用分层可以将数据通信网络表示成如图1-2-19所示的层次模型。网络中同等层之间的通信规则就是该层使用的协议——如有关第 N 层的通信规则的集合,就是第 N 层的协议。而同一台计算机的不同功能层之间的通信规则称为接口(interface),在第 N 层和第($N+1$)层之间的接口称为 $N/(N+1)$ 层接口。总的来说,协议是不同计算机同等层之间的通信约定,而接口是同一台计算机相邻层之间的通信约定。处在高层的系统仅是利用较低层的系统提供的接口和功能,不需了解低层实现该功能所采用的算法和协议;较低层也仅是使用从高层系统传送来的参数,这就是层次间的无关性。层次间的每个模块便可以用一个新的模块取代,只要新的模块与旧的模块具有相同的功能和接口即可。

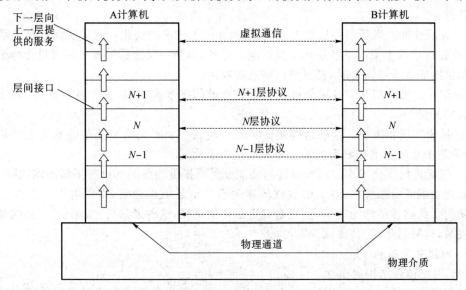

图 1-2-19　数据通信网络层次模型

图1-2-19中,第 N 层是第($N-1$)层的用户,又是第($N+1$)层的服务提供者。而第($N+1$)层的用户虽然只能直接使用第 N 层所提供的服务,实际上它还是通过第 N 层间接地使用了第 N 层以下各层的服务。层间接口定义了较低层向较高层提供的原始操作和服务。因此,一台计算机的第 N 层与另一台计算机的第 N 层进行通信。并不是一台计算机的第 N 层直接将数据传送给另一台计算机的第 N 层(除最低层外),而是第 N 层将数据和控制信息通过层间接口传送给它相邻的第($N-1$)层,这样直至最低层为止,最低层再通过物理介质实现与另一台计算机最低层的物理通信。物理通信与高层之间进行的虚拟通信是不同的,虚拟通信是用虚线表示的,而物理通信则是用实线表示的。

(2) 分层的原则

分层设计的方法是处理复杂问题的一种有效技术,但是要真正做到合理规划分层却不是一件简单的事情,一般而言,分层应当遵循以下几个主要原则。

① 每层的功能应是明确的,并且相互独立。当某一层具体实现的方法更新时,只要保持层间接口不变,不会对上下层造成影响。

② 层间接口清晰,跨越接口的信息量应尽可能少。

③ 层数应适中。若太少,则层间功能划分不明确,多种功能混杂在一层中,造成每一层的协议太复杂。若太多,则体系结构过于复杂,各层组装时的任务要困难得多。为满足各种通信服务需要,在一层内可形成若干子层。

④ 最重要的分层原则:目标站第 N 层收到的对象应当与源站第 N 层发出的对象完全一致。在接收方报文向上传递 1 层,该层的报头就被剥掉,即如所说的"剥洋葱皮"的方式,这样就不会有低于第 N 层的报头向上流向第 N 层。

(3) 分层的好处

从上述简单例子可以更好地理解分层思想的优点。

① 各层之间是独立的。某一层并不需要知道它的下一层是如何实现的,而仅仅需要知道该层通过层间的接口所提供的服务。由于每层只实现一种相对独立的功能,因而可将一个难以处理的复杂问题分解为若干个较容易处理的更小的问题。这样,整个问题的复杂程度就降低了。

② 灵活性好。当任何一层发生变化时(例如由于技术的变化),只要层间接口关系保持不变,则在这层以上或以下各层均不受影响。此外,对某一层提供的服务还可进行修改。当某层提供的服务不再需要时,甚至可以将这层取消。

③ 结构上可分割开。各层都可以采用最合适的技术来实现,便于各层软件、硬件及互联设备的开发。

④ 易于实现和维护。这种结构使得实现和调试一个庞大而又复杂的系统变得易于处理,因为整个系统已被分解为若干个相对独立的子系统。

⑤ 能促进标准化工作。因为每层的功能及其所提供的服务都已有了精确地说明。

在现实的通信系统中,真实的数据传递关系必须是物理通信,即沿着图 1-2-19 中的不同层间的实线路径传输的通信,实线是真实的传输路径,这种通信为"实通信"。虚线是逻辑连接关系,这种通信称为"虚通信"。

1. 网络体系结构

(1) 网络体系结构的概念

计算机网络的体系结构(Network Architecture)是指计算机网络及其部件所应完成功能的一组抽象定义,是描述计算机网络通信方法的抽象模型结构,一般是指计算机网络各层次及其协议的集合。

(2) 网络体系结构的特点

在层次网络体系结构中,每层协议的基本功能都是实现与另一个层次结构中对等实体间的通信,所以称之为对等层协议。另外,每层协议还要提供与相邻上层协议的服务接口。体系结构的描述必须包含足够的信息,使实现者可以为每层编写程序和设计硬件,并使之符合有关协议。网络体系结构具有以下特点:

① 以功能作为划分层次的基础;

② 第 N 层的实体在实现自身定义的功能时,只能使用第 $N-1$ 层提供的服务;

③ 第 N 层在向第 $N+1$ 层提供服务时,此服务不仅包含第 N 层本身的功能,还包含由下层服务提供的功能;

④ 仅在相邻层间有接口,且所提供服务的具体实现细节对上一层完全屏蔽。

2. OSI/RM 体系结构

要建立通信网络、开发通信网络硬件或软件,就必须首先制定协议标准。因此随着通信网络的发展出现了多种通信网络结构模型和多种协议标准。

自 20 世纪 70 年代以来,国外一些主要计算机生产厂家先后推出了各自的通信网络体系结构,但它们都属于专用的。由于各个计算机生产厂家开发的通信网络体系结构不同,所以很难实现不同通信网络之间的网络互联。为使不同计算机生产厂家的计算机能够互相通信,以便在更大的范围内建立计算机通信网络,有必要建立一个国际范围的通信网络体系结构标准。本节主要介绍目前主流的通信网络体系结构模型之一:OSI/RM 体系结构。

OSI/RM(Open System Interconnect Reference Model,开放式系统互联参考模型)是由 ISO(International Organization for Standardization,国际标准化组织)于 1983 年正式批准的网络体系结构参考模型。这是一个标准化开放式计算机通信网络层次结构模型。从而打破了网络发展初期不同厂商的计算机之间不能相互通信这一壁垒,帮助供应商根据协议来构建可互操作的网络设备和软件,以便不同供应商的网络能够互相协同工作。在这里"开放"的含义表示能使任何两个遵守参考模型和有关标准的系统进行互联。

OSI/RM 体系结构将整个通信网络的功能划分为七个层次,由低到高依次为物理层(Physical Layer)、数据链路层(Data Link Layer)、网络层(Network Layer)、传输层(Transport Layer)、会话层(Session Layer)、表示层(Presentation Layer)和应用层(Application Layer),如图 1-2-20 所示。带双向箭头的水平虚线表示对等层之间的协议连接。其中,高四层协议图中已经标明。低三层协议分别为网络层协议、数据链路层协议和物理层协议。传输介质框中的实线则表示物理连接。

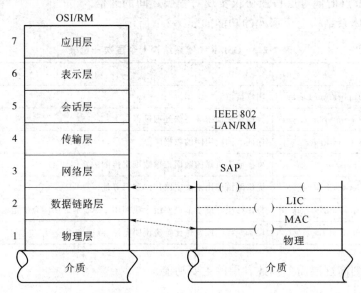

图 1-2-20 OSI/RM 体系结构

从图 1-2-20 中可见,第一层到第三层属于 OSI/RM 体系结构的低三层,负责创建网络通信连接的链路;第四层到第七层为 OSI/RM 体系结构的高四层,具体负责端到端的数据通信。每层完成一定的功能,第一到六层都直接为其上层提供服务,并且所有层次都互相支持,而网络通信则可以自上而下(在发送端)或者自下而上(在接收端)双向进行。当然并不是每一通信都需要经过 OSI 的全部七层,有的甚至只需要双方对应的某一层即可。物理接口之间的转接,以及中继器与中继器之间的连接就只需在物理层中进行即可;而路由器与路由器之间的连接则只需经过网络层以下的三层即可。总的来说,双方的通信是在对等层次

上进行的,不能在不对等层次上进行通信。OSI/RM 体系结构的优点如下:

(1)允许不同供应商的网络产品能够实现互相操作;

(2)将网络的通信过程划分为小一些、简单一些的部件,因此有助于各个部件的开发、设计和故障排除;

(3)通过网络组件的标准化,允许多个供应商进行开发;

(4)通过定义在模型的每一层实现的功能,鼓励产业的标准化;

(5)允许各种类型的网络硬件和软件相互通信;

(6)防止对某一层所做的改动影响到其他的层,这样就有利于开发。

3. OSI/RM 体系结构的分层原则

国际标准化组织为了更好地普及网络应用,推出了 OSI/RM 体系结构,推荐所有公司使用这个规范来控制网络。而提供各种网络服务功能的计算机通信网络系统是非常复杂的。根据分而治之的原则,定义了终端系统中的应用层将如何彼此通信,以及如何与用户通信。OSI/RM 体系结构将整个通信功能划分为七个层次,划分的原则如下:

(1)网络中各节点都有相同的层次;

(2)不同节点的同等层具有相同的功能;

(3)同一节点内相邻层之间通过接口通信;

(4)每一层使用下层提供的服务,并向其上层提供服务;

(5)不同节点的同等层按照协议实现对等层之间的通信。

OSI/RM 体系结构七个层次的功能如表 1-2-2 所示。

表 1-2-2　OSI/RM 体系结构七个层次一览表

层次名称	英文	功能
应用层	Application Layer	用户接口
表示层	Presentation Layer	数据表示加密等特殊处理过程
会话层	Session Layer	保证不同应用间的数据区分
传输层	Transport Layer	可靠或不可靠的数据传输数据重传前的错误纠正
网络层	Network Layer	提供路由器用来决定路径的逻辑寻址
数据链路层	Data Link Layer	将比特组合成字节进而组合成帧用 MAC 地址访问介质错误发现但不纠正
物理层	Physical Layer	设备间接收或发送比特流说明电压、线速和线缆等

下面由低到高逐层简单描述各层的主要功能。

(1)物理层

物理层是 OSI/RM 体系结构中的最低一层,它向上毗邻数据链路层,向下直接与传输介质相连接,起着数据链路层和传输介质之间的逻辑接口作用。

1)物理层的主要功能

OSI/RM 体系结构对物理层的描述是:物理层为传输二进制比特流数据而激活、维持、释放物理连接所提供的机械特性、电气特性、功能特性和规程特性。这种物理连接可以通过中继系统,每次都在物理层内进行二进制比特流数据的中继传输。这种物理连接允许进行全双工或半双工的二进制比特流传输。物理层服务数据单元(即二进制比特流)的传输可通过同步方式或异步方式进行。

物理层负责在计算机之间传递数据位(data bit),为在物理介质上传输的位流建立规则,这一层定义电缆如何连接到网卡上及需要用何种传输技术在电缆上发送数据。同时还定义了位同步及检查。这一层表示了用户的软件与硬件之间的实际连接。它实际上与任何协议都不相干,但它定义了数据链路层所使用的访问方法。

物理层为数据链路层提供的主要服务如下。

① 物理连接。即为数据链路层的实体之间进行透明的位流传输建立联系。物理连接的建立将涉及连接方式(即点对点连接或多点连接)和传输方式(包括通信方式、同步方式等)的选择、资源(如物理传输介质、中继电路、缓冲区等)的分配等问题。

② 确定服务质量参数。比如误码率、传输速率、传输延迟、服务可用性等。物理连接的质量是由组成它的传输介质、物理设备等决定的。

物理层关注的是怎样才能在连接各种计算机的传输介质上传输数据的比特流,而不是只连接计算机的具体的物理设备或具体的传输介质。现代计算机网络中的物理设备和传输介质的种类繁多,通信手段也越来越丰富,而物理层在数据链路层和传输介质之间起了屏蔽和隔离的作用,使数据链路层感觉不到这些差异。这样就可以使数据链路层只需要考虑如何完成本层的协议和服务,而不必考虑网络具体的传输介质是什么。

与OSI/RM体系结构的其他层相比,物理层标准是不完善的,因为它没有提到物理实体、服务原语、物理层协议数据单元等概念,而是经常讲物理层的服务数据单元—比特流、物理连接等。其原因是,早在OSI/RM体系结构提出之前,许多属于物理层的接口协议就已经制定出来了,而且在物理层采用这些接口协议的物理设备也被大量产业化,并广泛应用于数据通信领域。在这样的实现背景下,如果ISO在制定物理层标准时,仍像其他层那样提出严格的服务定义和协议规范,硬性地规定一套OSI/RM物理层的标准,势必很难得到应用和推广,况且已经存在的物理层规范还是比较成功的。因此,ISO对物理层的标准化工作并没有像其他层那样严格定义,只是提出了如上所述的描述。

2)物理层的接口

物理层的接口主要指数据终端设备(Data Terminal Equipment,DTE)和数据通信设备(Data Communication Equipment,DCE)之间的接口。这里DTE就是具有一定的数据处理能力及发送和接收数据能力的设备,它可以是一台计算机或一个终端,也可以是各种I/O设备等。由于数据终端设备的数据传输能力是很有限的,直接将相隔很远的两个终端设备连接起来是无法进行通信的。为了进行通信,必须在数据终端设备和传输线路之间加上一个中间设备——DCE,它的作用就是在DTE和传输线路之间提供信号变换和编码的功能,并且负责建立、保持和释放数据链路的连接,它可以是指多路复用器、集中器和调制解调器等。

DTE与DCE之间的接口一般都有若干条并行线,包括各种信号线和控制线。DCE将DTE传过来的数据按比特流顺序逐个发往传输线路,或者反过来,从传输线路上接收串行的比特流,然后再交给DTE。显然,这些操作的完成需要DTE与DCE间接口信号线的高度协调工作。为了减轻数据处理设备的负担,就必须对DTE和DCE的接口进行标准化。这种接口标准也就是所谓的物理层接口协议。

由此可见,物理层接口协议的主要内容如下:

① 提供物理连接的四种特性,即机械特性、电气特性、功能特性和规程特性;

② 为传输物理层服务数据单元—比特流确定通信方式、同步方式和编码规则。

物理接口标准一般用于DTE与DCE之间的连接,典型的例子有用于计算机与Modem

连接,将两台计算机通过 EIA-232-E 标准直接连接,将一个终端与一台计算机通过 EIA-232-E 标准直接连接。

3) 物理层接口标准举例

① EIA RS-232C。EIA RS-232C 是美国电子工业协会 EIA 制定的物理接口标准。RS (Recommended Standard)的意思是推荐标准,232 是一个标识号码,C 表示该标准已被修改过的次数。

RS-232C 标准是为促进利用公共电话网络进行数据通信而制定的,最初只提供一个利用公用电话网作为媒介,通过调制解调器进行远距离数据传输的技术规范,图 1-2-21 所示是利用公共电话交换网实现远程连接的示意图,图 1-2-22 所示是利用 RS-232C 接口实现计算机或终端之间数据通信的连接图。

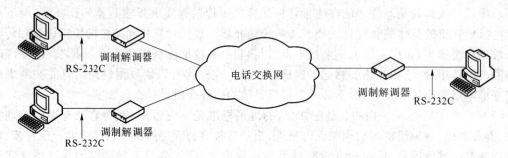

图 1-2-21　利用公共电话交换网实现远程连接的示意图

RS-232C 标准适用于 DTE/DCE 之间的串行二进制通信,数据传输速率为 0～20 kbit/s,电缆长度限制在 30 m 内。RS-232C 接口不仅可用于利用电话交换网进行的远程数据通信中,还可用于计算机与计算机之间、计算机与终端之间及计算机与输入/输出设备的近程数据通信中。当使用 RS-232C 接口直接连接两台计算机时。引入了一种空调制解调器(Null Modem)的电缆,以解决在不使用调制解调器的情况下 RS-232C 接口需要 DTE/DCE 成对使用的问题。

• 机械特性。RS-232C 的机械特性与 ISO 2110 相兼容,即规定使用 25 针的连接器。

• 电气特性。RS-232C 的电气特性规定,采用负逻辑表示,即逻辑"1"或有信号状态的电压范围为 $-15\sim-5$ V;逻辑"0"或无信号状态的电压范围为 $5\sim15$ V,所允许的线路电压降为 2 V。

• 功能特性。RS232C 的功能特性定义了 25 针连接器中的 20 条连接线,它们定义了两个信道——主信道和辅助信道。辅助信道可用于在连接的两个设备之间传输一些辅助的控制信息,且传输速率要比主信道低得多,一般很少使用。对于主信道,最常用的连接线有 8 条,参见表 1-2-3。

表 1-2-3　RS-232C 常用的功能线路表

针号	信号名	功能定义	类型	传输方向
1	AA/GND	保护地	地	
2	BA/TXD	发送数据	数据	DTE→DCE
3	BB/RXD	接收数据	数据	DCE→DTE
4	CA/RTS	请求发送	控制	DTE→DCE

续　表

针号	信号名	功能定义	类型	传输方向
5	CB/CTS	允许发送	控制	DCE→DTE
6	CC/DSR	DCE 准就绪	控制	DCE→DTE
7	AB/GND	信号地	地	
8	CF/DCD	载波检测	控制	DCE→DTE
20	CD/DTR	DTE 准就绪	控制	DTE→DCE

在以上常用的连线中,根据其传递信号的功能分为三类:数据线(TXD、RXD)、控制线(RTS、CTS、DSR、DCD、DTR)和地线(PG、SG),RS-232C 接口的连接如图 1-2-22 所示。

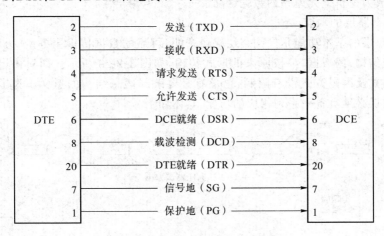

图 1-2-22　RS-232C 接口的连接图

• 规程特性。RS-232C 的规程特性主要规定了控制信号在不同情况下有效(接通状态)、无效(断开状态)的顺序和相互的关系。例如,只有当 CC 和 CD 信号都处于有效状态时,才能在 DTE 和 DCE 之间进行操作。如果 DTE 要发送数据,则先要将 CA 置成有效状态,当等到 DCE 将 CB 置成有效状态后,DTE 才能在 BA 线上发送串行数据。

② CCITT X.21。前述的 RS-232C 接口标准是支持模拟信道的远程数据通信。CCITT 从 1969 年就认识到数字信道传输数据物理接口的重要性,于 1976 年通过了用于数字信道的物理接口标准 CCITT X.21 建议书,它是关于公共数据网(Public Data Network,PDN)同步工作的 DTE/DCE 数字化接口标准。

• 机械特性。X.21 建议的机械接口为 15 芯的 DTE/DCE 接口连接器。X.21 的机械接口采用了最新技术,如插头屏蔽技术,机械特性齐全、可靠。它增加了对交换电路中连接器插头数量的分配功能,这种功能允许交换电路向多对互联电缆提供连接。

因此,每个交换线路都是成对操作的,它特别为每一个交换线路提供了两根引线,这样能省略插头连接的接口线。

• 电气特性。X.21 建议的数据传输速率为 600 bit/s、2 400 bit/s、4 800 bit/s、9 600 bit/s、48 000 bit/s。为了增加 DTE 按多种传输速率设计的灵活性,允许 DTE 使用新的平衡或非平衡的电气性能,即 CCITT X.26 建议。但为了保证数据传输的高可靠性,48 kbit/s 的传输速率仅使用于平衡电气性能的系统中。

• 功能特性。给出了 X.21 的基本交换线路的信号定义,发送线路、接收线路用来传输用户数据;网络控制信息由控制线路和指示线路承担;电路的定位由信号计时线路提供;二进制计时线路传递字节定时信息。此外还有公共地线和信号用地线。这些交换线路的详细定义在 CCITT X.24 建议中做了说明。

• 规程特性。X.21 的规程特性可分为四个阶段:空闲、呼叫控制、数据传输和清除阶段。

CCITT X.21 与 V.24 比较,接口线大为减少,方便了连接,接口的电气性能也有所改善,CCITT X.25 建议书的物理层就是 X.21 标准。

(2) 数据链路层

数据链路层(Data Link Layer)是 OSI/RM 体系结构中的第二层。介于物理层和网络层之间。它的作用是对物理层传输原始比特流功能的加强,将物理层提供的可能出错的物理连接改造成为逻辑上无差错的数据链路。

1) 数据链路层的功能

数据链路层的基本功能是向网络层提供透明、可靠的数据传输服务。"透明"是指无论什么类型(或结构)的数据,都按原来的形式传输,如图 1-2-23 所示。即对该层上传输的数据的内容、格式及编码方式没有限制,也没有必要解释信息结构的意义。为了实现这一目的,数据链路层必须具备一系列相应的功能,具体如下。

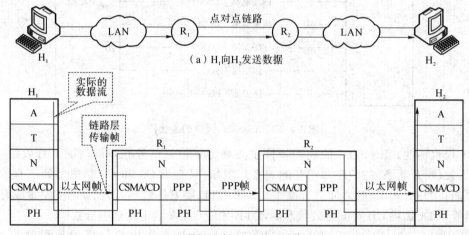

图 1-2-23　数据链路层负责在单个链路上的发送和接收节点之间传送的帧

① 数据链路管理。当网络中的两个节点要进行通信时,发送方必须知道接收方是否已经在准备接收的状态。为此,通信双方必须要先交换一些必要的信息,以便建立起一种逻辑连接关系,这种关系称为数据链路(Data Link)。同样,在传输数据过程中还要维持这个数据链路,而在通信结束后还要释放这个数据链路。为两个网络实体之间提供数据链路通路的建立、维持和释放管理,称为数据链路管理。

② 装帧与帧同步。帧是数据链路层的传输单位,帧中包含地址、控制、数据及校验码等信息。当网络实体递交并请求发送数据后,数据链路实体首先要将数据按照协议要求装配成帧,然后在数据链路控制协议的控制下发送到数据链路上,在该链路的另一端则是相反的过程。此外,数据一帧一帧地在数据链路上传输,还要保持它们的顺序性,以免在接收卸帧以后发生乱序,有关帧的传输顺序性方面的功能称为帧同步。

③ 流量控制。协调收发双方的数据传输速率,以防止接收方因来不及处理发送方传输来的高速数据而导致缓冲器溢出及线路阻塞,这一过程称为流量控制。

④ 差错控制。任何实用的通信系统都必须具有检测和纠正差错的能力,尤其是在数据通信系统中,要求最终的数据差错率达到极低的程度。

⑤ 透明传输。透明传输是指无论传输的数据是什么样的比特组合(如文本、图像和机器代码等数据),都应当能够在链路上安全可靠地传输。当所传输的数据比特组合恰巧与协议的某个控制信息完全一样时,就必须采取适当的措施来使接收方不会将这样的数据错误地认为是某个控制信息。

⑥ 寻址。在一条简单的点对点式链路上传输数据时,不涉及寻址问题。但在多点式数据链路上传输数据时,必须保证每帧都能送到正确的接收方,接收方也应当知道发送方是哪一个节点,这就是数据链路层的寻址功能。

可靠的传输使用户免去对丢失信息、干扰信息及顺序不正确等的担心。数据链路层对网络层提供的基本的服务是将信源计算机网络层来的数据可靠地传输到相邻节点的信宿计算机网络层。所谓"相邻",是指两个计算机实际上通过一条信道直接相连,中间没有任何其他的交换节点,在概念上可以想象成一根导线。要使信道具有导线一样的属性,则必须使目的地接收到的比特顺序和原端发送的比特顺序完全一样。

2) 高级数据链路控制规程(HDLC)

在 ISO 标准协议集中,数据链路层采用了高级数据链路控制(High-level Data Link Control,HDLC)规程(或称协议)。HDLC 是在同步数据链路控制(Synchronous Data Link Control,SDLC)规程的基础上修改过来的。SDLC 是 1969 年由 IBM 公司研制的面向比特的控制规程,1974 年被用于 IBM 公司的 SNA 计算机网系统,后被 ANSI 定为国家标准,称为美国高级数据通信控制规程(Advanced Data Communication Control Procedure,ADCCP),1975 年被 ISO 定为国际标准。1976 年 CCITT 对之做了部分修改。

① HDLC 的基本配置和响应方式。

HDLC 是通用的数据链路控制协议,可用于点对点和点对多点的数据通信,有主站(Primary Station)和次站(Secondary Station)之分。当开始建立数据链路时,允许选用特定的操作方式。所谓链路操作方式,是指某站点以主站方式操作,还是以从站方式操作,或者是两者兼备。

在链路上以控制为目的的站称为主站,其他的受主站控制的站称为次站或从站。主站负责对数据流进行组织,并且对链路上的差错实施恢复。主站需要比从站有更多的逻辑功能,所以当终端与主机相连时,主机一般总是主站。在一个站连接多条链路的情况下,该站对于一些链路而言可能是主站,而对另外一些链路而言又可能是从站。有些站可兼备主站和从站的功能,这种站称为复合站,用于复合站之间信息传输的协议是对称的,即在链路上主、从站具有同样的传输控制功能。

HDLC 可适用于链路的两种基本配置,即非平衡配置和平衡配置。非平衡配置的特点是由一个主站控制链路的工作,主站发出的帧称为命令(Command),次站发出的帧称为响应(Response)。平衡配置的特点是链路两端的两个站都是复合站(Combined Station),复合站同时具有主站与次站的功能,因此,每个复合站都可以发出命令和响应。

HDLC 规程有以下三种响应方式。

• 正常响应方式(Normal Responding Model,NRM)。

由主站发送指令帧,该帧的控制格式中的 P 位如置"1"。则要求次站启动传输,次站当且仅当收到主站发来的控制段 P 为 1 的帧,才启动向主站传输数据信息,次站启动后可传一帧或多帧,次站 F＝1 表示最后一帧,这种方式适合半双工方式。在 HDLC 的控制字段中,P/F(Poll/Final)位称为探询/终止位,探询位 P 是主站用来请求(探询)次站发送信息或作出响应的,终止位 F 是次站用来响应主站探询的。

• 异常响应方式(Anomalous Responding Model,ARM)。

次站可随时启动向主站发送数据,不必等待主站发出启动命令,此方式可用于半双工和全双工方式。

• 平衡型异步响应方式(Balance Anomalous Responding Model,BARM)。

这种方式是 ARM 的改进型,其特点是在点对点链路通信时,双方既是主站,又是次站,都有权随时启动传输数据,不必等待对方指令。显然,BARM 对高效率的全双工点对点链路较为合适。

② HDLC 的帧格式。

数据链路层的传输单位是以帧为单位的,帧被称为数据链路协议数据单元,HDLC 的帧结构如图 1-2-24 所示。

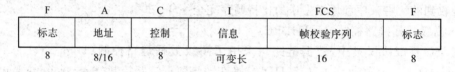

F	A	C	I	FCS	F
标志	地址	控制	信息	帧校验序列	标志
8	8/16	8	可变长	16	8

图 1-2-24　HDLC 帧结构

HDLC 的一帧由下列字段组成。

• 标志字段 F。

帧首尾均有一个由固定比特序列 01111110 组成的帧标志字段 F,其作用主要有两个:帧起始与终止定界符和帧比特同步,即 F 表示下一帧开始和上一帧结束,一码多用,效率高。

HDLC 规程规定以 01111110 为标志字段,但在信息字段中也可能有同一种格式的字符,为确保帧标志字段 F 在帧内的唯一性,在帧地址字段、控制字段、信息字段、帧校验序列中采用了零比特填充技术(或称为"0"位插入技术)。发送方在发送标志字段外的所有信息时,只要遇到连续五个"1",就自动插入一个"0",当然,当接收方在接收数据(除标志字段外),如果连续接收到五个"1",就自动将其后的一个"0"删除,以恢复原有形式,其过程如下:

```
设 CPU 输出 7F3A
0111111100111100          到发送器
011111011100111010        由发送器插入"0"位串行传输
011111011100111010        到接收器
0111111100111010          接收器删除"0"位
7F3A                      到CPU
```

• 地址字段 A。

主站到次站发送帧,指明次站地址,而当次站向主站发送响应帧时,该段指明发往主站信息的次站地址。在非平衡结构中,帧地址字段总是填入从站地址;在平衡结构中,帧地址字段填入应答站地址。

全 1 地址是广播地址,而全 0 地址是无效地址。因此有效地址共有 254 个。这对一般的多点链路是足够的,如果用户超过了这一数据,按照协议规定,地址字段可以按 8 的整数倍来进行扩展。

• 控制字段 C

控制字段的功能和格式较复杂,用于构成各种命令和响应,以便对链路进行监视和控制。发送方主站或复合站利用控制字段来通知被寻址的从站或复合站执行约定的操作;相反,从站用该字段作对命令的响应,报告已完成的操作或状态的变化,该字段是 HDLC 的关键。

控制字段中的第 1 位或第 1~2 位表示传输帧的类型,HDLC 中有信息帧(I 帧)、监控帧(S 帧)和无编号帧(U 帧)三种不同类型的帧。

• 信息字段 I

信息字段可以是任意的比特序列组合,包含有要传输的数据,但不是每一帧都必须有信息字段。为确保数据的透明性,应执行"0"比特插入和删除操作。

• 帧校验序列(Frame Check Sequence,FCS)

FCS 称为帧校验字段,采用 16 位 CRC 循环冗余编码进行校验,CCITT 建议其生成多项式 $G(X)=X^{16}+X^{12}+X^5+1$。除了标志字段和自动插入的"0"以外,一帧中其他的所有信息都要参加 CRC 校验。

③ HDLC 的帧类型

HDLC 控制字段为 8 位,它的内容取决于帧的类型。HDLC 定义了三种类型的帧,分别为信息帧(I 帧)、监控帧(S 帧)和无编号帧(U 帧),每一种帧中的控制字段的格式及比特定义如表 1-2-4 所示。

表 1-2-4　HDLC 控制字段的比特定义

控制字段位	1	2	3	4	5	6	7	8
C_I 帧格式	0		N(S)		P/F		N(R)	
C_S 帧格式	1	0	S		P/F		N(R)	
C_U 帧格式	1	0	$M_1 M_2$		P/F		$M_3 M_4 M_5$	

• 信息帧(I 帧)。

带有 C_I 控制端格式的帧称为信息帧,通常简称 I 帧,用于传输有效信息或数据。帧内含有信息段,在通信过程中 I 帧计数。

I 帧以控制字段第 1 位为"0"来标志,N(S)为发送站各帧发送的顺序号,用来指出本站发送下一帧的帧编号,以使发送方不必等待确认而连续发送多帧。N(R)是用于存放接收方下一个预期要接收的帧的序号,当由接收端发回主站帧中为 N(R)编号时,表明接收端(次站)已正确接收 0~N(R)~1 帧信息,希望主站下帧发序号为 N(R)的帧:如 N(R)=5,即表示接收方下一帧要接收 5 号帧,换言之,5 号帧前的各帧已接收到,N(S)和 N(R)均为 3 位二进制编码,可取值为 0~7。

• 监控帧(S 帧)。

带有 C_S 控制段格式的帧称为监控指令响应帧,监控帧用于差错控制和流量控制,其中主站到次站的帧是监控指令帧,次站到主站的帧称为监控指令响应帧。S 帧中无信息段,因 S 帧是纯属指令和监控位的传输,故在通信过程中不计数。

S帧以控制字段第1、2位为"10"来标志,不带信息字段,只有6字节即48比特。S帧的控制字段的第3、4位为S帧类型编码,共有四种不同编码,分别表示如下。

☆00——接收就绪(Receive Ready,RR),由主站或从站发送,主站可以使用RR型S帧来轮询从站,即希望从站传输编号为N(R)的I帧,若存在这样的帧。便进行传输;从站也可用RR型S帧来进行响应,表示从站希望从主站那里接收的下一个I帧的编号是N(R)。

☆01——拒绝(Reject,REJ)。由主站或从站发送,用以要求发送方对从编号为N(R)开始的帧及其以后所有的帧进行重发,这也暗示N(R)以前的I帧已被正确接收。

☆10——接收未就绪(Receive Not Ready,RNR)。表示编号小于N(R)的I帧已被收到,但目前正处于忙状态,尚未准备好接收编号为N(R)的I帧,这可用来对链路流量进行控制。

☆11——选择拒绝(Selective Reject,SREJ)。它要求发送方发送编号为N(R)单个I帧,并暗示它编号的I帧已全部确认。

• 无编号帧(U帧)。

带有C_U控制段格式的帧称为无编号帧,全称为无编号指令/响应帧。无编号帧因其控制字段中不包含编号N(S)和N(R)而得名。主站到次站的U帧称为无编号指令帧,次站到主站的U帧称为无编号响应帧。U帧常用于通信之初定义通信方式,提供对链路的建立、拆除及多种控制功能。带信息段的U帧用于调机用,在通信过程中不计数。

U帧控制功能由五个M位(M_1、M_2、M_3、M_4、M_5,也称修正位)来定义,五个M位可以定义32种附加的命令功能或32种应答功能,但目前许多是空缺的。

（3）网络层

网络层(Network Layer)也称为通信子网层,为进入通信子网的报文提供具体的数据通路(逻辑信道),并控制子网有效地运行。网络层协议是相邻两个直接连接节点间的通信协议,它不能解决数据经过通信子网中多个转接节点的通信问题。设置网络层的主要目的就是要为报文分组以最佳路径通过通信子网到达目的主机提供服务,而网络用户不必关心网络的拓扑结构与所使用的通信介质。

在OSI/RM体系结构中,网络层向传输层提供以下基本的服务:

① 接收从传输层递交的进网报文,为它选择合适的和适当数目的逻辑信道;

② 对进网报文进行划分,打包成分组(Packet)。对出网的分组则进行卸包并重装成报文,递交给传输层;

③ 对子网内部的数据流量和差错在进出层上或在逻辑信道上施行控制;

④ 对进/出子网的业务流量进行统计,作为计费的基础;

⑤ 在上述功能基础上,完成子网络之间互联的有关功能。

（4）传输层

传输层(Transport Layer)是OSI/RM体系结构的七层中比较特殊的一层,同时也是整个网络体系结构中十分关键的一层。设置传输层的主要目的是在源主机进程之间提供可靠的端—端通信。

在OSI/RM体系结构中,人们经常将七层分为高层和低层。如果从面向通信和面向信息处理角度进行分类,传输层一般划在低层。如果从用户功能与网络功能角度进行分类,传输层又被划在高层。这种差异正好反映出传输层在OSI/RM体系结构中的特殊地位和作用。

传输层只存在于通信子网之外的主机中。如果 Host A 与 Host B 通过通信子网进行通信，物理层可以通过物理传输介质完成比特流的发送和接收；数据链路层可以将有差错的原始传输变成无差错的数据链路；网络层可以使用报文组以合适的路径通过通信子网。网络通信的实质是实现互联的主机进程之间的通信。

设立传输层的目的是在使用通信子网提供服务的基础上，使用传输层协议和增加的功能，使得通信子网对于端—端用户是透明的。高层用户不需要知道它们的物理层采用何种物理线路。对高层用户来说，两个传输层实体之间存在着一条端—端可靠的通信连接。传输层向高层用户屏蔽了通信子网的细节。

在 OSI/RM 体系结构中，传输层提供以下基本的服务：

① 接收来自会话层的报文，为它们赋予唯一的传输地址；

② 给传输的报文编号，将报文格式化，加报文标头数据；

③ 为传输报文建立和释放跨越网络的连接通路（传输连接）；

④ 执行传输层上的流量控制。

（5）会话层

会话层（Session Layer）建立在传输层之上，由于利用传输层提供的服务，使得两个会话实体之间不考虑它们之间相隔多远、使用了怎样的通信子网等网络通信细节，进行透明的、可靠的数据传输。当两个应用进程进行相互通信时，希望有个作为第三者的进程能组织它们的通话，协调它们之间的数据流，以便使应用进程专注于信息交互。设立会话层就是为了达到这个目的。从 OSI/RM 体系结构上看，会话层之上各层是面向应用的，会话层之下各层是面向网络通信的。会话层在两者之间起到连接的作用。会话层的主要功能是向会话的应用进程之间提供会话组织和同步服务，对数据的传输提供控制和管理，以达到协调会话过程、为表示层实体提供更好的服务。

在 OSI/RM 体系结构中，会话层提供以下基本的服务。

① 为应用实体建立、维持、终结会话关系。这里包含对实体身份的鉴别，选择对话所需要的设施操作方式（半双工或全双工）。一旦建立了会话关系，实体的所有对话业务即可按规定方式完成对话过程。

② 对会话中的"对话"进行管理和控制，如对话数据交换控制、报文定界、操作同步等。目的是保证对话数据能完全可靠地传输，以及保证在传输连接意外中断过后仍能重新恢复会话等。

（6）表示层

表示层（Presentation Layer）位于 OSI/RM 体系结构的第六层。它下面的五层用于将数据从源主机传输到目的主机，而表示层则要保证所传输的数据经传输后其意义不改变。表示层要解决的问题是如何描述数据结构并使之与机器无关。在计算机网络中互相通信的应用进程需要传输的是信息的语义，它对通信过程中信息的传输语法并不关心。表示层的主要功能是通过一些编码规则定义在通信过程中传输这些信息所需要的传输语法。从 OSI 开展工作以来，表示层的规范取得了一定的进展，ISO/IEC 8882 与 8883 分别对面向连接的表示层服务和表示层协议规范进行了定义。表示层提供两类服务，相互通信的应用进程间交换信息的表示方法与表示连接服务。表示服务的三个重要概念是：语法转换、表示上下文与表示服务原语。

（7）应用层

应用层（Application Layer）是最终用户应用程序访问网络服务的地方。它负责整个网络应用程序一起很好地工作。这是 OSI/RM 体系结构的最高一层，其功能与系统应用所要求的网络服务目的有关。总的来说，该层为对等应用系统中的应用进程提供访问 OSI 环境的"窗口"和手段，所以它是为系统的应用目的直接提供网络访问的功能层。如一个系统要发送一个文件到另一个远地系统中去，则本地 OSI/RM 体系结构中的应用层至少能为文件发送进程提供两个手段。

① 与远地系统的文件接收进程建立文件传输联系。

② 在网络环境下进行可靠的文件传输、访问和管理（FTAM）的特定应用服务。

4. OSI/RM 体系结构的功能要素

如前所述，OSI/RM 体系结构是由七个功能层构成的，从一般意义上讲，可以把模型中的任一功能层称为 N 层，并标记为"（N）层"。图 1-2-25 中表示出一个（N）功能层及其与相邻层之间的关系，以及所包含的各个功能要素。这些要素包括实体、子系统、协议、服务、服务访问点、服务原语、连接等。

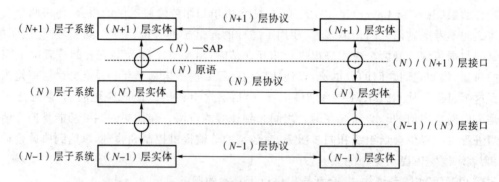

图 1-2-25　OSI/RM 体系结构的功能层次结构及其要素

OSI/RM 体系结构的每一层都完成各自层内的功能群，所有这些层内功能的集合，被看成开放系统的一个功能子系统，（N）层的子系统称为（N）子系统。两个开放系统之间的通信，就是所有这些同层子系统之间通信的综合。

由于开放系统互联是按分层通信的，那么每一层必然有执行通信（与同层子系统交换信息）的机构，可能是硬件（如在物理层），也可能是软件的进程。这种能在子系统中发送和接收信息的机构，被称为实体（Entity），（N）子系统中的实体被称为（N）实体。一个实体的活动体现在一个进程上，它可以独立地执行各自的通信过程。一个层内可以有多个实体，开放系统间的分层通信，必须是对等实体间的通信。每一层使用自己层的协议和别的系统的对应层相互通信，协议层的协议在对等层之间交换的信息称为协议数据单元（Protocol Data Unit，PDU）。高层（应用层、表示层、会话层）的协议数据单元为 message（信息），传输层协议数据单元为 segment（数据片或分段），网络层协议数据单元为 packet（数据包或分组），数据链络层协议数据单元为 Frame（数据帧），物理层协议数据单元为 bit（数据流或位）。

协议的概念在前面已经提到，两个（N）对等实体间的通信所要遵循的规则和约定。就称为（N）协议，这就是说，在开放系统互联中，任何层次上的通信过程都是该层子系统中的对等实体之间在该层协议的控制下完成通信的。

在同一开放系统中,上下相邻的两层之间的关系是服务关系。在层接口上,(N+1)实体与(N)实体之间在层面接口上传递信息,这种接口是逻辑的而不是物理的,所以被称为服务访问点(Service Access Point,SAP)。(N)层与(N+1)层的服务访问点称为(N)-SAP。

(N)服务通过(N)实体作用在(N)-SAP 上的(N)服务原语提供给(N+1),它用于描述(N)-SAP 上的接口操作和传递的信息,在实现上则是完成特定服务的原子程序段或过程调用。

网络连接服务中所谓连接,就是两个对等实体为进行数据通信而进行的一种结合。从连接角度看,服务可分为两类:面向连接的网络服务(Connection Oricnted Network Service,CONS)和无连接的网络服务(Connectionless Network Service,CLNS)。

面向连接的网络服务在数据交换之前必须先建立连接。当数据交换结束时,则应终止这个连接。面向连接的网络服务具有连接建立、数据传输和连接释放这三个阶段,使可靠的报文分组按顺序传输。面向连接的网络服务在网络层中又称为虚电路服务,所谓"虚",表示虽然在两个服务用户的通信过程中并没有自始至终占用一条端到端的完整物理电路,却好像一直占用了一条这样的电路。适用于固定对象、长报文、会话型传输服务。若两个用户需要经常进行频繁的通信,则可建立永久虚电路。这样可免除每次通信时的连接建立和连接释放两个过程。

在无连接的网络服务的情况下,两个实体之间的通信不需要先建立好一个连接,因此其下层的有关资源不需要事先进行预定保留。无连接的网络服务的优点是灵活方便和比较迅速,但无连接的网络服务不能防止报文的丢失、重复或失序。

无连接的网络服务有三种类型:数据报(Datagram)、确认交付(Confirmed Delivery)与请求回答(Request Reply)。数据报服务不要求接收端应答,这种方法尽管额外开销较小,但可靠性无法保证。确认交付和请求回答服务要求接收端用户每收到一个报文均给发送端用户发送回一个应答报文。确认交付类似于挂号的电子邮件,而请求回答类似于一次事务处理中用户的"一问一答"。

OSI/RM 体系结构中数据的实际传输过程如图 1-2-26 所示。图中发送进程将数据传输给接收进程的过程,实际上是经过发送方各层从高到低传递到物理介质;通过物理介质传输到接收方后,再经过从低到高各层的传递,最后到达接收进程。

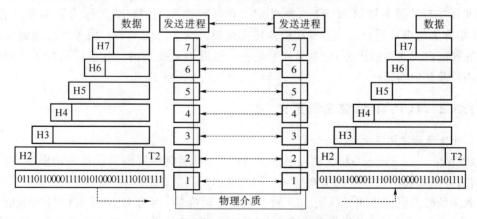

图 1-2-26 OSI/RM 体系结构中数据的传输过程

在发送方数据从高到低逐层传递的过程中,每层都要加上该层适当的控制信息,即

图1-2-26所示中的H7,H6,…,H2等,统称为报头(Head)。报头的内容和格式就是该层协议的表达、功能及控制方式的表述,这个过程称为报头封装过程。在数据链路层将上述内容分为两部分,再加上数据帧的结束标志形成报尾(Tail)。数据到物理层成为由"0"和"1"组成的数据比特流,然后再转换为电信号或光信号等形式在物理介质上传输至接收方。接收方在向高层传递时过程正好相反,要逐层剥去发送方相应层加上的控制信息,称为报头剥离过程,恢复成源对等层数据的格式。

因接收方的某一层不会收到下面各层的控制信息,而高层的控制信息对于其来说又只是透明的数据,所以它只阅读和去除本层的控制信息,并进行相应的协议操作。发送方和接收方的对等实体看到的信息是相同的,就好像这些信息"直接"传给了对方一样。

1.3 TCP/IP 协议基础

综述 OSI 及 TCP 等协议基础,从硬件设备如交换机、路由器的角度完成协议的讲解。

1.3.1 TCP/IP 协议历史

为了减少网络设计的复杂性,大多数网络都采用分层结构。对于不同的网络,层的数量、名字、内容和功能都不尽相同。在相同的网络中,一台计算机上的第 N 层与另一台计算机上的第 N 层可利用第 N 层协议进行通信,协议基本上是双方关于如何进行通信所达成的一致。

不同计算机中包含的对应层的实体称为对等进程。在对等进程利用协议进行通信时,实际上并不是直接将数据从一台计算机的第 N 层传送到另一台计算机的第 N 层,而是每一层都把数据连同该层的控制信息打包交给它的下一层,它的下一层把这些内容看成数据,再加上它这一层的控制信息一起交给更下一层,依此类推,直到最下层。最下层是物理介质,它进行实际的通信。相邻层之间有接口,接口定义下层向上层提供的原语操作和服务。相邻层之间要交换信息,对等接口必须有统一的规则。层和协议的集合被称为网络体系结构。

每一层中的活动元素通常称为实体,实体既可以是软件实体,也可以是硬件实体。第 N 层实体实现的服务被第 $N+1$ 层所使用。在这种情况下,第 N 层称为服务提供者,第 $N+1$ 层称为被服务用户。服务是在服务接入点提供给上层使用的。服务可分为面向连接的服务和面向无连接的服务,它在形式上是由一组原语来描述的。这些原语可供访问该服务的用户及其他实体使用。

1.3.2 TCP/IP 协议名词定义

1. IP(网络之间互连的协议)

IP(Internet Protocol)层接收由更低层(网络接口层例如以太网设备驱动程序)发来的数据包,并把该数据包发送到更高层——TCP 或 UDP 层;相反,IP 层也把从 TCP 或 UDP 层接收来的数据包传送到更低层。IP 数据包是不可靠的,因为 IP 并没有做任何事情来确认数据包是否按顺序发送的或者有没有被破坏,IP 数据包中含有发送它的主机的地址(源地址)和接收它的主机的地址(目的地址)。

高层的 TCP 和 UDP 服务在接收数据包时，通常假设包中的源地址是有效的。也可以这样说，IP 地址形成了许多服务的认证基础，这些服务相信数据包是从一个有效的主机发送来的。IP 确认包含一个选项，称为 IP source routing，可以用来指定一条源地址和目的地址之间的直接路径。对于一些 TCP 和 UDP 的服务来说，使用了该选项的 IP 包好像是从路径上的最后一个系统传递过来的，而不是来自于它的真实地点。这个选项是为了测试而存在的，说明了它可以被用来欺骗系统来进行平常是被禁止的连接。那么，许多依靠 IP 源地址做确认的服务将产生问题并且会被非法入侵。

2．TCP（传输控制协议）

TCP（Transmission Control Protocol）是面向连接的通信协议，通过三次握手建立连接，通信完成时要拆除连接，由于 TCP 是面向连接的所以只能用于端到端的通信。TCP 提供的是一种可靠的数据流服务，采用"带重传的肯定确认"技术来实现传输的可靠性。TCP 还采用一种称为"滑动窗口"的方式进行流量控制，所谓窗口实际表示接收能力，用以限制发送方的发送速度。

如果 IP 数据包中有已经封好的 TCP 数据包，那么 IP 将把它们向'上'传送到 TCP 层。TCP 将包排序并进行错误检查，同时实现虚电路间的连接。TCP 数据包中包括序号和确认，所以未按照顺序收到的包可以被排序，而损坏的包可以被重传。

TCP 将它的信息送到更高层的应用程序，例如 Telnet 的服务程序和客户程序。应用程序轮流将信息送回 TCP 层，TCP 层便将它们向下传送到 IP 层，设备驱动程序和物理介质，最后到接收方。面向连接的服务（例如 Telnet、FTP、rlogin、X Windows 和 SMTP）需要高度的可靠性，所以它们使用了 TCP。DNS 在某些情况下使用 TCP 发送和接收域名数据库，但使用 UDP 传送有关单个主机的信息。

3．UDP（用户数据报协议）

UDP（User Datagram Protocol）是面向无连接的通信协议，UDP 数据包括目的端口号和源端口号信息，由于通信不需要连接，所以可以实现广播发送。UDP 通信时不需要接收方确认，属于不可靠的传输，可能会出现丢包现象，实际应用中要求程序员编程验证。

UDP 与 TCP 位于同一层，但它不管数据包的顺序、错误或重发。因此，UDP 不被应用于那些使用虚电路的面向连接的服务，UDP 主要用于那些面向查询——应答的服务，例如 NFS。相对于 FTP 或 Telnet，这些服务需要交换的信息量较小。使用 UDP 的服务包括 NTP（网络时间协议）和 DNS（域名系统）。欺骗 UDP 包比欺骗 TCP 包更容易，因为 UDP 没有建立初始化连接（也可以称为握手），因为在两个系统间没有虚电路，也就是说，与 UDP 相关的服务面临着更大的危险。

4．ICMP（网络控制报文协议）

ICMP（Internet Control Message Protocol）与 IP 位于同一层，它被用来传送 IP 的控制信息。它主要是用来提供有关通向目的地址的路径信息。ICMP 的"Redirect（重新定向）"信息通知主机通向其他系统的更准确的路径，而"Unreachable（不能得到的）"信息则指出路径有问题。另外，如果路径不可用了，ICMP 可以使 TCP 连接"体面地"终止。PING 是最常用的基于 ICMP 的服务。

5．通信端口

TCP 和 UDP 服务通常有一个客户/服务器的关系，例如，一个 Telnet 服务进程开始在系统上处于空闲状态,等待着连接。用户使用 Telnet 客户程序与服务进程建立一个连接。客户程序向服务进程写入信息,服务进程读出信息并发出响应,客户程序读出响应并向用户报告。因而,这个连接是双工的,可以用来进行读写。

两个系统间的多重 Telnet 连接是如何相互确认并协调一致呢?TCP 或 UDP 连接唯一地使用每个信息中的如下四项进行确认:

源 IP 地址发送包的 IP 地址;

目的 IP 地址接收包的 IP 地址;

源端口、源系统上的连接的端口;

目的端口、目的系统上的连接的端口。

端口是一个软件结构,被客户程序或服务进程用来发送和接收信息。一个端口对应一个 16 比特的数。服务进程通常使用一个固定的端口,例如,SMTP 使用 25、X Windows 使用 6000。这些端口号是"广为人知"的,因为在建立与特定的主机或服务的连接时,需要这些地址和目的地址进行通信。

6. 数据格式

数据帧:帧头＋IP 数据包＋帧尾(帧头包括源和目标主机 MAC 初步地址及类型,帧尾是校验字)。

IP 数据包:IP 头部＋TCP 数据信息(IP 头包括源和目标主机 IP 地址、类型、生存期等)。

TCP 数据信息:TCP 头部＋实际数据(TCP 头包括源和目标主机端口号、顺序号、确认号、校验字等)。

7. IP 地址

在 Internet 上连接的所有计算机,从大型计算机到微型计算机都是以独立的身份出现,一般称它们为主机。为了实现各主机间的通信,每台主机都必须有一个唯一的网络地址。就好像每一个住宅都有唯一的门牌号码一样,才不至于在传输资料时出现混乱。

Internet 的网络地址是指连入 Internet 网络的计算机的地址编号。所以,在 Internet 网络中,网络地址唯一地标识一台计算机。众所周知,Internet 是由几千万台甚至更多的计算机互相连接而成的。而我们要确认网络上的每一台计算机,靠的就是能唯一标识该计算机的网络地址,这个地址就称为 IP(Internet Protocol)地址,即用 Internet 协议语言表示的地址。

在 Internet 里,IP 地址是一个 32 位的二进制地址,为了便于记忆,将它们分为 4 组,每组 8 位,由小数点分开,用四个字节来表示,而且,用点分开的每个字节的数值范围是 0～255,如 202.116.0.1,这种书写方法称为点数表示法。

1.3.3 TCP/IP 协议产生背景

在阿帕网(ARPANET)产生运作之初,通过接口信号处理机实现互联的计算机并不多,大部分计算机相互之间不兼容。在一台计算机上完成的工作,很难拿到另一台计算机上去用,想让硬件和软件都不一样的计算机联网,也有很多困难。当时美国的状况是,陆军用的计算机是 DEC 系列产品,海军用的计算机是 Honeywell 中标的计算机,空军用的是 IBM 公司中标的计算机,每一个军种的计算机在各自的系里都运行良好,但却有一个大弊病:不能共享资源。

当时科学家们提出这样一个理念:"所有计算机生来都是平等的。"为了让这些"生来平等"的计算机能够实现"资源共享"就得在这些系统的标准之上,建立一种大家共同都必须遵守的标准,这样才能让不同的计算机按照一定的规则进行"谈判",并且在谈判之后能"握手"。在确定今天因特网各个计算机之间"谈判规则"过程中,最重要的人物当数文顿·瑟夫(Vinton G. Cerf)。正是他的努力,才使今天各种不同的计算机能按照协议上网互联。瑟夫也因此获得了与克莱因罗克("因特网之父")一样的美称"互联网之父"。

瑟夫从小喜欢标新立异,坚强而又热情。中学读书时,就被允许使用加州大学洛杉矶分校的计算机,他认为"为计算机编程序是个非常激动人心的事,…只要把程序编好,就可以让计算机做任何事情。"1965年,瑟夫从斯坦福大学毕业到IBM公司当系统工程师,工作没多久,瑟夫就觉得知识不够用,于是到加州大学洛杉矶分校攻读博士,那时,正逢阿帕网的建立,"接口信号处理器"(IMP)的研试及网络测评中心的建立,瑟夫也成了著名科学家克莱因罗克手下的一名学生。瑟夫与另外三位年轻人(温菲尔德、克罗克、布雷登)参与了阿帕网的第一个节点的联接。此后不久,被公认阿帕网建成做出巨大贡献的鲍伯·卡恩(Bob Kahn)也来到了加州大学洛杉矶分校。在那段日子里,往往是卡恩提出需要什么软件,而瑟夫则通宵达旦地把符合要求的软件给编出来,然后他们一起测试这些软件,直至能正常运行。

当时的主要格局是这样的,罗伯茨提出网络思想设计网络布局,卡恩设计阿帕网总体结构,克莱因罗克负责网络测评系统,还有众多的科学家、研究生参与研究、试验。1969年9月阿帕网诞生、运行后,才发现各个IMP连接的时候,需要考虑用各种计算机都认可的信号来打开通信管道,数据通过后还要关闭通道。否则这些IMP不会知道什么时候应该接收信号,什么时候该结束,这就是我们所说的通信"协议"的概念。1970年12月制定出来了最初的通信协议由卡恩开发、瑟夫参与的"网络控制协议"(NCP),但要真正建立一个共同的标准很不容易,1972年10月国际计算机通信大会结束后,科学家们都在为此而努力。"包切换"理论为网络之间的联接方式提供了理论基础。卡恩在自己研究的基础上,认识到只有深入理解各种操作系统的细节才能建立一种对各种操作系统普适的协议,1973年卡恩请瑟夫一起考虑这个协议的各个细节,他们这次合作的结果产生了在开放系统下的所有网民和网管人员都在使用的"传输控制协议"(TCP,Transmission Control Protocol,TCP)和"因特网协议"(Internet Protocol,IP)即TCP/IP协议。

通俗而言:TCP负责发现传输的问题,一有问题就发出信号,要求重新传输,直到所有数据安全正确地传输到目的地。而IP是给因特网的每一台计算机规定一个地址。1974年12月,卡恩、瑟夫的第一份TCP协议详细说明正式发表。当时美国国防部与三个科学家小组签定了完成TCP/IP的协议,结果由瑟夫领衔的小组捷足先登,首先制定出了通过详细定义的TCP/IP协议标准。当时作了一个试验,将信息包通过点对点的卫星网络,再通过陆地电缆,再通过卫星网络,再由地面传输,贯穿欧洲和美国,经过各种计算机系统,全程9.4万公里竟然没有丢失一个数据位,远距离的可靠数据传输证明了TCP/IP协议的成功。1983年1月1日,运行较长时期曾被人们习惯了的NCP被停止使用,TCP/IP协议作为因特网上所有主机间的共同协议,从此以后被作为一种必须遵守的规则被肯定和应用。

1.3.4 TCP/IP 协议开发过程

在构建了阿帕网先驱之后,DARPA 开始了其他数据传输技术的研究。NCP 诞生后两年,1972 年,罗伯特·卡恩(Robert E. Kahn)被 DARPA 的信息技术处理办公室雇佣,在那里他研究卫星数据包网络和地面无线数据包网络,并且意识到能够在它们之间沟通的价值。在 1973 年春天,已有的 ARPANET 网络控制程序(NCP)协议的开发者文顿·瑟夫(Vinton Cerf)加入到卡恩为 ARPANET 设计下一代协议而开发开放互连模型的工作中。到了 1973 年夏天,卡恩和瑟夫很快就开发出了一个基本的改进形式,其中网络协议之间的不同通过使用一个公用互联网络协议而隐藏起来,并且可靠性由主机保证而不是像 ARPANET 那样由网络保证。瑟夫称赞 Hubert Zimmerman 和 Louis Pouzin(CYCLADES 网络的设计者)在这个设计上发挥了重要影响。

一个称为网关(后来改为路由器以免与网关混淆)的计算机为每个网络提供一个接口并且在它们之间来回传输数据包。这个设计思想更细的形式由瑟夫在斯坦福的网络研究组的 1973—1974 年期间开发出来。

DARPA 于是与 BBN、斯坦福和伦敦大学签署了协议开发不同硬件平台上协议的运行版本。有四个版本被开发出来——TCPv1、TCPv2、在 1978 年春天分成 TCPv3 和 IPv3 的版本,后来就是稳定的 TCP/IPv4——因特网仍然使用的标准协议。

1975 年,两个网络之间的 TCP/IP 通信在斯坦福和伦敦大学学院(UCL)之间进行了测试。1977 年 11 月,三个网络之间的 TCP/IP 测试在美国、英国和挪威之间进行。在 1978 年到 1983 年间,其他一些 TCP/IP 原型在多个研究中心之间开发出来。1983 年 1 月 1 日,ARPANET 完全转换到 TCP/IP。

1984 年,美国国防部将 TCP/IP 作为所有计算机网络的标准。1985 年,因特网架构理事会举行了一个三天有 250 家厂商代表参加的关于计算产业使用 TCP/IP 的工作会议,帮助协议的推广并且引领它日渐增长的商业应用。

2005 年 9 月 9 日卡恩和瑟夫由于他们对于美国文化做出的卓越贡献被授予总统自由勋章。

1. TCP/IP 协议 IPv4

IPv4 是互联网协议(Internet Protocol,IP)的第四版,也是第一个被广泛使用,构成现今互联网技术的基石的协议。1981 年 Jon Postel 在 RFC791 中定义了 IP,IPv4 可以运行在各种各样的底层网络上,比如端对端的串行数据链路(PPP 协议和 SLIP 协议),卫星链路等等。局域网中最常用的是以太网。

传统的 TCP/IP 协议基于 IPv4 属于第二代互联网技术,核心技术属于美国。它的最大问题是网络地址资源有限,从理论上讲,编址 1 600 万个网络、40 亿台主机。但采用 A、B、C 三类编址方式后,可用的网络地址和主机地址的数目大打折扣,以至 IP 地址已经枯竭。其中北美占有 3/4,约 30 亿个,而人口最多的亚洲只有不到 4 亿个,中国截至 2010 年 6 月 IPv4 地址数量达到 2.5 亿个,落后于 4.2 亿网民的需求。虽然用动态 IP 及 Nat 地址转换等技术实现了一些缓冲,但 IPv4 地址枯竭已经成为不争的事实。在此,专家提出 IPv6 的互联网技术,也正在推行,但 IPv4 的使用过过渡到 IPv6 需要很长的一段过渡期。中国主要用的就是 IPv4,在 Windows 7 中已经有了 IPv6 的协议不过对于中国的用户们来说可能很久以后才会用到吧。

传统的 TCP/IP 协议基于电话宽带以及以太网的电器特性而制定的,其分包原则与检验占用了数据包很大的一部分比例造成了传输效率低,网络正向着全光纤网络高速以太网方向发展,TCP/IP 协议不能满足其发展需要。

1983 年 TCP/IP 协议被 ARPAnet 采用,直至发展到后来的互联网。那时只有几百台计算机互相联网。到 1989 年联网计算机数量突破 10 万台,并且同年出现了 1.5 Mbit/s 的骨干网。因为 IANA 把大片的地址空间分配给了一些公司和研究机构,20 世纪 90 年代初就有人担心 10 年内 IP 地址空间就会不够用,并由此导致了 IPv6 的开发。

2. TCP/IP 协议 IPv6

IPv6 是 Internet Protocol Version 6 的缩写,其中 Internet Protocol 译为"互联网协议"。IPv6 是 IETF(互联网工程任务组,Internet Engineering Task Force)设计的用于替代现行版本 IP 协议(IPv4)的下一代 IP 协议。

与 IPv4 相比,IPv6 具有以下几个优势。

(1) IPv6 具有更大的地址空间。IPv4 中规定 IP 地址长度为 32,即有 $2^{32}-1$ 个地址;而 IPv6 中 IP 地址的长度为 128,即有 $2^{128}-1$ 个地址。

(2) IPv6 使用更小的路由表。IPv6 的地址分配一开始就遵循聚类(Aggregation)的原则,这使得路由器能在路由表中用一条记录(Entry)表示一片子网,大大减小了路由器中路由表的长度,提高了路由器转发数据包的速度。

(3) IPv6 增加了增强的组播(Multicast)支持以及对流的控制(Flow Control),这使得网络上的多媒体应用有了长足发展的机会,为服务质量(Quality of Service,QoS)控制提供了良好的网络平台。

(4) IPv6 加入了对自动配置(Auto Configuration)的支持。这是对 DHCP 协议的改进和扩展,使得网络(尤其是局域网)的管理更加方便和快捷。

(5) IPv6 具有更高的安全性。在使用 IPv6 网络中用户可以对网络层的数据进行加密并对 IP 报文进行校验,极大地增强了网络的安全性。

1.3.5　TCP/IP 协议网络参考模型

1. OSI 参考模型

OSI 参考模型是 ISO 的建议,它是为了使各层上的协议国际标准化而发展起来的。OSI 参考模型全称是开放系统互连参考模型(Open System Interconnection Reference Model)。这一参考模型共分为七层:物理层、数据链路层、网络层、传输层、会话层、表示层和应用层,如图 1-3-1 所示。

(1) 物理层(Physical Layer)主要是处理机械的、电气的和过程的接口,以及物理层下的物理传输介质等。

(2) 数据链路层(Data Link Layer)的任务是加强物理层的功能,使其对网络层显示为一条无错的线路。

| 应用层 |
| 表示层 |
| 会话层 |
| 传输层 |
| 网络层 |
| 数据链路层 |
| 物理层 |

图 1-3-1　OSI 参考模型

(3) 网络层(Network Layer)确定分组从源端到目的端的路由选择。路由可以选用网络中固定的静态路由表,也可以在每一次会话时决定,还可以根据当前的网络负载状况,灵活地为每一个分组分别决定。

(4) 传输层(Transport Layer)从会话层接收数据,并传输给网络层,同时确保到达目的端的各段信息正确无误,而且使会话层不受硬件变化的影响。通常,会话层每请求建立一个传输连接,传输层就会为其创建一个独立的网络连接。但如果传输连接需要一个较高的吞吐量,传输层也可以为其创建多个网络连接,让数据在这些网络连接上分流,以提高吞吐量。另外,如果创建或维持一个独立的网络连接不合算,传输层也可将几个传输连接复用到同一个网络连接上,以降低费用。除了多路复用,传输层还需要解决跨网络连接的建立和拆除,并具有流量控制机制。

(5) 会话层(Session Layer)允许不同主机上的用户之间建立会话关系,既可以进行类似传输层的普通数据传输,也可以被用于远程登录到分时系统或在两台主机之间传递文件。

(6) 表示层(Presentation Layer)用于完成一些特定的功能,这些功能由于经常被请求,因此人们希望有通用的解决办法,而不是由每个用户各自实现。

(7) 应用层(Application Layer)中包含了大量人们普遍需要的协议。不同的文件系统有不同的文件命名原则和不同的文本行表示方法等,不同的系统之间传输文件还有各种不兼容问题,这些都将由应用层来处理。此外,应用层还有虚拟终端、电子邮件和新闻组等各种通用和专用的功能。

| 应用层 |
| 传输层 |
| 互联网层 |
| 网络访问层 |

图 1-3-2　TCP/IP 参考模型

2. TCP/IP 参考模型

TCP/IP 参考模型是首先由 ARPANET 所使用的网络体系结构。这个体系结构在它的两个主要协议出现以后被称为 TCP/IP 参考模型(TCP/IP Reference Model)。这一网络协议共分为四层:网络访问层、互联网层、传输层和应用层,如图 1-3-2 所示。

(1) 网络访问层(Network Access Layer)在 TCP/IP 参考模型中并没有详细描述,只是指出主机必须使用某种协议与网络相连。

(2) 互联网层(Internet Layer)是整个体系结构的关键部分,其功能是使主机可以把分组发往任何网络,并使分组独立地传向目标。这些分组可能经由不同的网络,到达的顺序和发送的顺序也可能不同。高层如果需要顺序收发,那么就必须自行处理对分组的排序。互联网层使用因特网协议(Internet Protocol,IP)。TCP/IP 参考模型的互联网层和 OSI 参考模型的网络层在功能上非常相似。

(3) 传输层(Tramsport Layer)使源端和目的端主机上的对等实体可以进行会话。在这一层定义了两个端到端的协议:传输控制协议(Transmission Control Protocol,TCP)和用户数据报协议(User Datagram Protocol,UDP)。TCP 是面向连接的协议,它提供可靠的报文传输和对上层应用的连接服务。为此,除了基本的数据传输外,它还有可靠性保证、流量控制、多路复用、优先权和安全性控制等功能。UDP 是面向无连接的不可靠传输的协议,主要用于不需要 TCP 的排序和流量控制等功能的应用程序。

(4) 应用层(Application Layer)包含所有的高层协议,包括:虚拟终端协议(TELecommunications NETwork,TELNET)、文件传输协议(File Transfer Protocol,

FTP)、电子邮件传输协议(Simple Mail Transfer Protocol,SMTP)、域名服务(Domain Name Service,DNS)、网上新闻传输协议(Net News Transfer Protocol,NNTP)和超文本传送协议(HyperText Transfer Protocol,HTTP)等。TELNET 允许一台主机上的用户登录到远程主机上,并进行工作;FTP 提供有效地将文件从一台主机上移到另一台主机上的方法;SMTP 用于电子邮件的收发;DNS 用于把主机名映射到网络地址;NNTP 用于新闻的发布、检索和获取;HTTP 用于在 WWW 上获取主页。

1.3.6　TCP/IP 协议层次

TCP/IP 协议不是 TCP 和 IP 这两个协议的合称,而是指因特网整个 TCP/IP 协议族。

从协议分层模型方面来讲,TCP/IP 由四个层次组成:网络接口层、互联网层、传输层、应用层。TCP/IP 协议模块关系如图 1-3-3 所示。

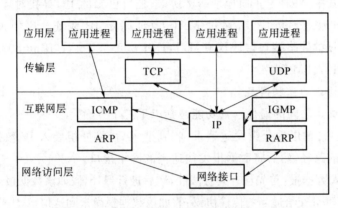

图 1-3-3　TCP/IP 协议模块关系

TCP/IP 协议并不完全符合 OSI 的七层参考模型,OSI(Open System Interconnect)是传统的开放式系统互连参考模型,是一种通信协议的七层抽象的参考模型,其中每一层执行某一特定任务。该模型的目的是使各种硬件在相同的层次上相互通信。这七层是:物理层、数据链路层(网络接口层)、网络层(网络层)、传输层(传输层)、会话层、表示层和应用层(应用层)。而TCP/IP 通信协议采用了 4 层的层级结构,每一层都呼叫它的下一层所提供的网络来完成自己的需求。由于 ARPANET 的设计者注重的是网络互联,允许通信子网(网络接口层)采用已有的或是将来有的各种协议,所以这个层次中没有提供专门的协议。实际上,TCP/IP 协议可以通过网络接口层连接到任何网络上,例如 X. 25 交换网或 IEEE802 局域网。

注意:TCP 本身不具有数据传输中噪声导致的错误检测功能,但是有实现超时的错误重传功能。TCP/IP 结构对比 OSI 结构如表 1-3-1 所示。

表 1-3-1　TCP/IP 结构对比 OSI 结构

TCP/IP 结构	OSI 结构
应用层	应用层
	表示层
	会话层

续表

TCP/IP 结构	OSI 结构
主机到主机层(TCP)(又称传输层)	传输层
互联网层(IP)(又称网络层)	网络层
网络访问层(又称链路层)	数据链路层
	物理层

1. TCP/IP 协议网络接口层

物理层是定义物理介质的各种特性,包括机械特性、电子特性、功能特性、规程特性。数据链路层是负责接收 IP 数据包并通过网络发送,或者从网络上接收物理帧,抽出 IP 数据包,交给 IP 层。其中 ARP 是正向地址解析协议,通过已知的 IP,寻找对应主机的 MAC 地址;RARP 是反向地址解析协议,通过 MAC 地址确定 IP 地址。比如无盘工作站还有 DHCP 服务。常见的网络接口层协议有:Ethernet 802.3、Token Ring 802.5、X.25、Frame relay、HDLC、PPP ATM 等。

2. TCP/IP 协议的互联网层

负责相邻计算机之间的通信。其功能包括以下三个方面。

(1)处理来自传输层的分组发送请求,收到请求后,将分组装入 IP 数据报,填充报头,选择去往信宿机的路径,然后将数据报发往适当的网络接口。

(2)处理输入数据报:首先检查其合法性,然后进行寻径,假如该数据报已到达信宿机,则去掉报头,将剩下部分交给适当的传输协议;假如该数据报尚未到达信宿,则转发该数据报。

(3)处理路径、流控、拥塞等问题。

网络层包括:IP(Internet Protocol)协议、ICMP(Internet Control Message Protocol)控制报文协议、ARP(Address Resolution Protocol)地址转换协议、RARP(Reverse ARP)反向地址转换协议。

IP 是互联网层的核心,通过路由选择将下一条 IP 封装后交给接口层。IP 数据报是无连接服务。

ICMP 是互联网层的补充,可以回送报文。用来检测网络是否通畅。Ping 命令就是发送 ICMP 的 echo 包,通过回送的 echo relay 进行网络测试。

3. TCP/IP 协议的传输层

提供应用程序间的通信。其功能包括:① 格式化信息流;② 提供可靠传输。为实现后者,传输层协议规定接收端必须发回确认,并且假如分组丢失,必须重新发送,即耳熟能详的"三次握手"过程,从而提供可靠的数据传输。

传输层协议主要是:传输控制协议(Transmission Control Protocol,TCP)和用户数据报协议(User Datagram Protocol,UDP)。

4. TCP/IP 协议的应用层

向用户提供一组常用的应用程序,比如电子邮件、文件传输访问、远程登录等。远程登录 TELNET 使用 TELNET 协议提供在网络其他主机上注册的接口。TELNET 会话提供了基于字符的虚拟终端。文件传输访问 FTP 使用 FTP 协议来提供网络内主机间的文件复制功能。

应用层协议主要包括如下几个:FTP、Telnet、DNS、SMTP、NFS、HTTP。

(1) FTP(File Transfer Protocol)是文件传输协议,一般上传下载用 FTP 服务,数据端口是 20H,控制端口是 21H。

(2) Telnet 服务是用户远程登录服务,使用 23H 端口,使用明码传送,保密性差、简单方便。

(3) DNS(Domain Name Service)是域名解析服务,提供域名到 IP 地址之间的转换,使用端口 53。

(4) SMTP(Simple Mail Transfer Protocol)是简单邮件传输协议,用来控制信件的发送、中转,使用端口 25。

(5) NFS(Network File System)是网络文件系统,用于网络中不同主机间的文件共享。

(6) HTTP(Hypertext Transfer Protocol)是超文本传输协议,用于实现互联网中的 WWW 服务,使用端口 80。

TCP/IP 协议应用层的总结如表 1-3-2 所示。

表 1-3-2　TCP/IP 协议应用层的总结

OSI 中的层	功能	TCP/IP 协议族
应用层	文件传输,电子邮件,文件服务,虚拟终端	TFTP,HTTP,SNMP,FTP,SMTP,DNS,Telnet 等等
表示层	数据格式化,代码转换,数据加密	没有协议
会话层	解除或建立与别的接点的联系	没有协议
传输层	提供端对端的接口	TCP,UDP
网络层	为数据包选择路由	IP,ICMP,OSPF,EIGRP,IGMP
数据链路层	传输有地址的帧以及错误检测功能	SLIP,CSLIP,PPP,MTU
物理层	以二进制数据形式在物理媒体上传输数据	ISO2110,IEEE802,IEEE802.2

网络层中的协议主要有 IP、ICMP、IGMP 等,由于它包含了 IP 协议模块,所以它是所有基于 TCP/IP 协议网络的核心。在网络层中,IP 模块完成大部分功能。ICMP 和 IGMP 以及其他支持 IP 的协议帮助 IP 完成特定的任务,如传输差错控制信息以及主机/路由器之间的控制电文等。网络层掌管着网络中主机间的信息传输。

传输层上的主要协议是 TCP 和 UDP。正如网络层控制着主机之间的数据传递,传输层控制着那些将要进入网络层的数据。两个协议就是它管理这些数据的两种方式:TCP 是一个基于连接的协议;UDP 则是面向无连接服务的管理方式的协议。

1.3.7 TCP/IP 协议特点

1. TCP/IP 协议主要特点

(1) TCP/IP 协议不依赖于任何特定的计算机硬件或操作系统,提供开放的协议标准,即使不考虑 Internet,TCP/IP 协议也获得了广泛的支持。所以 TCP/IP 协议成为一种联合各种硬件和软件的实用系统。

（2）TCP/IP 协议并不依赖于特定的网络传输硬件,所以 TCP/IP 协议能够集成各种各样的网络。用户能够使用以太网(Ethernet)、令牌环网(Token Ring Network)、拨号线路(Dial-up line)、X.25 网以及所有的网络传输硬件。

（3）统一的网络地址分配方案,使得整个 TCP/IP 设备在网中都具有唯一的地址。

（4）标准化的高层协议,可以提供多种可靠的用户服务。

2. TCP/IP 协议主要缺点

（1）TCP/IP 协议在服务、接口与协议的区分上就不是很清楚。一个好的软件工程应该将功能与实现方法区分开来,TCP/IP 恰恰没有很好地做到这点,就使得 TCP/IP 参考模型对于使用新的技术的指导意义是不够的。TCP/IP 参考模型不适合于其他非 TCP/IP 协议族。

（2）主机—网络层本身并不是实际的一层,它定义了网络层与数据链路层的接口。物理层与数据链路层的划分是必要且合理的,一个好的参考模型应该将它们区分开,而 TCP/IP 参考模型却没有做到这点。

1.3.8 TCP/IP 协议相关应用

1. TCP/IP 协议的协议测试

全面的测试应包括局域网和互联网两个方面,因此应从局域网和互联网两个方面测试,以下是在实际工作中利用命令行测试 TCP/IP 配置步骤。

（1）单击"开始"/"运行"按钮,输入 CMD 按 Enter 键,打开命令提示符窗口。

（2）首先检查 IP 地址、子网掩码、默认网关、DNS 服务器地址是否正确,输入命令 ipconfig /all,按 Enter 键。此时显示了用户的网络配置,观察是否正确。

（3）输入 ping 127.0.0.1,观察网卡是否能转发数据,如果出现"Request timed out"(请求超时),表明配置出错或网络有问题。

（4）ping 一个互联网地址,看是否有数据包传回,以验证与互联网的连接性。

（5）ping 一个局域网地址,观察与它的连通性。

（6）用 nslookup 测试 DNS 解析是否正确,输入如 nslookup,查看是否能解析。

如果用户的计算机通过了全部测试,则说明网络正常,否则网络可能有不同程度的问题。在此不展开详述。不过,要注意,在使用 ping 命令时,有些公司会在其主机设置丢弃 ICMP 数据包,造成 ping 命令无法正常返回数据包,不妨换个网站试试。

2. TCP/IP 协议的协议重置

如果需要重新安装 TCP/IP 以使 TCP/IP 堆栈恢复为原始状态。可以使用 NetShell 实用程序重置 TCP/IP 堆栈,使其恢复到初次安装操作系统时的状态。具体操作如下:

（1）单击"开始"/"运行"按钮,输入 CMD 后,单击"确定"按钮;

（2）在命令行模式输入命令 netsh int ip reset C:\resetlog.txt;

（其中,Resetlog.txt 记录命令结果的日志文件,一定要指定,这里指定了 Resetlog.txt 日志文件及完整路径)

（3）运行结果可以查看 C:\resetlog.txt;

（4）运行此命令的结果与删除并重新安装 TCP/IP 协议的效果相同。

第2章 交换技术(交换机)

2.1 VLAN

2.1.1 VLAN 简介

本小节包含以下内容：

VLAN 的引入；

VLAN 的划分；

VLAN 帧格式；

VLAN 的基本概念。

1. VLAN 的引入

（1）传统局域网方案

早期的局域网 LAN 技术是基于总线型结构的,如图 2-1-1 所示。

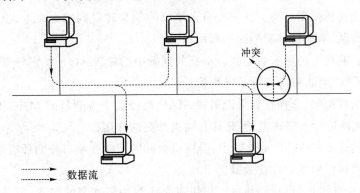

图 2-1-1 传统局域网组网图

这种设计存在以下主要问题。

① 可能在同一时刻有多于一个的节点在试图发送消息,那么它们将产生冲突。

② 由于从任意节点发出的消息都会被发送到其他节点,形成广播,因此需要用某种方法把消息只传到目标节点。

③ 所有主机共享一条传输通道,无法控制网络中的信息安全。

④ 网络中计算机数量越多,冲突越严重,网络效率越低,这种网络构成了一个冲突域。

以太网采用基于载波侦听多路访问/冲突检测 CSMA/CD(Carrier Sense Multiple Access/ Collision Detect)技术来检测网络冲突,但并没有从根本上解决冲突。

⑤ 该网络同时也是一个广播域。当网络中发送信息的计算机数量增多时,广播流量将会耗费大量带宽。

因此,传统网络不仅面临冲突域和广播域两大难题,而且无法保障传输信息的安全。

(2)隔离冲突域

为了扩展传统 LAN,以接入更多计算机,同时避免冲突的恶化,网桥(Bridge)和二层交换机接连出现了。

网桥可以连接 2 个冲突域,实现隔离冲突。而从网桥技术发展出来的二层局域网交换机(L2 Switch)能够隔离多个冲突域,如图 2-1-2 所示。

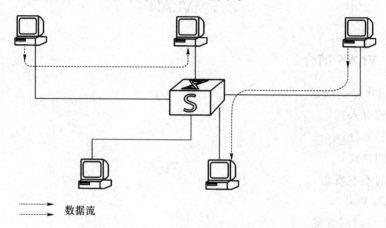

数据流

图 2-1-2 二层交换机组网图

Bridge 和交换机采用交换方式将来自入端口的信息转发到出端口上,克服了共享介质上的访问冲突问题,从而将冲突域缩小到端口级。

交换机接收网段上的所有数据帧。根据数据帧中的源 MAC 地址进行学习,构建 MAC 地址表,存放 MAC 地址和端口的对应关系。

对于收到的数据帧,交换机如果能够在 MAC 地址表中查到目的 MAC 地址,则把帧基于目的 MAC 地址进行二层转发,因此具有隔离冲突的作用。

如果目的地址不在 MAC 地址表中,交换机会向除了接收端口外的所有端口发送广播,这就有可能导致网络中发生广播风暴。

因此,采用交换机进行组网,通过二层快速交换解决了冲突域问题,但是广播域和信息安全问题依旧存在。

(3)隔离广播域

为了减少广播,需要对没有互访需求的主机进行隔离。通过对交换机的端口进行分组,每个组内是个广播域,组和组之间实现信息隔离,从而抑制广播报文跨越组传递。

可以采用多种技术隔离局域网,由于路由器是基于三层 IP 地址信息来选择路由,因此使用路由器连接两个网段时可以有效地抑制广播报文的转发。但是路由器成本较高,因此人们设想在物理局域网上构建多个逻辑局域网,即 VLAN(Virtual Local Area Network)。

VLAN 将一个物理的 LAN 在逻辑上划分成多个广播域(多个 VLAN)。VLAN 内的主机间可以直接通信,而 VLAN 间不能直接互通,这样,广播报文被限制在一个 VLAN 内。

除了划分广播域，VLAN 还可以解决网络安全问题。

例如，一个写字楼租给不同的企业客户，如果这些企业客户都建立各自独立的 LAN，企业的网络投资成本将很高；如果各用户共用写字楼已有的 LAN，又会导致企业信息安全无法保证。

采用 VLAN，可以实现各企业客户共享 LAN 设施，同时保证各自的网络信息安全。

VLAN 的典型应用示意图，如图 2-1-3 所示。

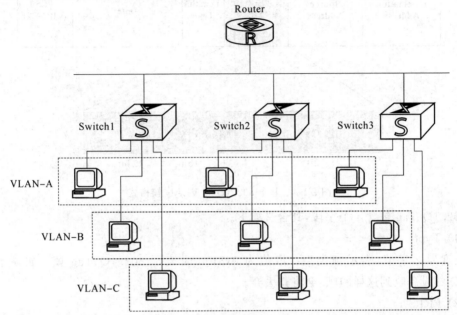

图 2-1-3　VLAN 的典型应用示意图

图 2-1-3 是一个典型的 VLAN 应用。3 台交换机放置在不同的地点，比如写字楼的不同楼层。每台交换机分别连接 3 台计算机，它们分别属于 3 个不同的 VLAN，比如不同的企业客户。在图中，一个虚线框内表示一个 VLAN。

2. VLAN 的划分

有如下几种划分 VLAN 的方式。

（1）基于端口

根据交换机的端口编号来划分 VLAN。计算机所属的 VLAN 由计算机所连的网络设备端口所属的 VLAN 决定。

（2）基于 MAC 地址

根据计算机网卡的 MAC 地址来划分 VLAN。

（3）基于网络层协议

例如将运行 IP 的计算机划分为一个 VLAN，将运行 IPX 的计算机划分为另一个 VLAN。

（4）基于网络地址

例如将运行 IP 的计算机划分为一个 VLAN，将运行 IPX 的计算机划分为另一个 VLAN。

（5）基于应用层协议

IEEE 颁布了 802.1Q 协议标准，定义了基于端口和 MAC 地址划分 VLAN 的标准。

VRP 实现基于端口的 VLAN 划分。

3. VLAN 帧格式

IEEE 802.1Q 标准对 Ethernet 帧格式进行了修改,在源 MAC 地址字段和协议类型字段之间加入 4 字节的 802.1Q Tag,如图 2-1-4 所示。

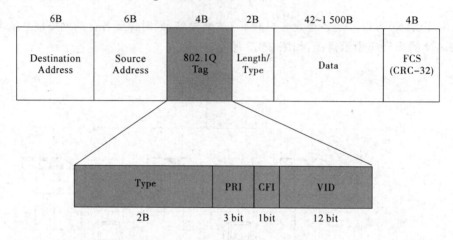

图 2-1-4　基于 802.1Q 的 VLAN 帧格式

802.1Q Tag 包含 4 个字段,其含义如下。

(1) Type

长度为 2 字节,表示帧类型。取值为 0x8100 时表示 802.1Q Tag 帧。如果不支持 802.1Q 的设备收到这样的帧,会将其丢弃。

(2) PRI

Priority,长度为 3 比特,表示帧的优先级,取值范围为 0~7,值越大优先级越高,用于当交换机阻塞时,优先发送优先级高的数据包。

(3) CFI

Canonical Format Indicator,长度为 1 比特,表示 MAC 地址是否是经典格式。CFI 为 0 说明是经典格式,CFI 为 1 表示为非经典格式。用于区分以太网帧、FDDI(Fiber Distributed Digital Interface)帧和令牌环网帧。在以太网中,CFI 的值为 0。

(4) VID

VLAN ID,长度为 12 比特,表示该帧所属的 VLAN。在 VRP 中,可配置的 VLAN ID 取值范围为 1~4 094。

4. VLAN 的基本概念

(1) 链路类型

VLAN 内的链路可以分为以下两种。

① 接入链路(Access Link):连接用户主机和交换机的链路为接入链路。如图 2-1-5 所示,计算机和交换机之间的链路都是接入链路。接入链路上通过的帧为不带 Tag 的以太网帧。

② 干道链路(Trunk Link):连接交换机和交换机的链路称为干道链路。如图 2-1-5 所示,交换机之间的链路都是干道链路。干道链路上通过的帧一般为带 Tag 的 VLAN 帧。

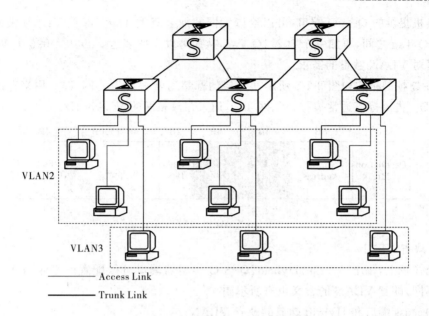

图 2-1-5　链路类型示意图

（2）端口类型

在 802.1Q 中定义 VLAN 帧后，设备的有些端口可以识别 VLAN 帧，有些端口则不能识别 VLAN 帧。

VRP 支持基于端口的 VLAN 划分方式，即根据交换机的端口编号来划分 VLAN。计算机所属的 VLAN 由端口所属的 VLAN 决定。

根据对 VLAN 帧的识别情况，将端口分为以下 4 类。

1）Access 端口

Access 端口是交换机上用来连接用户主机的端口，它只能连接接入链路。

Access 端口只允许一个 VLAN 的帧通过，在从主机接收帧时，给帧加上 Tag 标记；在向主机发送帧时，将帧中的 Tag 标记剥掉。

2）Trunk 端口

Trunk 端口是交换机上用来和其他交换机连接的端口，它只能连接干道链路。Trunk 端口允许多个 VLAN 的帧（带 Tag 标记）通过，在接收和发送帧时保留 Tag 标记。

3）Hybrid 端口

Hybrid 端口是交换机上既可以连接用户主机，又可以连接其他交换机的端口。Hybrid 端口既可以连接接入链路又可以连接干道链路。Hybrid 端口允许多个 VLAN 的帧通过，并可以在出端口方向将某些 VLAN 帧的 Tag 剥掉。

4）Q-in-Q 端口

Q-in-Q（802.1Q-in-802.1Q）端口是交换机上和其他交换机连接的，并且能够处理携带双层 Tag 标记的 VLAN 帧的端口。

由于 IEEE802.1Q 中定义的 Tag 字段只有 12 bit，所以在同一个二层网络中最多可以支持 4 096 个 VLAN。在实际应用中，尤其是在城域网中，需要大量的 VLAN 来隔离用户，4 096 个 VLAN 远远不能满足需求。

交换机提供的 Q-in-Q 端口,可以给以太网帧加上双重 Tag。即在 VLAN 帧的源地址与 802.1Q Tag 之间,再加一个 802.1Q Tag,从而可以支持多达 4 096+4 096 个 VLAN,满足城域网对 VLAN 数量的需求。

Q-in-Q 帧的格式如图 2-1-6 所示。外层的标签通常被称为公网 Tag,用来存放公网的 VLAN ID。内层标签通常被称为私网 Tag,用来存放私网的 VLAN ID。

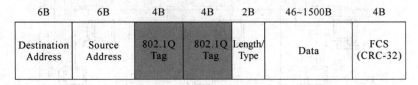

图 2-1-6 Q-in-Q 帧格式

(3) 缺省 VLAN

在交换机上,每个 Access、Hybrid、Q-in-Q 类型的端口可以配置一个缺省 VLAN。端口类型不同,缺省 VLAN 的含义也有所不同。

1) Access 端口和 Hybrid 端口的缺省 VLAN

对于这两种端口接收到的不带 Tag 的帧,交换机会在帧中加上 Tag 标记,并将 Tag 中的 VID 字段的值设置为端口所属的缺省 VLAN 编号。

对于从这两种端口发送的帧,如果 Tag 中的 VID 值为缺省 VLAN 编号,则交换机会剥掉该帧中的 Tag 标记。

2) Q-in-Q 端口的缺省 VLAN

对于从 Q-in-Q 端口接收的帧,无论该帧是否带 Tag 标记,交换机都会在帧中加上 Tag,并将 Tag 中的 VID 字段的值设置为端口所属的缺省 VLAN 编号。

对于 Q-in-Q 端口发送的帧,如果最外层 Tag 的 VID 字段的值等于缺省 VLAN 编号,交换机会将帧中最外层的 Tag 剥掉。

2.1.2 VLAN 内通信过程

本小节将介绍 VRP 中实现的 VLAN 通信原理,包括以下内容:

VLAN 基本通信原理;

VLAN 跨越交换机通信原理。

1. VLAN 基本通信原理

为了提高处理效率,交换机内部的数据帧一律都带有 VLAN Tag,以统一方式处理。当一个数据帧进入交换机端口时,如果没有带 VLAN Tag,且该端口上配置了 PVID(Port VLAN ID),那么,该数据帧就会被标记上端口的 PVID。如果数据帧已经带有 VLAN Tag 那么,即使端口已经配置了 PVID,交换机也不会再给数据帧标记 VLAN Tag。

PVID 是端口的虚拟局域网 ID 号。

由于端口类型不同,交换机对帧的处理过程也不同。下面根据不同的端口类型分别进行介绍。

(1) Access 端口处理帧的过程

Access 端口处理 VLAN 帧的过程如下。

① 收到一个二层帧。

② 判断帧是否有 VLAN Tag。

• 如果没有 Tag，则标记上 Access 端口的 PVID，进行下一步处理。

• 如果有 Tag，则比较帧的 VLAN Tag 和端口的 PVID，两者一致则进行下一步处理，否则丢弃帧。

③ 二层交换机根据帧的目的 MAC 地址和 VLAN ID 查找 VLAN 配置信息，决定从哪个端口把帧发送出去。

④ 交换机根据查到的出接口发送数据帧。

• 当数据帧从 Access 端口发出时，交换机先剥离帧的 VLAN Tag，然后再发送出去。

• 当数据帧从 Trunk 端口发出时，直接发送帧。

• 当数据帧从 Hybrid 端口发出时，交换机判断 VLAN 在本端口的属性是 Untag 还是 Tag。如果是 Untag，则先剥离帧的 VLAN Tag，再发送；如果是 Tag，则直接发送帧。

（2）Trunk 端口处理帧的过程

Trunk 端口处理 VLAN 帧的过程如下。

① 收到一个二层帧。

② 判断帧是否有 VLAN Tag。

• 如果没有 Tag，则标记上 Trunk 端口的 PVID，进行下一步处理。

• 如果有 Tag，则判断该 Trunk 端口是否允许该 VLAN 帧进入，允许则进行下一步处理，否则丢弃帧。

③ 二层交换机根据帧的目的 MAC 地址和 VLAN ID，查找 VLAN 配置信息，决定从哪个端口把帧发送出去。

④ 交换机根据查到的出接口发送数据帧。

• 当数据帧从 Access 端口发出时，交换机先剥离帧的 VLAN Tag，然后再发送出去。

• 当数据帧从 Trunk 端口发出时，直接发送帧。

• 当数据帧从 Hybrid 端口发出时，交换机判断 VLAN 在本端口的属性是 Untag 还是 Tag。如果是 Untag，则先剥离帧的 VLAN Tag，再发送；如果是 Tag，则直接发送帧。

（3）Hybrid 端口处理帧的过程

Hybrid 端口处理 VLAN 帧的过程如下。

① 收到一个二层帧。

② 判断是否有 VLAN Tag。

• 如果没有 Tag，则标记上 Hybrid 端口的 PVID，进行下一步处理。

• 如果有 Tag，则判断该 Hybrid 端口是否允许该 VLAN 帧进入，允许则进行下一步处理，否则丢弃帧。

③ 二层交换机根据帧的目的 MAC 地址和 VLAN ID，查找 VLAN 配置信息，决定从哪个端口把帧发送出去。

④ 交换机根据查到的出接口发送数据帧。

• 当数据帧从 Access 端口发出时，交换机先剥离帧的 VLAN Tag，然后再发送出去。

• 当数据帧从 Trunk 端口发出时,直接发送帧。

• 当数据帧从 Hybrid 端口发出时,交换机判断 VLAN 在本端口的属性是 Untag 还是 Tag。如果是 Untag,则先剥离帧的 VLAN Tag,再发送;如果是 Tag,则直接发送帧。

2. VLAN 跨越交换机通信原理

有时由于同一 VLAN 内用户主机的地理位置相距较远,或一台交换机的端口数量不足以连接 VLAN 中的所有用户,使得属于同一个 VLAN 的用户主机被连接在不同的交换机上。

当 VLAN 跨越交换机时,就需要交换机间的端口能够同时识别和发送多个 VLAN 的报文。这时,需要用到能够识别和发送多个 VLAN 的报文的 Trunk Link。

Trunk Link 有两个作用。

• 中继作用:把 VLAN 报文透明传输到互连的交换机或路由器,从而扩展 VLAN。

• 干线作用:一条 Trunk Link 上可以传输多个 VLAN 的报文。

例如在图 2-1-7 所示的网络中,为了让 Router A 和 Router B 之间的链路既支持 VLAN 2 又支持 VLAN 3 内的用户通信,需要配置连接端口同时属于两个 VLAN。即应配置 Router A 的以太网端口 Ethernet0/0/2 和 Router B 的以太网端口 Ethernet0/0/1 既属于 VLAN 2 也属于 VLAN 3。

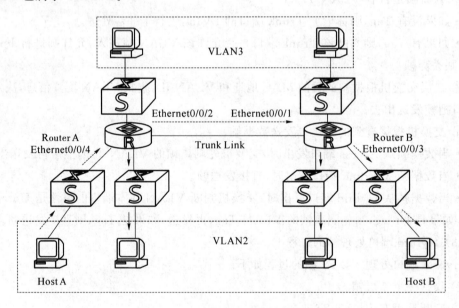

图 2-1-7 Trunk Link 通信方式示意图

当用户主机 Host A 发送数据给用户主机 Host B 时,数据帧的发送过程如下:

① 数据帧首先到达 Router A 的端口 Ethernet0/0/4;

② 端口 Ethernet0/0/4 给数据帧加上 Tag,Tag 的 VID 字段填入该端口所属的 VLAN 的编号 2;

③ Router A 将帧发送到本交换机上除 Ethernet0/0/4 外的所有属于 VLAN 2 的端口;

④ 端口 Ethernet0/0/2 将帧转发到 Router B 上;

⑤ Router B 收到帧后，会根据帧中的 Tag 识别出该帧属于 VLAN 2，于是将该帧发给本交换机上除 Ethernet0/0/1 外所有属于 VLAN 2 的端口；

⑥ 端口 Ethernet0/0/3 将数据帧发送给主机 Host B。

2.1.3　VLAN 间通信原理

划分 VLAN 后，不同 VLAN 的计算机之间不能实现二层通信。如果在 VLAN 间通信，需要建立 IP 路由。有两种实施方案。

- 二层交换机＋路由器；
- 三层交换机。

1. 二层交换机＋路由器

在多数情况下，LAN 通过二层交换机的以太网接口（交换式以太网接口）与路由器的以太网接口（路由式以太网接口）相连，如图 2-1-8 所示。

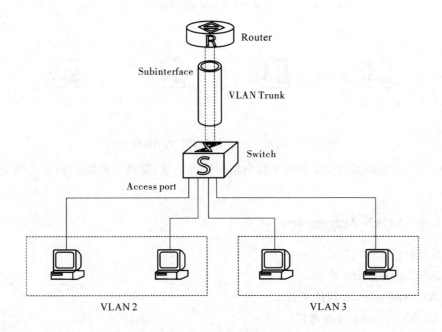

图 2-1-8　通过二层交换机＋路由器实现 VLAN 间的通信

假定在交换机上已划分了 VLAN 2 和 VLAN 3。为实现 VLAN 2 和 VLAN 3 间的通信，需要在路由器与交换机相连的以太网接口上创建 2 个子接口与 VLAN 2 和 VLAN 3 分别对应。在子接口上配置 802.1Q 封装和 IP 地址。将交换机与路由器相连的以太网口类型改为 Trunk 或 Hybrid，允许 VLAN 2 和 VLAN 3 的帧通过。

二层交换机＋路由器模式存在以下缺点：

① 需要多个设备，组网复杂；

② VLAN 间通信通过路由器完成，路由器价格昂贵，传输速率较低。

2. 三层交换机

如果是三层交换机，就可以在交换机上配置 VLAN 接口实现 VLAN 间通信。

在图 2-1-9 所示的网络中,交换机上划分了 2 个 VLAN:VLAN 2 和 VLAN 3。此时可在交换机上创建 2 个 VLANIF 接口,并为它们配置 IP 地址和路由,实现 VLAN 2 与 VLAN 3 的通信。

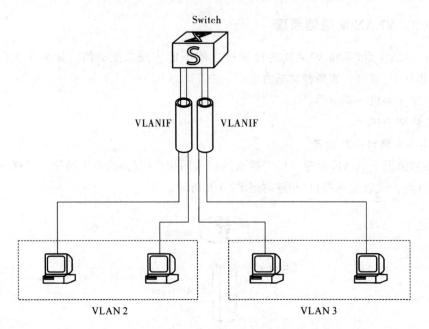

图 2-1-9　通过三层交换机实现 VLAN 间通信

三层交换机解决了二层交换机+路由器模式的问题,能够以低廉的成本实现更快速的转发。

2.1.4　VLAN Aggregation

本小节包括以下内容:

VLAN Aggregation 原理;

VLAN Aggregation 的优点。

1. VLAN Aggregation 原理

在一般情况下,一个 VLAN 对应一个子网。

VLAN Aggregation 就是在一个物理网络内,用多个 VLAN 隔离广播域,使不同的 VLAN 属于同一个子网。用于隔离广播域的 VLAN 称为 Sub-VLAN,与该子网对应的 VLAN 称为 Super-VLAN。多个 Sub-VLAN 组成一个 Super-VLAN。

如图 2-1-10 所示,Super-VLAN 4 由 Sub-VLAN 2 和 Sub-VLAN 3 组成。Sub-VLAN 2、Sub-VLAN 3 和 Super-VLAN 4 属于同一个子网 10.1.1.0。Super-VLAN 4 的 VLAN 接口 VLANIF4 作为 Sub-VLAN 2 和 Sub-VLAN 3 包含的端口下的主机的网关地址。

不同 Sub-VLAN 下的主机不能互通。如果互通,需要在 Super-VLAN 的 VLAN 接口上使能 ARP Proxy。

2. VLAN Aggregation 的优点

通过 VLAN 接口实现 VLAN 间通信时,需要为每个 VLAN 的 VLAN 接口配置一个

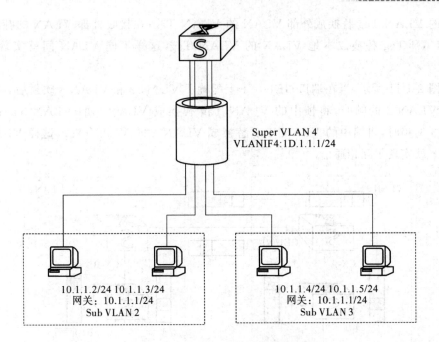

图 2-1-10　VLAN Aggregation 原理示意图

IP 地址。如果 VLAN 很多,将占用许多 IP 地址资源。

　　实现 VLAN Aggregation 后,只在 Super-VLAN 接口上配置 IP 地址,而不必为每个 Sub-VLAN 分配 IP 地址。所有 Sub-VLAN 共用 IP 网段,解决了 IP 地址资源浪费的问题。

2.1.5　VLAN Stacking

　　VLAN Stacking 是一种可以针对用户不同 VLAN 封装外层 VLAN Tag 的二层技术。

　　在运行营商接入环境中,往往需要根据用户的应用或接入地点/设备来区分用户需求。VLAN Stacking 可以根据用户报文的 Tag 或 IP/MAC 等,给用户报文打上相应的外层 Tag,以达到区分不同用户的目的。

　　VLAN Stacking 端口有以下特点:

　　① 具备,VLAN Stacking 功能的端口可以配置多个外层 VLAN,端口可以给不同 VLAN 的帧加上不同的外层 Tag;

　　② 具备 VLAN Stacking 功能的端口可以在接收帧时,给帧加上外层 Tag 或将帧最外层的 Tag 剥掉。

2.1.6　VLAN Mapping

　　VLAN Mapping,也称 VLAN translation,可以实现在用户 VLAN ID 和运营商 VLAN ID 之间相互转换的功能。

　　VLAN Mapping 发生在报文从入端口接收进来之后,从出端口转发出去之前。

　　当在端口配置了两个以上的 VLAN ID 映射后,端口在向外发送本地 VLAN 的帧时,将帧中的 VLAN Tag 替换成外部 VLAN 的 VLAN Tag;在接收外部 VLAN 的帧时,将帧中的 VLAN Tag 替换成本地 VLAN 的 VLAN Tag,这样不同 VLAN 间就实现了互相通信。

如图 2-1-11 所示,当在端口 GE1/0/1 上配置了 VLAN 2 和 VLAN 3 映射后,端口在向外发送 VLAN 2 的帧时,将帧中的 VLAN Tag 替换成 VLAN 3 的 VLAN Tag;在接收 VLAN 3 的帧时,将帧中的 VLAN Tag 替换成 VLAN 2 的 VLAN Tag,这样 VLAN 2 和 VLAN 3 就实现了互相通信。

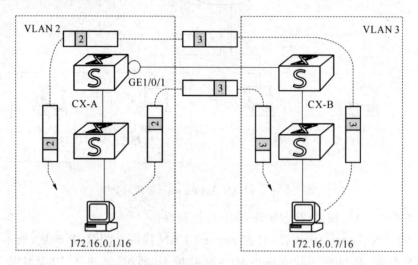

图 2-1-11　VLAN Mapping 功能示意图

此外,要想借助 VLAN Mapping 实现两个 VLAN 内设备互相通信,则这两个 VLAN 内设备的 IP 地址必须处于同一网段。

2.1.7　VLAN Damping

对于接入路由器,一般都有主接口和备用接口。当路由器处于正常情况时,主接口处于正常转发状态,备用接口不转发报文。

当主接口所在链路出现问题时,在备用接口没有正常工作之前,路由器上的 VLANIF 接口状态会变为 down,从而导致整网的路由出现振荡。当备用接口正常工作后,VLANIF 接口再次变为 up 状态,整网路由再次振荡收敛,整个过程将持续几秒时间。

当使能 VLANIF 的 Damping 功能时,VLAN 中最后一个处于 up 状态的端口变为 down 后,会抑制一定时间(抑制时间可配置)再上报给 VLANIF 接口;如果在抑制时间内 VLAN 中有端口 up,则 VLANIF 保持 up 状态不变。

也就是说,VLAN Damping 功能可以适当延迟向 VLANIF 接口上报接口 down 状态的时间,从而抑制不必要的路由振荡。

2.1.8　VLAN 的应用

本小节包括以下内容:

基于端口的 VLAN 划分；

VLAN Trunk 的应用；

VLAN 间互通应用；

VLAN Aggregation 的应用。

1. 基于端口的 VLAN 划分

基于端口的 VLAN 划分组网图如图 2-1-12 所示。

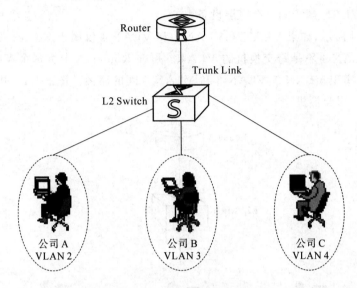

图 2-1-12　基于端口的 VLAN 划分组网图

商务楼宇内的中心交换机，根据楼宇内不同公司对端口需求的不同，将每个公司所拥有的端口划分到不同的 VLAN，实现公司间业务数据的完全隔离。

可以认为每个公司拥有独立的"虚拟交换机"，每个 VLAN 就是一个"虚拟工作组"。

2. VLAN Trunk 的应用

VLAN Trunk 的应用组网图如图 2-1-13 所示。

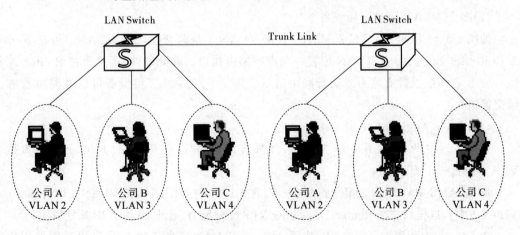

图 2-1-13　VLAN Trunk 的应用组网图

公司业务发展,部门需要跨越不同的商务楼宇。可通过 Trunk Link 连接不同楼宇的中心交换机,实现跨不同交换机、不同公司的业务数据隔离,以及同一公司内业务数据的互通。

3. VLAN 间互通应用

对于不同的公司之间的互通需求,可以通过 VLAN 间互通来解决。VLAN 间互通有两种方式,以下分别介绍。

(1) 多个 VLAN 属于同一个三层设备

如图 2-1-14 所示,如果 VLAN 2、VLAN 3 和 VLAN 4 仅属于 Router A,即 VLAN 2、VLAN 3 和 VLAN 4 不是跨交换机的 VLAN。可在 Router A 上为每个 VLAN 配置一个虚拟路由接口,实现 VLAN 2、VLAN 3 和 VLAN 4 间的路由。图 2-1-14 中的三层设备可以是路由器或三层交换机。

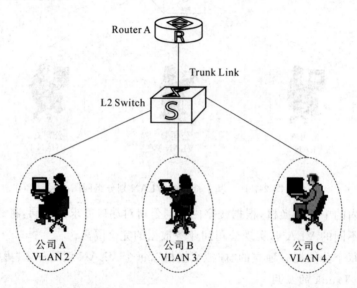

图 2-1-14　多个 VLAN 属于同一个三层设备互通组网图

(2)多个 VLAN 跨越三层设备

如图 2-1-15 所示,VLAN 2、VLAN 3 和 VLAN 4 是跨交换机的 VLAN。可在 Router A 和 Router B 上为每个 VLAN 配置一个虚拟路由接口。除此以外,还需要在 Router A 和 Router B 之间配置静态路由或运行路由协议。图 2-1-15 中的三层设备可以是路由器或三层交换机。

4. VLAN Aggregation 的应用

如图 2-1-16 所示,共有 4 个 VLAN,如果 VLAN 间需要互通,在 Router 上要为每个 VLAN 配置一个 IP 地址。

将 VLAN 1 和 VLAN 2 聚合到 Super VLAN 1 中;将 VLAN 3 和 VLAN 4 聚合到 Super VLAN 2 中。这样只需在 Router 上为 Super VLAN 分配 IP 地址,节约了 IP 地址资源。

在 Router 上配置 Proxy ARP,使同一 Super VLAN 下的不同 Sub VLAN 间的用户可以互通。

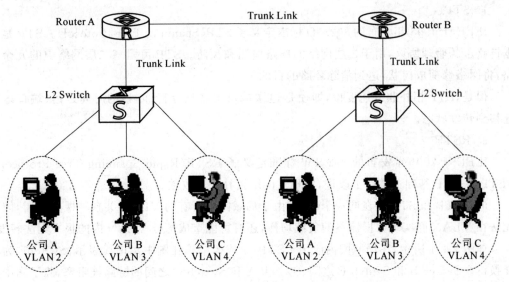

图 2-1-15 多个 VLAN 跨越三层设备互通组网图

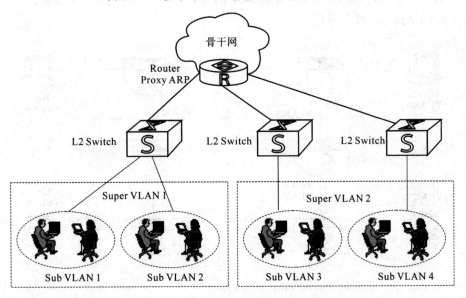

图 2-1-16 VLAN Aggregation 应用组网图

2.2 MSTP

2.2.1 MSTP 的引入

本小节介绍的内容包括：

STP；

RSTP；

MSTP；

三种生成树协议的比较。

1. STP

IEEE 于 1998 年发布的 802.1D 标准定义了 STP(Spanning Tree Protocol)。STP 是数据链路层的管理协议,用于二层网络的环路检测和预防。STP 可阻塞二层网络中的冗余链路,将网络修剪成树状,达到消除环路的目的。

但是,STP 拓扑收敛速度慢,即使是边缘端口也必须等待 30 秒的时间延迟,端口才能迁移到转发状态。

2. RSTP

IEEE 于 2001 年发布的 802.1W 标准定义了 RSTP(Rapid Spanning Tree Protocol)。RSTP 在 STP 基础上进行了改进,实现了网络拓扑快速收敛。

但 RSTP 和 STP 存在同一个缺陷:由于局域网内所有的 VLAN 共享一棵生成树,因此无法在 VLAN 间实现数据流量的负载均衡,还有可能造成部分 VLAN 内的报文无法转发。

如图 2-2-1 所示,在局域网内应用 RSTP,生成树结构在图中用虚线表示,SwitchF 为根交换机。Switch B 和 Switch E 之间、Switch A 和 Switch D 之间的链路被阻塞,除了图中标注了 VLAN 2 或 VLAN 3 的链路允许对应的 VLAN 报文通过外,其他链路均不允许 VLAN 2、VLAN 3 的报文通过。

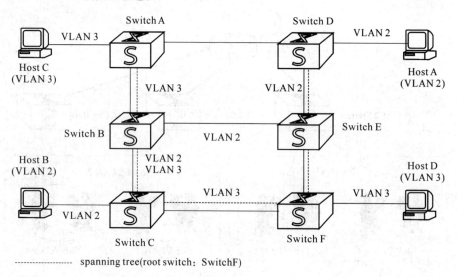

图 2-2-1　RSTP 的缺陷示意图

Host A 和 Host B 同属于 VLAN 2,由于 Switch B 和 Switch E 之间的链路被阻塞,Switch C 和 Switch F 之间的链路又不允许 VLAN 2 的报文通过,因此 Host A 和 Host B 之间无法互相通信。

3. MSTP

IEEE 于 2002 年发布的 802.1S 标准定义了 MSTP(Multiple Spanning Tree Algorithm and Protocol)。

MSTP 兼容 STP 和 RSTP,并且可以弥补 STP 和 RSTP 的缺陷。MSTP 既可以快速收敛,同时还提供了数据转发的多个冗余路径,在数据转发过程中实现 VLAN 数据的负载均衡。

MSTP 把一个交换网络划分成多个域，每个域内形成多棵生成树，生成树之间彼此独立。每棵生成树称为一个多生成树实例 MSTI（Multiple Spanning Tree Instance），每个域称为一个 MST 域。

MSTP 通过设置 VLAN 映射表（即 VLAN 和 MSTI 的对应关系表），把 VLAN 和 MSTI 联系起来。

现将 MSTP 应用于 0 中的局域网，应用后生成 MSTI 如图 2-2-2 所示。

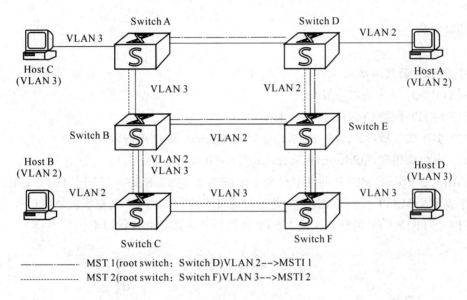

图 2-2-2　MST 域内的多棵生成树示意图

经计算最终生成两棵生成树：

① MSTI 1 以 Switch D 为根交换机，转发 VLAN 2 的报文。

② MSTI 2 以 Switch F 为根交换机，转发 VLAN 3 的报文。

这样所有 VLAN 内部可以互通，同时不同 VLAN 的报文沿不同的路径转发，实现了负载分担。

4. 三种生成树协议的比较

三种生成树协议的比较如表 2-2-1 所示。

表 2-2-1　三种生成树协议的比较

生成树协议	特　点
STP	形成一棵无环路的树：解决广播风暴并实现冗余备份
RSTP	形成一棵无环路的树：解决广播风暴并实现冗余备份 收敛速度快
MSTP	形成一棵无环路的树：解决广播风暴并实现冗余备份 收敛速度快 多颗生成树在 VLAN 间实现负载均衡，不同 VLAN 的流量按照不同的路径转发

2.2.2 MSTP 的基本概念

本小节包括以下内容：

MSTP 的网络层次；

MSTP 网络；

MST Region；

MSTI；

端口角色；

端口状态。

1. MSTP 的网络层次

MSTP 网络可分为以下层次：

（1）MSTP 网络（MSTP Network）；

（2）多生成树域（Multiple Spanning Tree Region，MST Region）

（3）多生成树实例（Multiple Spanning Tree Instance，MSTI）

如图 2-2-3 所示，MSTP 网络中包含 1 个或多个 MST Region，每个 MST Region 中包含一个或多个 MSTI。组成 MSTI 的是运行 STP/RSTP/MSTP 的交换机，MSTI 是所有运行 STP/RSTP/MSTP 的交换机经 MSTP 协议计算后形成的树状网络。

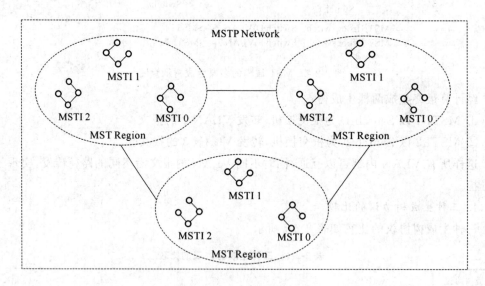

图 2-2-3　MSTP 网络层次示意图

下文将按照 MSTP 网络的三个层次，分别介绍各个网络层次中的基本概念。

（1）MSTP 网络

MSTP 网络层包含以下基本概念。

1）总根

总根是 CIST（Common and Internal Spanning Tree）的根交换机（CIST Root）。

如图 2-2-3 所示，总根 CIST Root 在 A0 中。

2）CST

公共生成树（Common Spanning Tree，CST）是连接交换网络内所有 MST 域的一棵成树。

如果把每个 MST 域看成是一个节点，CST 就是这些节点通过 STP 或 RSTP 协议计算生成的一棵生成树。

如图 2-2-3 中较粗的线条连接各个域构成 CST。

3）IST

内部生成树（Internal Spanning Tree，IST）是各 MST 域内的一棵生成树。IST 是一个特殊的 MSTI，MSTI 的 ID 为 0，通常称为 MSTI 0。

IST 是 CIST 在 MST 域中的一个片段。

如图 2-2-3 中较细的线条在域中连接该域的所有交换机构成 IST。

4）CIST

公共和内部生成树 CIST 是通过 STP 或 RSTP 协议计算生成的，连接一个交换网络内所有交换机的单生成树。

如图 2-2-3 所示，所有 MST 域的 IST 加上 CST 就构成一棵完整的生成树，即 CIST。

5）SST

构成单生成树（Single Spanning Tree，SST）有两种情况：

① 运行 STP 或 RSTP 的交换机只能属于一个生成树。

② MST 域中只有一个交换机，这个交换机构成单生成树。

如图 2-2-3 所示，B0 中的交换机就是一棵单生成树。

（2）MST Region

如图 2-2-5 所示，MST Region 中包含以下基本概念。

1）MST Region

MST 域是多生成树域，由局域网中的多台交换机以及它们之间的网段构成。一个局域网可以存在多个 MST 域，各 MST 域之间在物理上直接或间接相连。用户可以通过 MSTP 配置命令把多台交换机划分在同一个 MST 域内。

如图 2-2-5 所示的 MST Region D0 中由交换机 Switch A、Switch B、Switch C 和 Switch D 构成，域中有 3 个 MSTI。

2）VLAN 映射表

VLAN 映射表是 MST 域的属性，它描述了 VLAN 和 MSTI 之间的映射关系。

如图 2-2-5 中，MST 域 D0 的 VLAN 映射表是：

① VLAN 1 映射到 MSTI 1；

② VLAN 2 和 VLAN 3 映射到 MSTI 2；

③ 其余 VLAN 映射到 MSTI 0。

3）域根

域根（Regional Root）分为 IST 域根和 MSTI 域根。

IST 域根如图 2-2-4 所示，在 B0、C0 和 D0 中，IST 生成树中距离总根最近的交换机是 IST 域根。

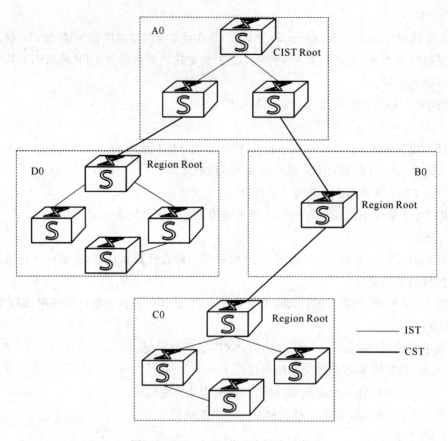

图 2-2-4　MSTP 网络基本概念示意图

　　MSTI 域根是每个多生成树实例的树根。如图 2-2-5 所示，域中不同的 MSTI 有各自的域根。

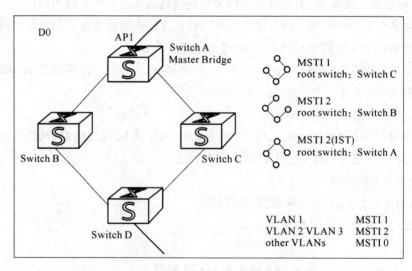

图 2-2-5　MST Region 的基本概念示意图

4）主桥

主桥（Master Bridge）也就是 IST Matser，它是域内距离总根最近的交换机。如图 2-2-5 中的 SwitchA。

如果总根在 MST 域中，则总根为该域的主桥。

（3）MSTI

一个 MST 域内可以生成多棵生成树，每棵生成树都称为一个 MSTI。

MSTI 之间彼此独立，MSTI 可以与一个或者多个 VLAN 对应。但一个 VLAN 只能与一个 MSTI 对应。

如图 2-2-6 中，MST 域 VLAN 10、VLAN 20 和 VLAN 30 分别对应一个 MSTI。

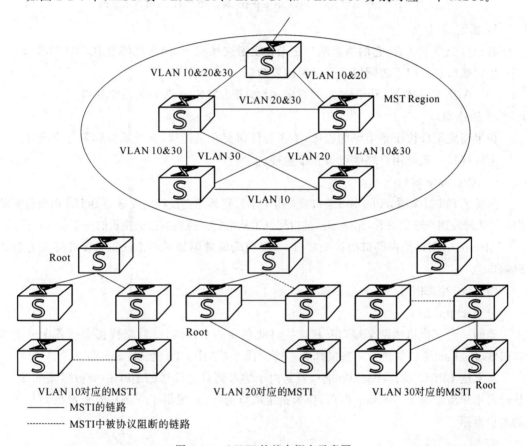

图 2-2-6　MSTI 的基本概念示意图

2. 端口角色

MSTP 中的端口角色主要有根端口、指定端口、Alternate 端口、Backup 端口、Master 端口、域边缘端口和边缘端口。除边缘端口外，其他端口角色都参与 MSTP 的计算过程。

同一端口在不同的生成树实例中可以担任不同的角色。

1）根端口

在非根交换机上，离根交换机最近的端口是本交换机的根端口。根交换机没有根端口。根端口负责向树根方向转发数据。

图 2-2-7 中，Switch A 为根交换机，CP1 为 Switch C 的根端口，BP1 为 Switch B 的根端口。

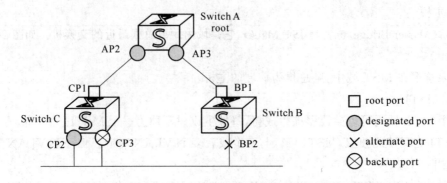

图 2-2-7　根端口、指定端口、Alternate 端口和 Backup 端口示意图

2）指定端口

对一台交换机而言,它的指定端口是指在上游交换机上,向本机转发 BPDU 的端口。

指定端口负责向下游网段或交换机转发数据。

0 中 AP2 和 AP3 为 Switch A 的指定端口,CP2 为 Switch C 的指定端口。

3）边缘端口

如果指定端口位于整个域的边缘,不再与任何交换机连接,这种端口称为边缘端口。

边缘端口一般与用户终端设备直接连接。

4）Alternate 端口

从发送 BPDU 来看,Alternate 端口就是由于学习到其他交换机的发送的 BPDU 而被阻塞的端口。从转发用户流量来看,Alternate 端口提供了从指定交换机到根交换机的一条备份路径。

Alternate 端口是根端口的备份端口,如果根端口被阻塞后,Alternate 端口将成为新的根端口。

图 2-2-7 中 BP2 为 Alternate 端口。

5）Backup 端口

当同一台交换机的两个端口互相连接时就存在一个环路,此时交换机会将其中一个端口阻塞,Backup 端口就是被阻塞的那个端口。图 2-2-7 中 CP3 为 Backup 端口。

从发送 BPDU 来看,Backup 端口就是由于学习到自己发送的 BPDU 而被阻塞的端口。从转发用户流量来看,Backup 端口,作为指定端口的备份,提供了一条从根交换机到叶节点的备份通路。

6）Master 端口

Master 端口是 MST 域和总根相连的所有路径中最短路径上的端口,它是交换机上连接 MST 域到总根的端口。

Master 端口是域中的报文去往总根的必经之路。

Master 端口是特殊域边缘端口,Master 端口在 IST/CIST 上的角色是 Root Port,在其他各实例上的角色都是 Master。

如图 2-2-8 所示,交换机 Switch A、Switch B、Switch C、Switch D 和它们之间的链路构成一个 MST 域,Switch A 交换机的端口 AP1 在域内的所有端口中到总根的路径开销最小,所以 AP1 为 Master 端口。

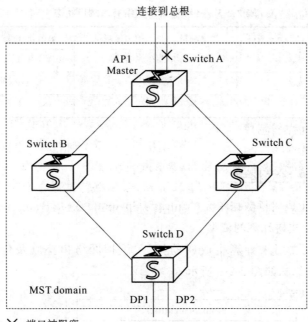

图 2-2-8 Master 端口和域边缘端口示意图

7）域边缘端口

域边缘端口是指位于 MST 域的边缘并连接其他 MST 域或 SST 的端口。

在进行 MSTP 计算的时候，域边缘端口在 MSTI 上的角色和 CIST 实例的角色保持一致，即如果边缘端口在 CIST 实例上的角色是 Master 端口（连接域到总根的端口），则它在域内所有 MST 实例上的角色也是 Master 端口。

图 2-2-8 中，MST 域内的 AP1、DP1 和 DP2 都和其他域直接相连，它们都是本 MST 域的边缘端口。

域边缘端口在生成树实例上的角色与在 CIST 的角色保持一致。如图 2-2-8 所示，AP1是域边缘端口，它在 CIST 上的角色是 Master 端口，则 AP1 在 MST 域内所有生成树实例上的角色都是 Master 端口。

3. 端口状态

MSTP 中，端口状态划分为三种，如表 2-2-2 所示。

表 2-2-2 MSTP 的端口状态

状态	说 明
Forwarding	在这种状态下，端口既转发用户流量又接收/发送 BPDU 报文
Learning	这是一种过渡状态，在 Learning 下，交换机会根据接收到的用户流量，构建 MAC 地址表，但不转发用户流量，所以称为学习"状态" Learning 状态的端口接收/发送 BPDU 报文
Discarding	Discarding 状态的端口只接收 BPDU 报文

端口状态和端口角色是没有必然联系的，表 2-2-3 显示了各种端口角色能够具有的端口状态。

表 2-2-3　各种端口角色具有的端口状态

端口状态	根端口/Master 端口	指定端口	域边缘端口	Alternate 端口	Backup 端口
Forwarding	√	√	√	—	—
Learning	√	√	√	—	—
Discarding	√	√	√	√	√

- √:表示端口可以担任的角色
- —:表示端口不能担任的角色

2.2.3　MSTP 报文格式

MSTP 使用多生成树桥数据单元(Multiple Spanning Tree Bridge Protocol Data Unit, MST BPDU)作为生成树计算的依据。

MST BPDU 报文用来计算生成树的拓扑、维护网络拓扑以及传达拓扑变化记录。MST BPDU 的报文结构如图 2-2-9 所示。

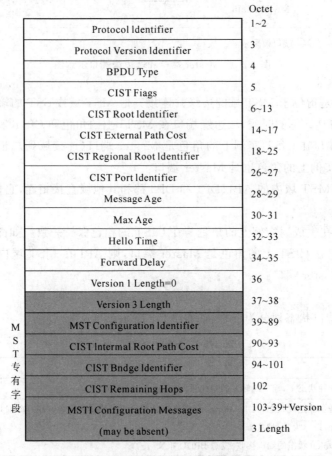

图 2-2-9　MST BPDU 的报文结构

无论是域内的 MSTBPDU 还是域间的,前 35 个字节和 RST BPDU 相同。从第 36 个字节开始是 MSTP 专有字段。最后的 MSTI 配置信息字段由若干 MSTI 配置信息组连缀而成。

MST BPDU 中的字段说明如表 2-2-4 所示。

表 2-2-4　MST BPDU 中的字段说明

字段内容	说　明
Protocol Identifier	协议标识符
Protocol Version Identifier	协议版本表识符，STP 为 0，RSTP 为 2，MSTP 为 3
BPDU Type	BPDU 类型，MSTP 为 0x02 0x00：STP 的 Configuration BPDU 0x80：STP 的 TCN BPDU（Topology Change Notification BPDU） 0x02：RST BPDU（Rapid Spanning-Tree BPDU）或者 MST BPDU（Multiple Spanning-Tree BPDU）
CIST Flags	CIST 标志字段
CIST Root Identifier	CIST 的总根交换机 ID
CIST External Path Cost	CIST 外部路径开销指从本交换机所属的 MST 域到 CIST 根交换机的累计路径开销，CIST 外部路径开销根据链路带宽计算
CIST Regional Root Identifier	CIST 的域根交换机 ID，即 IST Master 的 ID 如果总根在这个域内，那么域根交换机 ID 就是总根交换机 ID
CIST Port Identifier	本端口在 IST 中的指定端口 ID
Message Age	BPDU 报文的生存期
Max Age	BPDU 报文的最大生存期，超时则认为到根交换机的链路故障
Hello Time	Hello 定时器，缺省为 2 秒
Forward Delay	Forward Delay 定时器，缺省为 15 秒
Version 1 Length	Version3 BPDU 的长度，值固定为 0
Version 3 Length	Version3 BPDU 的长度
MST Configuration Identifier	MST 配置标识，表示 MST 域的标签信息，包含 4 个字段，如 0 所示 只有 MST Configuration Identifier 中的四个字段完全相同的，并且互联的交换机，才属于同一个域 字段说明如表 2-2-5 所示
CIST Internal Root Path Cost	CIST 内部路径开销指从本端口到 IST Master 交换机的累计路径开销，CIST 内部路径开销根据链路带宽计算
CIST Bridge Identifier	CIST 的指定交换机 ID
CIST Remaining Hops	BPDU 报文在 CIST 中的剩余跳数
MSTI Configuration Messages（may be absent）	MSTI 配置信息 每个 MSTI 的配置信息占 16 Bytes，如果有 n 个 MSTI 就占用 $n \times 16$Bytes 单个 MSTI Configuration Messages 的结构如 0 所示，字段说明如表 2-2-6 所示

MST Configuration Identifier 的报文结构如图 2-2-10 所示。

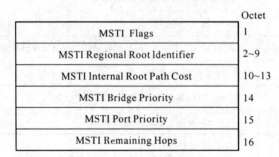

	Octet
Configuration Identifier Format Selector	39
Configuration Name	40~71
Revision Level	72~73
Configuration Digest	74~89

图 2-2-10   MST Configuration Identifier 的报文结构

表 2-2-5   MST Configuration Identifier 的字段说明

字段内容	说　明
Configuration Identifier Format Selector	固定为 0
Configuration Name	"域名",32 字节长字符串
Revision Level	2 字节非负整数
Configuration Digest	利用 HMAC-MD5 算法将域中 VLAN 和实例的映射关系加密成 16 字节的摘要

MSTI Configuration Messages 的报文结构如图 2-2-11 所示。

	Octet
MSTI Flags	1
MSTI Regional Root Identifier	2~9
MSTI Internal Root Path Cost	10~13
MSTI Bridge Priority	14
MSTI Port Priority	15
MSTI Remaining Hops	16

图 2-2-11   MSTI Configuration Messages 的报文结构

表 2-2-6   MSTI Configuration Messages 的字段说明

字段内容	说　明
MSTI Flags	MSTI 标志
MSTI Regional Root Identifier	MSTI 域根交换机 ID
MSTI Internal Root Path Cost	MSTI 内部路径开销指从本端口到 MSTI 域根交换机的累计路径开销,MSTI 内部路径开销根据链路带宽计算
MSTI Bridge Priority	本交换机在 MSTI 中的指定交换机的优先级
MSTI Port Priority	本交换机在 MSTI 中的指定端口的优先级
MSTI Remaining Hops	BPDU 报文在 MSTI 中的剩余跳数

2.2.4　MSTP 的拓扑计算

MSTP 将整个二层网络划分为多个 MST 域,把每个域视为一个节点。各个域之间按照 STP 或者 RSTP 进行计算并生成 CST;域内则通过计算生成若干个 MSTI,其中实例 0 被称为 IST。

本小节包括以下内容。

优先级向量;

CIST 的计算;

MSTI 的计算;

生成树算法实现;

MSTP 对拓扑变化的处理。

1. 优先级向量

MSTI 和 CIST 都是根据优先级向量来计算的,这些优先级向量信息都包含在 MST BPDU 中。各交换机互相交换 MST BPDU 来生成 MSTI 和 CIST。

（1）优先级向量简介

参与 CIST 计算的优先级向量为:

｛根交换机 ID、外部路径开销、域根 ID、内部路径开销、指定交换机 ID、指定端口 ID、接收端口 ID｝

参与 MSTI 计算的优先级向量为:

｛域根 ID、内部路径开销、指定交换机 ID、指定端口 ID、接收端口 ID｝

括号中向量的优先级从左到右依次递减。

（2）向量说明（表 2-2-7）

表 2-2-7　向量说明

向量名	说　明
根交换机 ID	根交换机 ID 用于选择 CIST 中的根交换机,不作为 CIST 中选择端口角色的条件 桥 ID＝Priority(16 bits)＋MAC(48 bits)
外部路径开销 （ERPC）	从 CIST 的域根到达总根的路径开销 MST 域内所有交换机上保存的外部路径开销相同 若 CIST 根交换机在域中,则域内所有交换机上保存的外部路径开销为 0
域根 ID	域根 ID 用于选择 MSTI 中的域根,不作为判断 MSTI 中端口角色的条件 桥 ID＝Priority(16 bits)＋MAC(48 bits)
内部路径开销 （IRPC）	本桥到达域根的路径开销 域边缘端口保存的内部路径开销大于(劣于)非域边缘端口保存的内部路径开销
指定交换机	CIST 或 MSTI 实例的指定交换机是本桥通往域根的最邻近的上游桥 如果本桥就是总根或域根,则指定交换机为自己
指定端口	指定交换机上同本桥根端口相连的端口 Port ID＝Priority(8 位)＋ 端口号(8 位),端口优先级必须是 16 的整数倍
接收端口	接收到 BPDU 报文的端口 Port ID＝Priority(8 位)＋ 端口号(8 位),端口优先级必须是 16 的整数倍

（3）比较原则

同一向量比较,值最小的向量具有最高优先级。

优先级向量比较原则如下:

① 首先,比较根交换机 ID;

② 如果根交换机 ID 相同,再比较外部路径开销;

③ 如果外部路径开销还相同,再比较域根 ID;

④ 如果域根 ID 仍然相同,再比较内部路径开销;

⑤ 如果内部路径仍然相同,再比较指定交换机 ID;

⑥ 如果指定交换机 ID 仍然相同,再比较指定端口 ID;

⑦ 如果指定端口 ID 还相同,再比较接收端口 ID。

如果端口接收到的 BPDU 内包含的配置消息优于端口上保存的配置消息,则端口上原来保存的配置消息被新收到的配置消息替代。端口同时更新交换机保存的全局配置消息。反之,新收到的 BPDU 被丢弃。

2. CIST 的计算

经过比较配置消息后,在整个网络中选择一个优先级最高的交换机作为 CIST 的树根。在每个 MST 域内 MSTP 通过计算生成 IST;同时 MSTP 将每个 MST 域作为单台交换机对待,通过计算在 MST 域间生成 CST。CST 和 IST 构成了整个交换机网络的 CIST。

3. MSTI 的计算

在 MST 域内,MSTP 根据 VLAN 和生成树实例的映射关系,针对不同的 VLAN 生成不同的生成树实例。

MSTI 的特点如下:

① 每个 MSTI 独立计算自己的生成树,互不干扰;

② 每个 MSTI 的生成树计算方法与 RSTP 基本相同;

③ 每个 MSTI 的生成树可以有不同的根,不同的拓扑;

④ 每个 MSTI 在自己的生成树内发送 BPDU;

⑤ 每个 MSTI 的拓扑通过命令配置决定;

⑥ 每个端口在不同 MSTI 上的生成树参数可以不同;

⑦ 每个端口在不同 MSTI 上的角色、状态可以不同。

4. 生成树算法实现

在初始状态时,每台交换机的各个端口会生成以自身交换机为根交换机的配置消息,其中根路径开销为 0,指定交换机 ID 为自身交换机 ID,指定端口为本端口。

每台交换机都向外发送自己的配置消息,并在接收到其他配置消息后进行如下处理:

① 当端口收到比自身的配置消息优先级低的配置消息时,交换机把接收到的配置消息丢弃,对该端口的配置消息不作任何处理;

② 当端口收到比本端口配置消息优先级高的配置消息时,交换机把接收到的配置消息中的内容替换该端口的配置消息中的内容;然后交换机将该端口的配置消息和交换机上的其他端口的配置消息进行比较,选出最优的配置消息。

计算生成树的步骤如下。

① 选出根交换机。比较所有交换机发送的配置消息，其中树根 ID 最小的交换机为根交换机。

② 选出根端口。每台交换机把接收最优配置消息的那个端口定为自身交换机的根端口。

③ 确定指定端口。

首先，交换机根据根端口的配置消息和根端口的路径开销，为每个端口计算一个指定端口配置消息：树根 ID 替换为根端口的配置消息的树根 ID；根路径开销替换为根端口的配置消息的根路径开销加上根端口的路径开销；指定交换机 ID 替换为自身交换机的 ID；指定端口 ID 替换为自身端口 ID。

然后，交换机使用计算出来的配置消息和对应端口上原来的配置消息进行比较。如果端口上原来的配置消息更优，则交换机将此端口阻塞，端口的配置消息不变，并且此端口将不再转发数据，只接收配置消息；如果计算出来的配置消息更优，则交换机就将该端口设置为指定端口，端口上的配置消息替换成计算出来的配置消息，并周期性向外发送。

在稳态后，无论非根交换机是否接收到根交换机传来的信息，非根交换机都按照 Hello 定时器周期性发送 BPDU。

如果一个端口连续 3 个 Hello 时间（这个是默认的设置）接收不到指定交换机送来的 BPDU，那么该交换机认为与此邻居之间的链路失败。

5. MSTP 对拓扑变化的处理

在 MSTP 中检测拓扑是否发生了变化的标准是：一个非边缘端口迁移到 Forwarding 状态。

交换机一旦检测到拓扑发生变化，进行如下处理。

为本交换机的所有非边缘指定端口启动一个 TC While Timer，该计时器值是 Hello Time 的两倍。

如果是根端口上有状态变化，则根端口也要启动。

在这个时间内，清空这些端口上的 MAC 地址。

同时，由这些端口向外发送 TC BPDU，其中的 TC 置位。根端口总是要发送这种 TC BPDU。一旦 TC While Timer 超时，则停止发送 TC BPDU。

其他交换机接收到 TC BPDU，进行如下处理：

清空所有端口学来的 MAC 地址，收到 TC BPDU 的端口除外。

为所有自己的非边缘指定端口和自己的根端口启动 TC While Timer，重复上述的过程。

如此，网络中就会产生 TC BPDU 的泛洪。

2.2.5 MSTP 的快速收敛机制

本小节包括以下内容。

Proposal/Agreement 机制；

根端口快速切换机制；

边缘端口。

1. Proposal/Agreement 机制

MSTP 的指定端口快速迁移机制使用两种协议报文。

① Proposal 报文:指定端口请求快速迁移的报文。

② Agreement 报文:同意对端进行快速迁移的报文。

MSTP 均要求接收到下游交换机的 Agreement 报文后,上游交换机的指定端口才能进行快速迁移。

如图 2-2-12 所示,在 MSTP 中,Proposal/Agreement 机制工作过程如下:

① 上游网桥发起 Proposal;

② 上游网桥发送 Agreement,下游设备接收到后,根端口转为 Forwarding 状态;

③ 下游网桥回应 Agreement,上游设备接收到后,指定端口进入 Forwarding 状态。

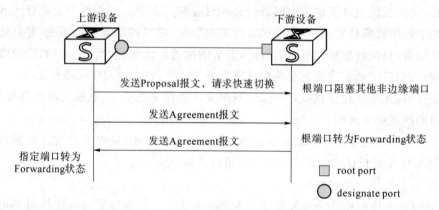

图 2-2-12　MSTP 指定端口快速迁移机制

2. 根端口快速切换机制

如果交换机的根端口失效,该交换机的 Alternate 端口立即替代失效的根端口,成为交换机新的根端口,进入 Forwarding 状态。

3. 边缘端口

由于边缘端口不参与 MSTP 运算,所以可以直接转到 Forwarding 状态,并不经历时延,缩短了网络收敛时间。

在没有配置 BPDU 保护的情况下,边缘端口一旦收到 BPDU,就丧失了边缘端口属性,成为了普通的 STP 端口。

2.2.6　MSTP 的保护功能

本小节包括以下内容:

BPDU 保护;

Root 保护;

环路保护。

1. BPDU 保护

在交换机上,通常将直接与用户终端(如 PC)或文件服务器等非交换机设备相连的端口配置为边缘端口,以实现这些端口的快速迁移。

在正常情况下,这些端口不会收到 BPDU。如果有人伪造 BPDU 恶意攻击交换机,当这些端口接收到 BPDU 时,交换机会自动将这些端口设置为非边缘端口,并重新进行生成树计算,从而引起网络震荡。

MSTP 提供 BPDU 保护功能来防止这种攻击。交换机上启动 BPDU 保护功能后,如果边缘端口收到了 BPDU,交换机将关闭这些端口,同时通知网管系统。被关闭的端口只能由网络管理人员手动恢复。

2. Root 保护

由于维护人员的错误配置或网络中的恶意攻击,网络中的合法根交换机有可能会收到优先级更高的 BPDU,使得合法根交换机失去根交换机的地位,引起网络拓扑结构的错误变动。这种不合法的变动,会导致原来应该通过高速链路的流量被牵引到低速链路上,造成网络拥塞。

为了防止以上情况发生,交换机提供 Root 保护功能。Root 保护功能通过维持指定端口的角色来保护根交换机的地位。配置了 Root 保护功能的端口,在所有实例上的端口角色都保持为指定端口。

当端口收到优先级更高的 BPDU 时,端口的角色不会变为非指定端口,而是进入侦听状态,不再转发报文。经过足够长的时间,如果端口一直没有再收到优先级较高的 BPDU,端口会恢复到原来的正常状态。

3. 环路保护

在交换机上,根端口和其他阻塞端口状态是依靠不断接收来自上游交换机的 BPDU 来维持的。当由于链路拥塞或者单向链路故障导致这些端口收不到来自上游交换机的 BPDU 时,此时交换机会重新选择根端口。原先的根端口会转变为指定端口,而原先的阻塞端口会迁移到转发状态,从而造成交换网络中可能产生环路。

环路保护功能会抑制这种环路的产生。在启动了环路保护功能后,如果根端口收不到来自上游的 BPDU 时,根端口会被设置进入阻塞状态;而阻塞端口则会一直保持在阻塞状态,不转发报文,从而不会在网络中形成环路。

2.2.7　BPDU TUNNEL

BPDU TUNNEL 功能可以使在不同地域的用户网络,通过运营商网络内指定的 VLAN VPN 进行 BPDU 报文的透明传输,从而使用户网络能够进行统一的生成树计算。并且用户网络和运营商网络拥有各自的生成树,互不干扰。

如图 2-2-13 所示,上部为运营商网络,下部为用户网络。其中运营商网络包括报文输入/输出设备,用户网络分别为用户网络 A 和用户网络 B 两个部分。

通过在运营商网络两端报文/输入输出设备上的设置,在一端将 BPDU 报文的目的 MAC 地址格式替换成为特殊格式的 MAC 地址,在另一端还原,从而使报文在运营商网络中实现了透明传输。

2.2.8　MSTP 的应用

本小节包括以下内容:

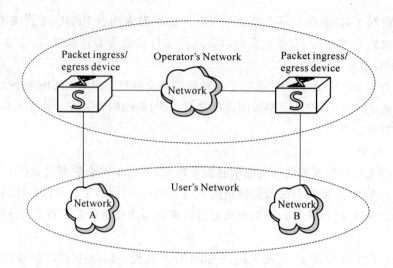

图 2-2-13   BPDU TUNNEL 网络层次示意图

MSTP 的典型应用;

BPDU TUNNEL 的应用。

1. MSTP 的典型应用

配置 MSTP 使图 2-2-14 中不同 VLAN 的报文按照不同的生成树实例转发。具体配置为:
网络中所有交换机属于同一个 MST 域;

VLAN 10 的报文沿着实例 1 转发,VLAN 30 沿着实例 3 转发,VLAN 40 沿着实例 4
转发,VLAN 20 沿着实例 0 转发。

图 2-2-12 中 Switch A 和 Switch B 为汇聚层设备,Switch C 和 Switch D 为接入层设
备。VLAN 10、VLAN 30 在汇聚层设备终结,VLAN 40 在接入层设备终结,因此可以配置
实例 1 和实例 3 的树根分别为 Switch A 和 Switch B,实例 4 的树根为 Switch C。

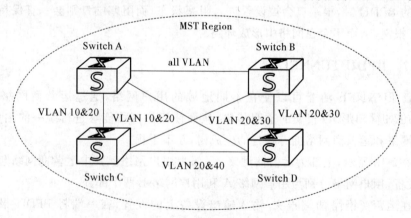

图 2-2-14   MSTP 典型应用组网图

2. BPDU TUNNEL 的应用

图 2-2-15 中,Switch C 和 Switch D 作为运营商网络接入设备,Switch A 和 Switch B 作
为用户网络接入设备。

Switch C 与 Switch D 之间通过交换机上已经配置好的 Trunk 端口实现连接。使能 BPDU TUNNEL 功能后，用户网络与运营商网络之间实现透明传输。

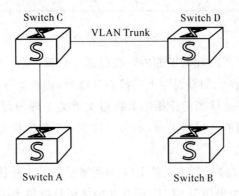

图 2-2-15　BPDU TUNNEL 应用组网图

2.3　PPP 和 MP

2.3.1　PPP 和 MP 简介

本小节介绍 PPP 的基本概念、基本原理，包括以下内容。

PPP 的引入；

PPP 的简介；

PPP 的基本构架；

PPP 报文格式；

MP 简介。

1. PPP 的引入

PPP(Point-to-Point Protocol)是一种点到点方式的链路层协议。

PPP 协议是在 SLIP 协议的基础上发展起来的。

(1) SLIP 协议的基本概念

串行线 IP 协议(Serial Line IP)协议出现在 20 世纪 80 年代中期，它是一种在串行线路上封装 IP 包的简单形式，它并不是 Internet 的标准协议。

因为 SLIP 简单好用，所以后来被大量使用在线路传输速率从 1 200 bit/s 到 19.2 kbit/s 的专用线路和拨号线路上，互连主机和路由器。并被使用在 BSD UNIX 主机和 SUN 的工作站上，到目前为止仍有部分 UNIX 主机支持该协议。

在 20 世纪 80 年代末 90 年代初期，SLIP 被广泛用于家庭计算机和 Internet 的连接。一般这些计算机都用 RS232 串口和调制解调器连接到 Internet。SLIP 的帧格式由 IP 包加上 END 字符组成。

通过在被发送 IP 数据报的尾部增加特殊的 END 字符(0xC0)从而形成一个简单的 SLIP 的数据帧，而后该帧会被传送到物理层进行发送。END 是判断一个 SLIP 帧结束的标志如图 2-3-1 所示。

IP Packets	END(0×C0)

图 2-3-1　SLIP 帧格式

　　为了防止线路噪声被当成数据报的内容在线路上传输,通常发送端在被传送数据报的开始处也传一个 END 字符。如果线路上的确存在噪声,则该数据报起始位置的 END 字符将结束这份错误的报文。这样当前正确的数据报文就能正确的传送了,而前一个含有无意义报文的数据帧会在对端的高层被丢弃,不会影响下一个数据报文的传送。

　　(2) SLIP 协议的缺点

　　SLIP 只支持 IP 网络层协议,不支持 IPX 等网络层协议。并且,因为帧格式中没有类型字段,致使一条串行线路如果用于 SLIP,那么在网络层只能使用一种协议。

　　SLIP 不提供纠错机制,错误只能依靠对端的上层协议实现。

　　由于 SLIP 协议只支持异步传输方式、无协商过程(尤其不能协商如双方 IP 地址等网络层属性)等缺陷,在以后的发展过程中,逐步被 PPP 协议所替代。

　　2. PPP 的简介

　　点到点的直接连接是广域网连接的一种比较简单的形式,点到点连接的线路上链路层封装的协议主要有 PPP 和 HDLC。但是 HDLC 协议只支持同步方式,而 PPP 协议支持同、异步两种传输方式,因此得到广泛的应用。

　　从 1994 年至今,PPP 协议本身并没有太大的改变,但由于 PPP 协议所具有其他链路层协议所无法比拟的特性,它得到了越来越广泛的应用,其扩展支持协议也层出不穷,随之而来的是 PPP 协议功能的逐步强大。

　　PPP 协议是一种在点到点链路上传输、封装网络层数据包的数据链路层协议。PPP 协议处于 OSI(Open Systems Interconnection)参考模型的数据链路层,同时也处于 TCP/IP 协议栈的链路层,主要用在支持全双工的同异步链路上,进行点到点之间的数据传输。

　　3. PPP 的基本构架

　　PPP 主要由三类协议组成:

　　(1) 链路控制协议族(Link Control Protocol),主要用来建立、拆除和监控 PPP 数据链路。

　　(2) 网络层控制协议族(Network Control Protocol),主要用来协商在该数据链路上所传输数据包的格式与类型。

　　(3) PPP 扩展协议族(如 PPPoE)主要用于提供对 PPP 功能的进一步支持。随着网络技术的不断发展,网络带宽已不再是瓶颈,所以 PPP 扩展协议的应用也就越来越少了。人们在叙述 PPP 协议的时候经常会忘记它的存在。

　　同时,PPP 还提供了用于网络安全方面的验证协议族(PAP 和 CHAP)。PPP 在协议栈中的位置如图 2-3-2 所示。

　　4. PPP 报文格式

　　PPP 报文格式如图 2-3-3 所示。

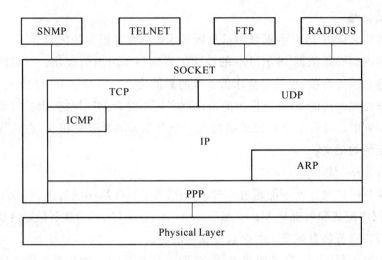

图 2-3-2 PPP 在协议栈中的位置

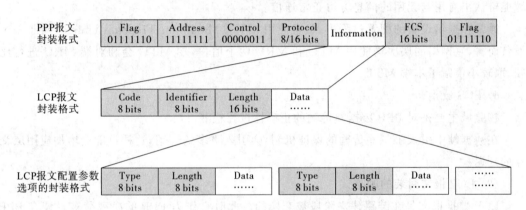

图 2-3-3 PPP 报文格式

（1）PPP 报文封装的帧格式

真正属于 PPP 报文内容的是 Address、Control、Protocol、Information 域所包含内容。各字段的含义如下。

1）Flag 域

Flag 域标识了一个物理帧的起始和结束，该字节为 0x7E。

2）Address 域

Address 域是"11111111"表示此为 PPP 广播地址。

PPP 协议是被运用在点对点的链路上，它可以唯一标识对方。

因此使用 PPP 协议互连的通信设备的两端无须知道对方的数据链路层地址。所以该字节已无任何意义，按照协议的规定将该字节填充为全 1 的广播地址。

3）Control 域

同 Address 域一样，PPP 数据帧的 Control 域也没有实际意义，按照协议的规定通信双方将该字节的内容填充为 0x03。

Address、Control 域一起表示了此报文为 PPP 报文，即 PPP 报文头为 FF03。

4) Protocol 域

协议域可用来区分 PPP 数据帧中信息域所承载的数据报文的内容。

协议域的内容必须依据 ISO 3309 的地址扩展机制所给出的规定。该机制规定协议域所填充的内容必须为奇数,也就是要求低字节的最低位为"1",高字节的最低位为"0"。

如果当发送端发送的 PPP 数据帧的协议域字段不符合上述规定,则接收端会认为此数据帧是不可识别的。接收端会向发送端发送一个 Protocol-Reject 报文,在该报文尾部将完整地填充被拒绝的报文。

5) Information 域

信息域缺省时最大长度不能超过 1 500 字节,其中包括填充域的内容。1 500 字节大小等于 PPP 协议中配置参数选项 MRU(Maximum Receive Unit)的缺省值。在实际应用当中可根据实际需要进行信息域最大封装长度选项的协商。

信息域如果不足 1 500 字节时可被填充,但不是必需的。如果填充则需通信双方的两端能辨认出有用与无用的信息方可正常通信。

通常在通信设备的配置过程中,经常使用 MTU(Maximum Transmit Unit)。对于一个设备而言,它网络的层次均使用 MTU 和 MRU 两个值,本端 MTU 会和对端 MRU 进行比较,取较小值赋予本端 MTU。

6) FCS 域

校验域主要是对 PPP 数据帧传输的正确性进行检测。

在数据帧中引入了一些传输的保证机制,会引入更多的开销,这样可能会增加应用层交互的延迟。

(2) LCP 报文封装的帧格式

LCP 数据报文是在链路建立阶段被交换的。此时它作为 PPP 的净载荷被封装在 PPP 数据帧的信息域中,PPP 数据帧的协议域固定填充 0xC021。在链路建立阶段的整个过程中信息域的内容是变化的,它包括很多种类型的报文,所以这些报文也要通过相应的字段来区分。

1) Code 域

代码(Code)域表明了此报文是哪种 PPP 协商报文。

代码域的长度为一个字节,主要是用来标识 LCP 数据报文的类型。在链路建立阶段时,接收方收到 LCP 数据报文的代码域无法识别时,就会向对端发送一个 LCP 的代码拒绝报文(Code-Reject 报文)。

如果是 IP 报文,则不存在此域,取而代之的是 IP 报文数据内容。

2) Identifier 域

标识(Identifier)域用于进行协商报文的匹配。

标识域也是一个字节,其目的是用来匹配请求和响应报文。

一般而言,在进入链路建立阶段时,通信双方任何一端都会连续发送几个配置请求报文(Config-Request 报文)。这几个请求报文的数据域可能是完全一样的,仅仅是它们的标志域不同。

通常一个配置请求报文的 ID 是从 0x01 开始逐步加 1 的。

当对端接收到该配置请求报文后，无论使用何种报文回应对方，都必须要求回应报文中的 ID 要与接收报文中的 ID 一致。

当通信设备收到回应后就可以将该回应与发送时的进行比较来决定下一步的操作。

3）Length 域

长度（Length）域表示此协商报文长度，它包含 Code 域及 Identifier 域的长度。

长度域的值就是该 LCP 报文的总字节数据。它是代码域、标志域、长度域和数据域四个域长度的总和。

长度域所指示字节数之外的字节将被当作填充字节而忽略掉，而且该域的内容不能超过 MRU 的值。

4）Data 域

数据（Data）域所包含的是协商报文的内容。

Type 为协商选项类型。

Length 为协商选项长度，它包含 Type 域。

Data 域为协商的选项具体内容。

常用的协议代码如表 2-3-1 所示。

表 2-3-1　常见的协议代码

协议代码	协议类型
0021	Internet Protocol
002b	Novell IPX
002d	Van Jacobson Compressed TCP/IP
002f	Van Jacobson Uncompressed TCP/IP
8021	Internet Protocol Control Protocol
802b	Novell IPX Control Protocol
8031	Bridging NC
C021	Link Control Protocol
C023	Password Authentication Protocol
C223	Challenge Handshake Authentication Protocol

常用 Code 值如表 2-3-2 所示。

表 2-3-2　常见 Code 值

Code 值	报文类型
0x01	Configure-Request
0x02	Configure-Ack
0x03	Configure-Nak
0x04	Configure-Reject

Code 值	报文类型
0x05	Terminate-Request
0x06	Terminate-Ack
0x07	Code-Reject
0x08	Protocol-Reject
0x09	Echo-Request
0x0A	Echo-Reply
0x0B	Discard-Request
0x0C	Reserved

常用协商类型值如表 2-3-3 所示。

表 2-3-3 常见协商类型值

协商类型值	协商报文类型
0x01	Maximum-Receive-Unit
0x02	Async-Control-Character-Map
0x03	Authentication-Protocol
0x04	Quality-Protocol
0x05	Magic-Number
0x06	RESERVED
0x07	Protocol-Field-Compression
0x08	Address-and-Control-Field-Compression

5. MP 简介

MP 是出于增加带宽的考虑,将多个 PPP 链路捆绑使用的技术。可以在支持 PPP 的接口(如 Serial 接口或低速 POS 接口)上应用。

2.3.2 PPP 的运行过程

本小节介绍 PPP 的运行过程,包括以下内容:

PPP 的协商过程;

PPP 的 PAP 验证协议;

PPP 的 CHAP 验证协议。

1. PPP 的协商过程

PPP 链路的建立是通过一系列的协商完成的。

LCP 除了用于建立、拆除和监控 PPP 数据链路,还主要进行链路层参数的协商,如 MRU、验证方式。

NCP 主要用于协商在该数据链路上所传输数据包的格式与类型,如 IP 地址。

数据通信设备的两端如果希望通过 PPP 协议建立点对点的通信,无论哪一端的设备都需发送 LCP 数据报文来建立链路。

LCP 的配置参数选项协商完后,通信的双方就会根据 LCP 配置请求报文中所协商的认证配置参数选项,决定链路两端设备所采用的认证方式。

协议在缺省情况下双方是不进行认证的,直接进入到 NCP 配置参数选项的协商。直至所经历的几个配置过程全部完成后,点对点的双方就可以开始通过已建立好的链路进行网络层数据报文的传送了,整个链路就处于可用状态。

任何一端收到 LCP 或 NCP 的链路关闭报文,物理层无法检测到载波或管理人员对该链路进行关闭操作,都会将该条链路断开,从而终止 PPP 会话。一般而言,协议是不要求 NCP 有关闭链路的能力的,因此在通常情况下关闭链路的数据报文是在 LCP 协商阶段或应用程序会话阶段发出的。

图 2-3-4 是 PPP 协议整个链路过程需经历阶段状态的流程图。

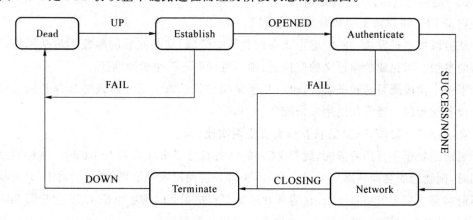

图 2-3-4　PPP 运行流程图

PPP 运行的过程简单描述如下。

开始建立 PPP 链路时,先进入到 Establish 阶段。

在 Establish 阶段,PPP 链路进行 LCP 协商。协商内容包括工作方式是 SP(Single-link PPP)还是 MP(Multilink PPP)、最大接收单元 MRU、验证方式、魔术字(magic number)和异步字符映射等选项。LCP 协商成功后进入 Opened 状态,表示底层链路已经建立。

如果配置了验证,将进入 Authenticate 阶段,开始 CHAP 或 PAP 验证。如果没有配置验证,则直接进入 NCP 协商阶段。

对于 Authenticate 阶段,如果验证失败,进入 Terminate 阶段,拆除链路,LCP 状态转为 Down。如果验证成功,进入 NCP 协商阶段,此时 LCP 状态仍为 Opened,而 NCP 状态从 Initial 转到 Request。

NCP 协商支持 IPCP、MPLSCP、OSCICP 等协商。IPCP 协商主要包括双方的 IP 地址。通过 NCP 协商来选择和配置一个网络层协议。只有相应的网络层协议协商成功后,该网络层协议才可以通过这条 PPP 链路发送报文。

PPP 链路将一直保持通信,直至有明确的 LCP 或 NCP 帧关闭这条链路,或发生了某些外部事件,例如用户干预。

在点对点链路的配置、维护和终止过程中,PPP 需经历以下几个阶段。

(1) 链路不可用阶段(Dead)

它有时也称为物理层不可用阶段。PPP 链路都需从这个阶段开始和结束。

当通信双方的两端检测到物理线路激活(通常是检测到链路上有载波信号)时,就会从当前这个阶段跃迁至下一个阶段,即链路建立阶段。

在链路建立阶段主要是通过 LCP 协议进行链路参数的配置,LCP 在此阶段的状态机也会根据不同的事件发生变化。当处于在链路不可用阶段时,LCP 的状态机是处于初始化 Initial 状态或准备启动 Starting 状态,一旦检测到物理线路可用,则 LCP 的状态机就要发生改变。

当然链路被断开后也同样会返回到链路不可用阶段。在实际过程中这个阶段所停留的时间是很短的,仅仅是检测到对方设备的存在。

(2) 链路建立阶段(Establish)

它是 PPP 协议最关键和最复杂的阶段。

该阶段主要是发送一些配置报文来配置数据链路,这些配置的参数不包括网络层协议所需的参数。当完成数据报文的交换后,则会继续向下一个阶段跃迁。

下一个阶段既可是验证阶段,也可是网络层协议阶段。下一阶段的选择是依据链路两端的设备配置的。通常是由用户来配置。

在链路建立阶段,LCP 的状态机会发生两次改变。

当链路处于不可用阶段时,此时 LCP 的状态机处于 Initial 或 Starting。当检测到链路可用时,则物理层会向链路层发送一个 up 事件。链路层收到该事件后,会将 LCP 的状态机从当前状态改变为 Request-Sent(请求发送状态),根据此时的状态机 LCP 会进行相应的动作,也就是开始发送 Config-Request 报文来配置数据链路。

无论哪一端接收到了 Config-Ack 报文时,LCP 的状态机又要发生改变,从当前状态改变为 opened 状态。进入 opened 状态后收到 Config-Ack 报文的一方则完成了当前阶段,应该向下一个阶段跃迁。

同理可知,另一端也是一样的,但须注意的是在链路配置阶段双方的链路配置操作过程是相互独立的。如果在该阶段收到了非 LCP 数据报文,则会将这些报文丢弃。

(3) 验证阶段(Authenticate)

在多数情况下的链路两端设备是需要经过认证后才进入到网络层协议阶段。

PPP 链路在缺省情况下,不进行验证。如果要求验证,在链路建立阶段必须指定验证协议。

PPP 验证有两种用途:

① 主要是用于主机和路由器之间,通过 PPP 网络服务器交换电路或拨号接入连接的链路;

② 偶尔也用于专用线路。

PPP 提供两种验证方式。

① PAP:Password Authentication Protocol,密码验证协议。

② CHAP:Challenge-Handshake Authentication Protocol,挑战握手协议。

验证方式的选择是依据在链路建立阶段双方进行协商的结果。然而,链路质量的检测也会在这个阶段同时发生,但协议规定不会让链路质量的检测无限制的延迟验证过程。

在这个阶段仅支持链路控制协议、验证协议和质量检测数据报文,其他的数据报文都会被丢弃。如果在这个阶段再次收到了 Config-Request 报文,则又会返回到链路建立阶段。

（4）网络层协议阶段（Network）

一旦 PPP 完成了前面几个阶段,每种网络层协议（IP、IPX 和 AppleTalk）会通过各自相应的网络控制协议进行配置,每个 NCP 协议可在任何时间打开和关闭。当一个 NCP 的状态机变成 opened 状态时,则 PPP 就可以开始在链路上承载网络层的数据包报文了。如果在个阶段收到了 Config-Request 报文,则又会返回到链路建立阶段。

（5）网络终止阶段（Terminate）

PPP 能在任何时候终止链路。当载波丢失、认证失败、链路质量检测失败和管理员人为关闭链路等情况均会导致链路终止。

链路建立阶段可能通过交换 LCP 的链路终止报文来关闭链路,当链路关闭时,链路层会通知网络层做相应的操作,而且也会通过物理层强制关断链路。对于 NCP 协议,它是不能也没有必要去关闭 PPP 链路的。

2. PPP 的 PAP 验证协议

（1）PAP 验证过程概述

PAP 验证协议为两次握手验证,口令为明文。验证过程仅在链路初始建立阶段进行。

当链路建立阶段结束后,用户名和密码将由被验证方重复地在链路上发送给验证方,直到验证被通过或者链路连接终止。

当必须使用明文密码在远端主机上模拟登录的时候,这种验证方式是最合适的。

PAP 验证的过程如图 2-3-5 所示。

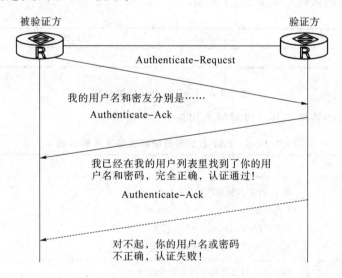

图 2-3-5 PAP 验证的过程

被验证方发送本端用户名和口令到验证方。

验证方根据本地用户表查看是否有被验证方的用户名以及口令是否正确,然后返回不同的响应（接受或拒绝）。

PAP 不是一种安全的验证协议。当验证时,口令以明文方式在链路上发送,并且由于完成 PPP 链路建立后,被验证方会不停地在链路上反复发送用户名和口令,直到身份验证过程结束,所以不能防止攻击。

(2) PAP 验证报文帧格式

1) PAP 的配置参数选项帧格式

协商 PAP 验证协议的配置参数选项帧格式如图 2-3-6 所示。

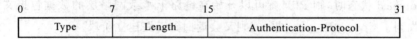

0	7	15	31
Type	Length	Authentication-Protocol	

图 2-3-6   协商 PAP 验证协议的配置参数选项帧格式

PAP 的配置参数选型各字段解释表如表 2-3-4 所示。

表 2-3-4   PAP 的配置参数选型各字段解释表

字段	长度(字节)	含 义
Type	1	当值是 0x03 时表示的是验证协议,常用的协商类型值请参见常用协商类型值
Length	1	此时固定值是 4,表示这个配置参数选项帧格式总长度是 4 个字节
Authentication-Protocol	2	当值是 0xC023 表示的是 PAP 协议,常用的协议代码请参见常见的协议代码。在验证协议中,Data 字段的内容就是 Authentication-Protocol 的内容

2) PAP 数据报帧格式

一个 PAP 数据报是封装在协议域为 C023 的 PPP 数据链路层帧的信息域中的。

PAP 数据报的帧格式如图 2-3-7 所示。

0	7	15	31
Code	Identifier	Length	
Data			

图 2-3-7   PAP 数据报的帧格式

PAP 数据报的帧格式各字段解释表如表 2-3-5 所示。

表 2-3-5   PAP 数据报的帧格式各字段解释表

字段	长度(字节)	含 义
Code	1	表示 PAP 数据报的类型 1 表示是 Authenticate-Request 报文 2 表示是 Authenticate-Ack 报文 3 表示是 Authenticate-Nak 报文
Identifier	1	表示请求报文和应答报文的匹配
Length	2	表示包括 Code、Identifier、Length 和 Data 域在内的 PAP 报文长度,超出此长度的报文将被认为是填充字节并被丢弃
Data	0 或多个字节	Data 域的帧由 Code 域来决定

3）Authenticate-Request（验证—请求）报文

Authenticate-Request 报文用于表示 PAP 验证的开始。链路的被验证方在验证阶段必须传输 Code 值为 0x01 的 PAP 验证报文。验证报文必须被重复发送，直到收到了有效的回复报文，或计数器的值已满，此时应该终止链路连接。

验证方只能等待被验证方发送 Authenticate-Request 报文。当收到验证—请求报文后，必须根据实际情况回复不同的应答报文。

Authenticate-Request 报文的帧格式如图 2-3-8 所示。

0	7	15	31
Code	Identifier	Length	
Peer–ID Length	Peer–ID		
Password Length	Password		

图 2-3-8 Authenticate-Request 报文格式

Authenticate-Request 报文帧格式各字段解释表如表 2-3-6 所示。

表 2-3-6 **Authenticate-Request 报文帧格式各字段解释表**

字段	长度（字节）	含　义
Code	1	0x01 表示 Authenticate-Request 报文，具体的 code 值含义请参见常见 Code 值
Identifier	1	表示请求报文和应答报文的匹配，对于每个请求报文的应答报文，该域都必须不同
Length	2	表示该报文的总长度
Peer-ID Length	1	表示 Peer-ID 域的长度
Peer-ID	0 或多个	表示被验证方的名字
Password Length	1	表示 Password 域的长度
Password	0 或多个	表示被验证的密码

4）Authenticate-Ack（验证—通过）和 Authenticate-Nak（验证—失效）报文帧格式

如果在验证—请求报文中的用户名和密码都能被验证方验证通过，验证方必须返回 Code 值是 2 的 Authenticate-Ack 报文，表示验证通过。

如果验证—请求报文中用户名或密码有一项没有通过验证，验证方必须返回 Code 值是 3 的 Authenticate-Nak 报文，表示验证失败。

Authenticate-Ack 和 Authenticate-Nak 报文的帧格式如图 2-3-9 所示。

0	7	15	31
Code	Identifier	Length	
Message Length	Message		

图 2-3-9 Authenticate-Ack 和 Authenticate-Nak 报文的帧格式

Authenticate-Ack 和 Authenticate-Nak 报文帧格式各字段解释表如表 2-3-7 所示。

表 2-3-7　Authenticate-Ack 和 Authenticate-Nak 报文帧格式各字段解释表

字段	长度(字节)	含　义
Code	1	0x02 表示 Authenticate-Ack 报文,0x03 表示 Authenticate-Nak 报文,具体的 Code 值含义请参见常见 Code 值
Identifier	1	表示请求报文和应答报文的匹配,该域的值必须和引起该应答报文的 Authenticate-Request 报文一样
Length	2	表示该报文的总长度
Message Length	1	表示 Message 域的长度
Message	0 或多个	由报文的内容决定

3. PPP 的 CHAP 验证协议

（1）CHAP 验证过程概述

询问握手认证协议（Challenge Handshake Authentication Protocol,CHAP）,为三次握手验证协议。它只在网络上传输用户名,而并不传输用户密码,因此安全性要比 PAP 高。

CHAP 是在链路建立的开始就完成的。在链路建立完成后的任何时间都可以重复发送进行再验证。

当链路建立阶段完成后,验证方发送一个"challenge"报文给被验证方。被验证方经过一次哈希算法后,给验证方返回一个值。

验证方把自己经过哈希算法生成的值和被验证方返回的值进行比较。如果两者匹配,那么验证通过。否则验证不通过,连接应该被终止。

CHAP 的验证过程如图 2-3-10 所示。

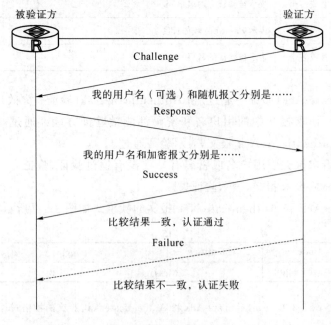

图 2-3-10　CHAP 的验证过程

CHAP 单向验证是指一端作为验证方，另一端作为被验证方。双向验证是单向验证的简单叠加，即两端都是既作为验证方又作为被验证方。在实际应用中一般只采用单向验证。

CHAP 单向验证过程分为两种情况：验证方配置了用户名和验证方没有配置用户名。推荐使用验证方配置用户名的方式，这样可以对验证方的用户名进行确认。

1）验证方配置了用户名的验证过程

验证方配置了用户名的验证过程如下。

验证方把随机产生的"质询（Challenge）"报文和本端主机名一起发送给被验证方。

被验证方收到报文后，根据验证方的用户名在本地用户列表中查找本地口令。根据查找到的口令和质询报文，通过 MD5 算法进行计算得出一个数值，并将计算得出的数值和自己的主机名发回验证方（Response）。

验证方收到 Response 后，根据其中携带的被验证方主机名，在本端用户表中查找被验证方口令字，找到匹配项后，利用质询报文和被验证方口令字，通过 MD5 算法进行计算得出一个数值，根据此数值与收到的 Response 的结果进行比较，然后返回不同的响应（接受或拒绝）。

2）验证方没有配置用户名

验证方没有配置用户名时，验证方只把"质询"报文发送到被验证方。被验证方直接根据本地接口设置的口令和质询报文通过 MD5 算法计算得出一个数值，并将计算得出的数值和自己的主机名发回验证方。其他过程和验证方配置了用户名时相同。

（2）CHAP 验证报文帧格式

1）配置参数选项帧格式

协商 CHAP 协议的配置参数选项帧格式如图 2-3-11 所示。

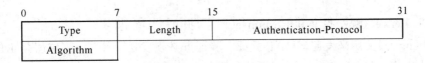

图 2-3-11　协商 CHAP 协议的配置参数选项帧格式

CHAP 的配置参数选项各字段解释表如表 2-3-8 所示。

表 2-3-8　CHAP 的配置参数选项各字段解释表

字段	长度（字节）	含　义
Type	1	0x03 表示是验证协议报文，具体值含义请参见常用协商类型值
Length	1	此时固定是 5，表示该报文的总长度是 5 个字节
Authentication-Protocol	2	当值是 0xC223 时表示是 CHAP 验证协议，具体值的含义请参见常用的协议代码
Algorithm	1	表示使用的一次哈希方法 0～4：不用，保留 5：MD5 算法

2) CHAP 数据报的帧格式

确切来讲,CHAP 报文是封装在 PPP 数据链路层的 Information 域的。在 Information 域中 protocol 域的值固定是 0xC223,表示 CHAP 验证协议。

CHAP 协议数据报格式如图 2-3-12 所示。

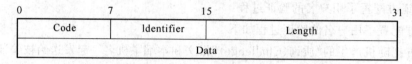

0	7	15	31
Code	Identifier	Length	
Data			

图 2-3-12　CHAP 协议数据报格式

CHAP 数据报文帧格式各字段解释表如表 2-3-9 所示。

表 2-3-9　CHAP 数据报文帧格式各字段解释表

字段	长度(字节)	含　义
Code	1	表示 CHAP 数据报文的类型 1 表示 Challenge 报文 2 表示 Response 报文 3 表示 Success 报文 4 表示 Failure 报文
Identifier	1	表示挑战报文、应答报文等之间的对应
Length	2	表示包括 Code、Identifier、Length 和 Data 域在内的 CHAP 数据报文的长度,超出该长度值的字节应该被认为是数据链路层的填充字节,在接收时应该被忽略
Data	0 或多个	帧格式由 Code 域值决定

3) Challenge(挑战)报文和 Response(回应)报文

Challenge 报文用来发起 CHAP 验证。验证方必须发送一个 Code 域值是 1 的 CHAP 数据报文,来表示是 Challenge 报文。其他附加挑战报文必须在收到有效的回应报文或计数器满后才可以发送。

挑战报文也可以在网络层协议阶段发送,以确认连接是否完整。

在验证阶段和网络层协议阶段,被验证方要等待验证方发送 Challenge 报文。只要接收到 Challenge 报文,被验证方必须返回一个 Code 域值是 2 的 CHAP 报文,表示是回应报文。

只要接收到回应报文,验证方就会把自己计算的值和返回值进行比较。根据比较的结果,验证方返回不同的回应报文。

Challenge 报文和 Response 报文的帧格式如图 2-3-13 所示。

0	7	15	31
Code	Identifier	Length	
Value-size	Value	Name	

图 2-3-13　Challenge 报文和 Response 报文帧格式

Challenge 报文和 Response 报文的帧格式各字段解释表如表 2-3-10 所示。

表 2-3-10 Challenge 报文和 Response 报文的帧格式各字段解释表

字段	长度（字节）	含 义
Code	1	1 表示是 Challenge 报文 2 表示是回应报文
Identifier	1	它标识挑战报文和回应报文的对应关系
Length	2	表示该报文的总长度
Value-size	1	表示 Value 域的长度
Value	1 或多个	挑战报文中此域是一些字节流,回应报文中此域是挑战报文字节流经过一次哈希算法后得到的值
Name	1 或多个	该域的大小由 Length 域决定

4）Success（成功）报文和 Failure（失败）报文

如果验证方接收到的值和自己计算的值相同,验证方必须要返回一个 Code 域值是 3 的 CHAP 报文,表示验证通过。

如果验证方接收到的值和自己计算出的值不同,验证方必须返回一个 Code 域值是 4 的 CHAP 报文,表示验证失败。并且应该终止链路连接。

Success 报文和 Failure 报文帧的格式如图 2-3-14 所示。

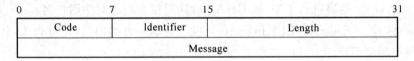

图 2-3-14 Success 报文和 Failure 报文帧的格式

各字段的含义如表 2-3-11 所示。

表 2-3-11 Success 报文和 Failure 报文帧格式各字段解释表

字段	长度（字节）	含 义
Code	1	3 表示验证通过 4 表示验证失败
Identifier	1	表示回应报文和该响应报文的对应关系
Length	2	表示该报文的总长度
Message	0 或多个	该域的长度由 Length 域的值决定

2.3.3 PPP 的报文压缩

VRP 实现 PPP 链路层协议上的对 IP、UDP、RTP 和 TCP 报文头的压缩,压缩方式有如下三种：

（1）Stac 压缩：需要协商 CCP,是对 IP 整个报文的压缩。

（2）TCP/IP 报文头压缩：需要 IPCP 协商，只压缩报文头的部分。

（3）PPP 头压缩：只压缩 PPP 报文头的部分。

VJ TCP 头压缩是一种压缩算法，英文全称是 Van Jacobson TCP Header Compression。这种压缩算法能够将 TCP/IP 报头的大小减少近 3 个字节，从而提高低速线路的效率。

2.3.4　MP 的实现方式

VRP 支持 MP-group 和虚拟接口模板 VT 两种 MP 实现方法。

（1）MP-group；

（2）虚拟接口模板 VT（Virtual-Template）。

1. MP-group

采用 MP-group 方式配置 MP 时，直接将物理接口加入到 MP-group 中即可。

2. 虚拟接口模板 VT（Virtual-Template）

采用虚拟接口模板配置 MP 时，又可以分为两种情况。

（1）直接绑定

直接将链路绑定到指定的虚拟接口模板，可以配置验证，也可以不配置验证。

① 配置验证：接口通过验证后，直接绑定到指定的虚拟接口模板上。

② 不配置验证：当接口可用时，直接绑定到指定的虚拟接口模板上。

（2）需要验证的绑定

系统可以根据两个参数进行验证：

① 用户名：PPP 链路进行 PAP 或 CHAP 验证时接收到的对端用户名。

② 终端标识符（Endpoint Discriminator）：唯一标识一台路由器，是进行 LCP 协商时接收到的对端终端标识符。

可以只根据用户名或终端标识符验证，也可以同时根据用户名和终端标识符验证。拥有相同用户名或终端标识符的接口被捆绑到同一个虚拟接口模板。

如果本端按用户名来绑定 MP，需要配置本端验证对端（CHAP 或 PAP 方式），配置步骤见 PPP 配置部分。同时需要将该接口绑定到 MP。

对于需要绑定在一起的接口，其验证方式的配置也必须相同。

实际使用中，也可以配置单向验证，即一端直接绑定到虚拟接口模板，另一端则通过用户名绑定到相应的虚拟接口模板。

2.3.5　MP 的协商过程

MP 的协商较为特殊。MP 一些选项的协商是在 LCP 协商过程中完成的，如 MRRU、SSNHF、Discriminator（终端指示符）等。

而决定不同通道是否需进行多链路捆绑有两个条件：只有两个链路的 Discriminator 和验证方式、用户完全相符时，才能对两个链路进行捆绑。这就意味着只有当验证完成后，才能真正完成 MP 的协商过程。MP 不会导致链路的拆除。

如果配置了 MP，两个链路不符合 MP 条件，则会建立一条新的 MP 通道，这同时也表明允许 MP 为单链路。MP 的捆绑是完全依照用户进行的，只有相同用户才能进行捆绑。

如一端配置了 MP，另一端不支持或未配 MP，则建立起来的链路为非 MP 链路。

MP 的协商包括 LCP 协商和 NCP 协商两个过程。

（1）LCP 协商：两端首先进行 LCP 协商，除了协商一般的 LCP 参数外，还要验证对端接口是否也工作在 MP 方式下。如果两端工作方式不同，LCP 协商不成功。

（2）NCP 协商：根据 MP-group 接口或指定虚拟接口模板的各项 NCP 参数（如 IP 地址等）进行 NCP 协商，物理接口配置的 NCP 参数不起作用。

NCP 协商通过后，即可建立 MP 链路。

2.4　PPPoE

2.4.1　PPPoE 的概述

本小节介绍配置 PPPoE（Point-to-Point Protocol over Ethernet）所需要理解的知识，具体内容如下：

PPPoE 的引入；

PPPoE 的简介；

PPPoE 的数据帧。

1. PPPoE 的引入

当客户接入到服务器时，客户希望接入的成本低，而且希望在接入时不要或者很少改变配置。以太网无疑是最好的组网方式。

服务提供商想通过接入同一个服务器连接到远程站点上的多个主机，同时要求服务器能提供与使用 PPP 拨号上网类似的访问控制功能和支付功能。

PPP（Point-to-Point）协议提供在点到点链路上传送多协议数据报的标准方法。PPP 应用虽然很广泛，但是不能用于以太网，因此提出了 PPPoE 技术。PPPoE 是对 PPP 的扩展，它可以使 PPP 协议应用于以太网。

PPPoE 提供通过简单桥接的方法接入服务器把一个网络的多个主机连接到远程接入服务器的功能。

2. PPPoE 的简介

PPPoE 描述在以太网上建立 PPP 会话以及封装 PPP 数据报的方法。这些功能要求在通信双方之间存在点到点的关系，而不是在以太网和其他的访问环境中所出现的多点关系。

使用该模型，每一个主机使用自己的 PPP 协议栈，呈现给用户的还是熟悉的用户接口。访问控制、支付以及服务类型（Type of Service）都能基于每一个用户，而不是基于站点。

为了提供以太网上的点到点连接，每一个 PPP 会话必须知道远程通信对方的以太网地址，并建立一个唯一的会话标识符。PPPoE 包含一个发现协议来提供这个功能。

PPPoE 分为两个阶段，即地址发现（Discovery）阶段和 PPP 会话（PPP Session）阶段。

当某个主机希望发起一个 PPPoE 会话时，它必须首先执行 Discovery 来确定对方的以太网 MAC 地址并建立起一个 PPPoE 会话标识符 Session_ID。

虽然 PPP 定义的是端到端的对等关系，Discovery 却是一种客户端—服务器关系。在

Discovery 的过程中,主机作为客户端,发现某个作为服务器的接入访问集中器(Access Concentrator,AC)。

根据网络的拓扑结构,可能主机能够跟不止一个的访问集中器通信。Discovery 阶段允许主机发现所有的访问集中器并从中选择一个。

当 Discovery 阶段成功完成之后,主机和访问集中器两者都具备了在以太网上建立点到点连接所需的所有信息。

Discovery 阶段一直保持无状态(stateless),直到建立起一个 PPP 会话。一旦 PPP 会话建立,主机和作为接入服务器的访问集中器都必须为一个 PPP 虚拟接口分配资源。PPP 会话建立成功后,主机和接入服务器便可以通信了。

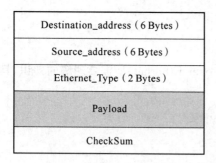

图 2-4-1　以太网的帧格式

3. PPPoE 的数据帧

RFC2516 定义了以太网的帧格式如图 2-4-1 所示。净载负荷 Payload 的定义请参见 Payload 域的内容。

各域的含义如下:

(1) Destination_address 域是一个以太网单播目的地址或者以太网广播地址(0xFFFFFFFF)。

对于 Discovery 数据包来说,该域的值是在 Discovery 阶段定义的单播地址或者多播地址。

对于 PPP 会话流量来说,该域必须是 Discovery 阶段已确定的通信对方的单播地址。

(2) Source_address 域的值是源设备的以太网 MAC 地址。

(3) Ethernet_Type 设置为 0x8863 表示 Discovery 阶段,0x8864 表示 PPP 会话阶段。

PPPoE 的以太网 Payload 报文格式如图 2-4-2 所示。

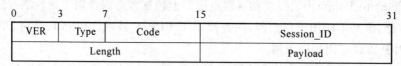

图 2-4-2　PPPoE 的以太网 Payload 报文格式

各域含义如下:

① VER 域的长度是 4 bit,PPPoE 规范的本版本必须设置为 0x01。

② Type 域的长度是 4 bit,PPPoE 规范的本版本必须设置为 0x01。

③ Code 域的长度是 8 bit,其定义在后面的 Discovery 和 PPP 会话中分别指定。

④ Session_ID 域的长度是 16 bit,是一个网络字节序的无符号值。其值在后面 Discovery 数据包中定义。对一个给定的 PPP 会话来说该值是一个固定值,并且与以太网 Source_address 和 Destination_address 一起实际地定义了一个 PPP 会话。值 0xFFFF 为将来的使用保留,不允许使用。

⑤ Length 域的长度是 16 bit。该值表明了 PPPoE 的 Payload 长度。它不包括以太网头部和 PPPoE 头部的长度。

⑥ Check Sun 域是校验和字段。

2.4.2 Discovery 阶段

当主机开始 PPPoE 进程时，它必须先识别接入端的以太网 MAC 地址，建立 PPPoE 的 Session_ID。这就是 Discovery 阶段的目的。

本小节主要介绍地址发现阶段的各种报文，具体包括以下内容：

Discovery 阶段简介；

PADI 数据包；

PADO 数据包；

PADR 数据包；

PADS 数据包；

PADT 数据包。

1. Discovery 阶段简介

（1）Discovery 阶段步骤

Discovery 阶段由四个步骤组成。完成之后通信双方都知道了 PPPoE Session_ID 以及对方以太网地址，它们共同确定了唯一的 PPPoE 会话。

Discovery 阶段的四个步骤包括以下几点。

① 主机在本以太网内广播一个 PADI(PPPoE Active Discovery Initial)报文，在此报文中包含主机想要得到的服务类型信息，如图 2-4-3 所示。

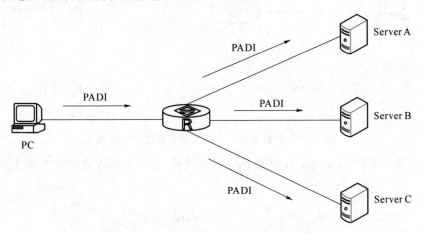

图 2-4-3 主机以广播的形式发送 PADI 报文

② 以太网内的所有服务器收到这个 PADI 报文后，将其中请求的服务与自己能提供的服务进行比较，可以提供此服务的服务器发回 PADO(PPPoE Active Discovery Offer)报文。

如图 2-4-4 中，Server A 和 Server B 都可以提供服务，所以都会向主机发回 PADO 报文。

③ 主机可能收到多个服务器的 PADO 报文，主机将依据 PADO 的内容，从多个服务器中选择一个，并向它发回一个会话请求报文 PADR(PPPoE Active Discovery Request)。

例如在图 2-4-5 中，主机选择 Server A，并发回 PADR 报文。

④ 服务器产生唯一的会话标识，标识和主机的这段 PPPoE 会话。并把此会话标识通过会话确认报文 PADS(PPPoE Active Discovery Session-confirmation)发回给主机，如果没有错误，双方进入 PPP Session 阶段。

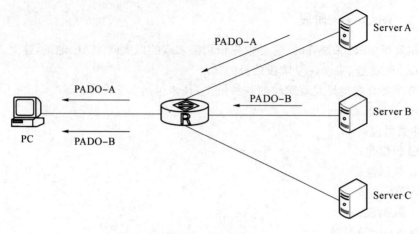

图 2-4-4　服务器发回 PADO 报文

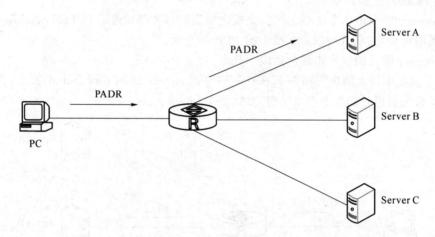

图 2-4-5　主机选择一个服务器并发送 PADR 报文

例如在图 2-4-6 中，Server A 收到 PADR 报文后，会向主机发送 PADS 报文。

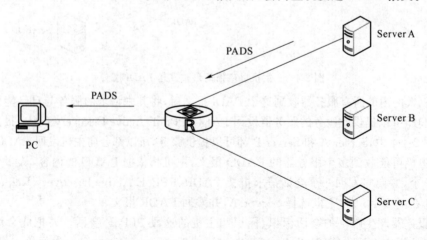

图 2-4-6　服务器向主机发回 PADS 报文

接入服务器发送确认数据包后，它就可以进入到 PPP 会话阶段。当主机接收到该确认数据包后，它就可以进入 PPP 会话阶段。

（2）Payload 域

Discovery 阶段所有的以太网帧的 Ethernet_Type 域都设置为 0x8863。

PPPoE 的 Payload 部分包含 0 个或多个 Tag。一个 Tag 是一个 TLV（Type Length Value）结构，其帧结构定义如图 2-4-7 所示。

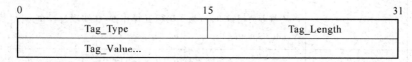

图 2-4-7　Tag 帧结构定义

各域的含义如下：

① Tag_Type 域的长度是 16 bit，也就是网络字节序。表 2-4-1 列出了各种 Tag_Type 和 Tag_Value 的对应关系和含义。

表 2-4-1　Tag_Type 和 Tag_Value 对应关系表

Tag_Value	Tag_Type	含　义
0x0000	End-Of-List	该 Tag 值表明表中是最后一个 Tag，该 Tag 的 Tag_Length 必须总是 0 不要求使用该标签，它是为了向后兼容
0x0101	Service-Name	该 Tag 表明后面紧跟的是服务的名称 Tag_Value 是不以 NULL 结束的字符串 当 Tag_Length 为 0 时，该 TAG 用于表明接受任何服务 使用 Service-Name 标签的例子是表明 Internet 服务提供商 ISP 或者某一类服务和服务的质量
0x0102	AC-Name	该 Tag 表明后面紧跟的字符串唯一地表示了某个特定的接入服务器 它可以是商标、型号以及序列号等信息的集合，或者该接入服务器 MAC 地址的一个简单表示 它不以 NULL 来结束
0x0103	Host-Uniq	该 Tag 由主机用于把接入服务器的响应报文（PADO 或者 PADS）与主机的某个唯一特定的请求联系起来 Tag_Value 是主机选择的长度和值，可以是任意的二进制数据。它不能由接入服务器解释 主机可以在 PADI 或者 PADR 中包含一个 Host-Uniq 标签，如果接入服务器收到了该标签，它必须在对应的 PADO 或者 PADS 中不加改变的包含该标签
0x0104	AC-Cookie	该 Tag 由接入服务器用于防止服务攻击 接入服务器可以在 PADO 数据包中包含该 Tag，如果主机收到了该标签，它必须在接下来的 PADR 中不加改变的包含该标签 Tag_Value 的长度和值都是任意的二进制数据

Tag_Value	Tag_Type	含 义
0x0105	Vendor-Specific	该 Tag 用来传送厂商自定义的信息 Tag_Value 的前 4 个字节包含了厂商的识别码,其余字节尚未定义 厂商识别码的高字节为 0,低 3 个字节为网络字节序的厂商的 SMI 网络管理专用企业码 不推荐使用该 Tag,为了确保互操作性,在实现过程中,可以悄悄地忽略 Vendor-Specific Tag
0x0110	Relay-Session-Id	该 Tag 可由中继流量的中间代理加入到 Discovery 数据包中 Tag_Value 对主机和接入服务器都是不透明的,如果主机或接入服务器收到该 Tag,则它们必须在所有的 Discovery 数据包中包含该 Tag 以作为响应 所有的 PADI 数据包必须保证足够空间来加入 Tag_Value 长度为 12 字节的 Relay-Session-Id 标签 如果 Discovery 数据包中已经包含一个 Relay-Session-Id 标签,则不允许再加入该标签,这种情况下,中间代理应该使用该现有的 Relay-Session-Id 标签 如果它不能使用现有的标签,或者没有足够空间来增加一个 Relay-Session-Id 标签,那么它应该向发送者返回一个 Generic-Error 标签
0x0201	Service-Name-Error	该 Tag 典型的有一个长度为零的数据部分 它表明了由于某种原因,没有理睬所请求的 Service-Name,如果有数据部分,并且数据部分的头一个字节非 0,那么它必须是一个可打印字符串,解释请求被拒绝的原因 该字符串可以不以 NULL 结束
0x0202	AC-System-Error	该 Tag 表明了接入服务器在处理主机请求时出现了某个错误,例如没有足够资源来创建一个虚拟电路,PADS 数据包中可以包含该标签 如果有数据,并且数据的第一个字节不为 0,那么数据必须是一个可打印字符串,该字符串解释了错误的性质 该字符串可以不以 NULL 结束
0x0203	Generic-Error	该 Tag 表明发生了一个错误 当发生一个不可恢复的错误并且没有其他合适的 Tag 时,它可被加到 PADO、PADR 或 PADS 数据包中 如果出现数据部分,那么数据必须是一个解释错误性质的字符串 该字符串不允许以 NULL 结束

② Tag_Length 域的长度是 16 bit,是一个网络字节序的无符号值,表明 Tag_Value 的字节数。

如果收到的 Discovery 数据包中包含未知的 Tag_Type,则必须忽略掉该 Tag,除非本文档特别指出。这样规定是为了在增加新的 Tag 时保持向后兼容。如果增加强制使用的 Tag,则版本号 version 将会提高。

2. PADI 数据包

主机发送 Destination_address 为广播地址的 PADI 数据包,Code 域设置为 0x09,Session_ID 域必须设置为 0x0000。

PADI 数据包必须包含且仅包含一个 Tag_Type 为 Service-Name 的 Tag，以表明主机请求的服务，以及任意数目其他类型的 TAG。整个 PADI 数据包，包括 PPPoE 头部不允许超过 1 484 个字节，以留足空间让中继代理向数据包中增加类型为 Relay-Session-Id 的 Tag。

PADI 报文结构示例图如图 2-4-8 所示。

0	15	19	23	31
0×FFFFFFFF				
0×FFFFFFFF		Host_MAC_address		
Host_MAC_address（Continue）				
Ethernet_Type（0×8863）	V=1	T=1	Code（0×09）	
Session_ID（0×0000）		Length（0×0004）		
Tag_Type（0×0101）		Tag_Length（0×0000）		

图 2-4-8　PADI 报文结构示例图

3. PADO 数据包

如果接入服务器能够为收到的 PADI 请求提供服务，它将通过发送一个 PADO 数据包来做出应答。Destination_address 是发送 PADI 报文的主机的单播地址，Code 域为 0x07，Session_ID 域必须设置为 0x0000。

PADO 数据包必须包含一个类型为 AC-Name 的 Tag，AC 是接入服务器的名字。还必须包含与 PADI 中相同的 Service-Name，以及任意数目的类型为 Service-Name 的 Tag，表明接入服务器提供的其他服务。

如果接入服务器不能为 PADI 提供服务，则不允许用 PADO 作响应。

PADO 报文结构示例图如图 2-4-9 所示。

0	15	19	23	31
Host_MAC_address				
Host_MAC_address（Continue）		Access_Concentrator_MAC_address		
Access_Concentrator_MAC_address（Continue）				
Ethernet_Type（0×8863）	V=1	T=1	Code（0×07）	
Session_ID（0×0000）		Length（0×0020）		
Tag_Type（0×0101）		Tag_Length（0×0000）		
Tag_Type（0×0102）		Tag_Length（0×0018）		
0×47	0×6F	0×20	0×52	
0×65	0×64	0×42	0×61	
0×63	0×6B	0×20	0×2D	
0×20	0×65	0×73	0×68	
0×73	0×68	0×65	0×73	
0×68	0×6F	0×6F	0×74	

图 2-4-9　PADO 报文结构示例图

4. PADR 数据包

由于 PADI 是广播的，主机可能收到不止一个 PADO。它将审查接收到的所有 PADO 并从中选择一个。可以根据其中的 AC-Name 或 PADO 所提供的服务来做出选择。

主机向选中的接入服务器发送一个 PADR 数据包。其中，Destination_address 域设置为发送 PADO 的接入服务器的单播地址，Code 域设置为 0x19，Session_ID 必须设置为 0x0000。

PADR 必须包含且仅包含一个 Tag_Type 为 Service-Name 的 TAG，表明主机请求的服务，以及任意数目其他类型的 Tag。

5. PADS 数据包

当接入服务器收到一个 PADR 数据包，它就准备开始一个 PPP 会话。它为 PPPoE 会话创建一个唯一的 Session_ID 并用一个 PADS 数据包来向主机做出响应。Destination_address 域是发送 PADR 数据包的主机的单播以太网地址，Code 域设置为 0x65，Session_ID 必须设置为所创建好的 PPPoE 会话标识符。

PADS 数据包中包含且仅包含一个 Tag_Type 为 Service-Name 的 Tag，表明接入服务器已经接受的该 PPPoE 会话的服务类型，以及任意数目的其他类型的 Tag。

如果接入服务器不接受 PADR 中的 Service-Name，那么它必须用一个 PADS 来做出应答，并且该 PADS 中带有类型为 Service-Name-Error 的 Tag 以及任意数目的其他 TAG 类型。在这种情况下，Session_ID 必须设置为 0x0000。

6. PADT 数据包

PADT(PPPoE Active Discovery Terminate)数据包可以在会话建立以后的任意时刻发送，表明 PPPoE 会话已经终止。

它可以由主机或接入服务器发送，Destination_address 域为单播以太网地址，Code 域设置为 0xA7，Session_ID 必须表明终止的会话，这种数据包不需要任何 Tag。

当收到 PADT 以后，就不允许再使用该会话发送 PPP 流量了。在发送或接收到 PADT 以后，即使是常规的 PPP 结束数据包也不允许发送。

PPP 通信双方应该使用 PPP 协议自身来结束 PPPoE 会话，但在无法使用 PPP 时可以使用 PADT。

2.4.3 PPP 会话阶段

一旦 PP 会话(PPP Session)开始，PPP 数据就像其他 PPP 封装一样发送。PPP 报文作为 PPPoE 帧的净荷，封装在以太网帧发送到对端。所有的以太网数据包都是单播的。Ethernet_Type 域设置为 0x8864。PPPoE 的 Code 必须设置为 0x00。

PPP 会话的 Session_ID 不允许发生改变，必须是 Discovery 阶段所指定的值。

PPPoE 的 Payload 包含一个 PPP 帧，帧始于 PPP Protocol-ID。

从主机发送到接入服务器的 PPP LCP 数据包示例图如图 2-4-10 所示。

进入 PPP Session 阶段后，在会话阶段，主机或服务器任何一方都可发 PADT 报文通知对方结束 PPP 会话。

Access_Concentrator_MAC_address			
Access_Concentrator_MAC_address（Continue）		Host_MAC_address	
Host_MAC_address（Continue）			
Ethernet_Type（0×8863）	V=1	T=1	Code（0×07）
Session_ID（0×1234）	Length（0×????）		
PPP Protocol（0×C021）	PPP Payload		

图 2-4-10　从主机发送到接入服务器的 PPP LCP 数据包示例图

2.4.4　PPPoE 注意事项

本小节主要介绍 PPPoE 使用时的注意事项，具体包括以下内容：

LCP 方面；

安全方面；

其他方面。

1. LCP 方面

推荐使用 Magic Number LCP（Link Control Protocol）配置选项，不推荐使用协议域压缩 PFC（Protocol Field Compression）选项。不允许使用下面的任何一个选项实现请求，对这些请求必须拒绝：

FCS（Field Check Sequence）Alternatives；

ACFC（Address-and-Control-Field-Compression）；

ACCM（Asynchronous-Control-Character-Map）。

协商后 PPPoE 的最大接收单元 MRU（Maximum Receive Unit）不允许超过 1 492 个字节。因为以太网的最大净载为 1 500 字节，而 PPPoE 头部为 6 个字节，PPP Protocol-ID 为 2 个字节，所以 PPP 的 MRU 不允许超过 1 492 个字节。

推荐接入服务器不时地向主机发送回声请求（Echo-Request）数据包，以确定会话的状态。否则如果主机在没有发送结束请求（Terminate-Request）数据包的情况下终止会话，则接入服务器将无法得知该会话已经结束。

当 LCP 结束的时候，主机和接入服务器必须停止使用该 PPPoE 会话。如果主机希望开始另一个 PPP 会话，则它必须重新进入 PPPoE Discoverey 阶段。

2. 安全方面

为了防止拒绝服务 DOS（Denial of Service）攻击，接入服务器可以使用类型为 AC-Cookie 的 Tag。

接入服务器应该能够根据 PADR 的 Source_address 来重新产生具有唯一性的 Tag_Value。

使用这种方法，接入服务器可以确保 PADI 的 Source_address 确实是可到达的，并对该地址的并行会话数进行限制。

使用什么样的算法并没有指定。虽然 AC-Cookie 对防止某些 DOS 有用，但它不能防止所有的 DOS 攻击，接入服务器可以使用其他的方法来保护。

很多接入服务器不希望提供信息,表明为未认证实体提供什么服务。在这种情况下,接入服务器应该使用下面两种策略之一:

① 根据请求中的 Service-Name 标签应该不拒绝该请求,并返回收到的 Tag_Value;

② 应该仅接受带有 Tag_Length 是 0,表明任意服务的 Service-Name 标签的请求。

推荐使用前一种方案。

3. 其他方面

如果主机在一段指定时间内没有收到 PADO 数据包,它应该重发其 PADI 数据包并把等待的间隔加倍。按所期望的次数重复这个动作。

主机在等待接收 PADS 数据包时,应该采用类似的定时机制,只是主机重新发送的是 PADR 数据包。在重发指定次数后如果还没有收到 PADS 报文,主机应该重新发送 PADI。

Ethernet_Type 的值 0x8863 和 0x8864 已经被 IEEE 指定专用于 PPPoE,使用这两个值和 PPPoE VER 域将唯一标识本协议。

2.4.5 PPPoE 的应用

PPPoE 协议提供了在如以太网广播式的网络中,多台主机连接到远端的访问集中器 AC 上的一种标准。而目前能完成访问集中器功能的设备一般是宽带接入服务器。

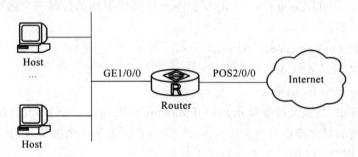

图 2-4-11 PPPoE 组网图

在这种网络模型中,PPPoE 可用于同一个以太网上的多个主机通过一个或多个桥接的调制解调器向多个目的主机开放其 PPP 会话。

因此 PPPoE 主要用于宽带远程访问技术,即访问服务的提供者希望通过提供一个桥接的拓扑结构从而保持 PPP 会话。

在 PPPoE 网络中,所有用户的主机都需要能独立地初始化自己的 PPP 协议栈。利用以太网将大量主机组成网络,通过一个远端接入服务器连入因特网。而且通过 PPP 协议本身所具有的一些特点,能实现在广播式网络上对用户进行计费和管理。由于具有很高的性价比,PPPoE 被广泛应用于小区组网等环境中。

PPPoE 协议推出后,各网络设备制造商也相继推出自己品牌的宽带接入服务器(BAS)。它不仅能支持 PPPoE 协议数据报文的终结,而且还能支持其他许多协议,如华为公司的 MA5200。

2.5　HDLC

2.5.1　HDLC 简介

本小节介绍高级数据链路控制规程 HDLC(High-level Data Link Control)的基本知识,具体包括以下内容：

数据链路控制协议；

HDLC 的引入；

HDLC 的特点。

1. 数据链路控制协议

数据链路控制协议也称链路通信规程,也就是 OSI 参考模型中的数据链路层协议。数据链路控制协议一般可分为异步协议和同步协议两大类。

(1) 异步协议

异步协议以字符为独立的传输信息单位,在每个字符的起始处开始对字符内的比特实现同步,但字符与字符之间的间隔时间是不固定的,也就是字符之间是异步传输的。

由于发送器和接收器中近似于同一频率的两个约定时钟,能够在一段较短的时间内保持同步,所以可以用字符起始处同步的时钟来采样该字符的各比特,而不需要每个比特同步。

异步协议中因为每个传输字符都要添加诸如起始位、校验位及停止位等冗余位,故信道利用率很低,一般用于数据速率较低的场合。

(2) 同步协议

同步协议是以许多字符或许多比特组成的数据块为传输单位。这些数据块称为帧。

在帧的起始处同步,在帧内维持固定的时钟。发送端将该固定时钟混合在数据中一起发送,供接收端从数据中分离出时钟来。

由于采用帧为传输单位,所以同步协议能更好地利用信道,也便于实现差错控制和流量控制等功能。

2. HDLC 的引入

同步协议又可分为面向字符的同步协议、面向比特的同步协议及面向字节计数的同步协议。

面向字符的同步协议是最早提出的同步协议,其典型代表是 IBM 公司的二进制同步通信协议 BISYNC 或 BSC(Binary Synchronous Communication)协议,通常也称该协议为基本协议。

随后 ANSI 和 ISO 都提出类似的相应的标准。ISO 的标准称为数据通信系统的基本控制过程(Basic mode procedures for data communication System),即 ISO1745 标准。

20 世纪 70 年代初,IBM 公司率先提出了面向比特的同步数据控制规程 SDLC(Synchronous Data Link Control)。

随后,ANSI 和 ISO 均采纳并发展了 SDLC,并分别提出了自己的标准：

（1）ANSI 的高级数据通信控制协议 ADCCP（Advanced Data Communications Control Protocol）。

（2）ISO 的高级数据链路控制规程 HDLC。

3．HDLC 的特点

作为面向比特的同步数据控制协议的典型，HDLC 具有以下几个特点。

（1）全双工通信，不必等待确认可连续发送数据，有较高的数据链路传输效率。

（2）所有帧均采用 CRC 校验，对信息帧进行顺序编号，可防止漏收或重收，传输可靠性高。

（3）传输控制功能与处理功能分离，具有较大的灵活性和较完善的控制功能。

（4）协议不依赖于任何一种字符编码集，数据报文可透明传输。

（5）用于透明传输的"0 比特插入法"易于硬件实现。

（6）HDLC 最大的特点是不需要规定数据必须是字符集，对任何一种比特流，均可以实现透明的传输。

（7）数据链路控制协议着重对分段成物理块或包的数据进行逻辑传输。块或包也称为帧，由起始标志符引导并由终止标志符结束。

（8）帧主要用于传输控制信息和响应信息。在 HDLC 中，所有面向比特的数据链路控制协议均采用统一的帧格式，不论是数据还是单独的控制信息均以帧为单位传输。

（9）HDLC 协议的每个帧前后均有一标志码 01111110，用作帧的起始符、终止符或指示帧的同步。标志码不允许在帧的内部出现，以免引起歧义。

（10）为保证标志码的唯一性但又兼顾帧内数据的透明性，可以采用"0 比特插入法"来解决。该法在发送端监视除标志码以外的所有字段，当发现有连续的 5 个"1"出现时，便在其后添加一个"0"，然后继续发送后继的比特流。在接收端，同样监视除标志码以外的所有字段。当连续发现 5 个"1"出现后，若其后一个比特为"0"，则自动删除它，以恢复原来的比特流；若发现连续 6 个"1"，则可能是插入的"0"发生错误，也可能是收到了终止标志码。

由于以上特点，目前网络设计及整机内部通信设计普遍使用 HDLC 数据链路控制协议。

2.5.2　HDLC 的操作方式

本小节主要介绍 HDLC 的操作方式，具体包括以下内容：

HDLC 操作方式简介；

HDLC 常用的操作方式。

1．HDLC 操作方式简介

HDLC 是通用的数据链路控制协议。当开始建立数据链路时，允许选用特定的操作方式。

所谓链路操作方式，通俗地讲就是以主节点方式操作，还是以从节点方式操作，或者是两者兼备。

在链路上起控制作用的节点称为主节点，其他受主节点控制的节点称为从节点。两者兼备的节点成为组合节点。

主节点负责对数据流进行组织,并且对数据上的差错进行恢复。由主节点发往从节点的帧称作命令帧,而由从节点返回主节点的帧称作响应帧。

连接多个节点的链路通常使用轮询技术,使其他节点轮询作为主节点,而在点到点的链路中每个节点均可为主节点。在一个节点连接多条链路的情况下,该节点对于一些链路而言可能是主节点,而对另外一些链路而言有可能是从节点。

2. HDLC 常用的操作方式

HDLC 中常用的操作方式有以下 3 种。

（1）正常响应方式

正常响应方式（Normal Response Mode,NRM）是一种非平衡数据链路操作方式,有时也称为非平衡正常响应方式。

该操作方式使用面向终端的点到点或一点到多点的链路。

在这种操作方式下,传输过程由主节点启动,从节点只有收到主节点某个命令帧后,才能作为响应向主节点传输信息。

响应信息可以由一个或多个帧组成,若信息由多个帧组成,则应指出哪一帧是最后一帧。

主节点负责管理整个链路,且具有轮询、选择从节点及向从节点发送命令的权利,同时也负责对超时、重发及各类恢复操作的控制。

（2）异步响应方式

异步响应方式（Asynchronous Response Mode,ARM）也是一种非平衡数据链路操作方式。

与 NRM 不同的是,ARM 的传输过程由从节点启动。从节点主动发送给主节点的一个或一组帧。

在这种操作方式下,由从节点来控制超时和重发。

该方式对采用轮询方式的多节点链路来说是必不可少的。

（3）异步平衡方式

异步平衡方式（Asynchronous Balanced Mode,ABM）是一种允许任何节点来启动传输的操作方式。

为了提高链路传输效率,节点之间在两个方向上都需要有较高的信息传输量。在这种操作方式下,任何时候任何节点都能启动传输操作,每个节点既可以作为主节点又可作为从节点。各个节点都有相同的一组协议,任何节点都可以发送或接收命令,也可以给出应答,并且各节点对差错恢复过程都负有相同的责任。

2.5.3 HDLC 的帧格式

在 HDLC 中,数据和控制报文均以帧的标准格式传送。HDLC 的帧类似于 BSC 的字符块,但不是独立传输的。

HDLC 完整的帧由标志字段、地址字段、控制字段、信息字段、帧校验序列字段等组成。HDLC 完整帧格式如图 2-5-1 所示。

HDLC 帧格式各字段的解释如表 2-5-1 所示。

```
0            7           15          23
┌──────────────┬──────────────┬──────────────┐
│    Flag      │   Address    │   Control    │
│  01111110    │  11111111    │  00000011    │
├──────────────┴──────┬───────┴──────┬───────┤
│    Protocol         │ Information   │Padding│
│    16 bits          │               │       │
├─────────────────────┼───────────────┼───────┤
│      FCS            │     FCS       │Inter-frame Fill or next│
│    16 bits          │   16 bits     │     Address           │
└─────────────────────┴───────────────┴───────┘
```

图 2-5-1　HDLC 完整帧格式

表 2-5-1　HDLC 帧格式各字段的解释

字段	长度(字节)	含　义
Flag	1	标志字段,固定值是 01111110 的比特模式,标志帧的开始和结束 　　在两个帧之间仅需要一个标志字段,两个连续的标志字段认为是一个空帧,在接收端被丢弃,但是不作为 FCS 错误 　　通常,在不进行帧传送的时刻,信道仍处于激活状态,在这种状态下,发送方不断地发送标志字段,而接收方则检测每一个收到的标志字段,一旦发现某个标志字段后面不再是一个标志字段,便可认为新的帧传输已经开始
Address	1	地址字段,内容取决于所采用的操作方式 　　每个从节点与组合节点都被分配一个唯一的地址,命令帧中的地址字段携带的是对方节点的地址,而响应帧中的地址字段所携带的地址是本节点的地址 　　某一地址也可分配给不止一个节点,这种地址称为组地址,利用一个组地址传输的帧能被组内所有拥有该地址的节点接收,但当一个节点或组合节点发送响应时,它仍应当用它唯一的地址 　　用全 1 的广播地址来表示包含所有节点的地址,含有广播地址的帧传送给链路上所有的节点 　　规定全 0 的地址为无节点地址,不分配给任何节点,仅作为测试用
Control	1	控制字段,用于构成各种命令及响应,以便对链路进行监视与控制 　　发送方主节点或组合节点利用控制字段来通知被寻址的从节点或组合节点执行约定的操作;相反,从节点用该字段作为对命令的响应,报告已经完成的操作或状态的变化
Protocol	2	协议字段 　　表示 Information 域中的数据封装的协议类型
Information	N	信息字段 　　可以是任意的二进制比特串,长度未作限定,其上限由 FCS 字段或通信节点的缓冲容量来决定,目前国际上用得较多的是 1 000～2 000 bit,而下限可以是 0,即无信息字段,但是监控帧中不可有信息字段
FCS	2	帧检验序列字段 　　可以使用 16 位 CRC,对两个标志字段之间的整个帧的内容进行校验

2.5.4 HDLC 的帧类型

本小节主要介绍 HDLC 的各种帧格式，具体包括以下内容。

控制字段帧格式；

信息帧；

监控帧；

无编号帧。

1. 控制字段帧格式

在 HDLC 的帧格式中，控制字段的帧格式决定 HDLC 帧的类型。

HDLC 有三种类型的帧格式：

（1）信息帧：Information format，也称为 I 帧。

（2）监控帧：Supervisory format，也称为 S 帧。

（3）无编号帧：Unnumbered format，也称为 U 帧。

Control 字段帧中的各字段含义如下。

N(S)：Send Sequence Number。

N(R)：Receive Sequence Number。

P/F：Poll Bit command frame/Final Bit response frame。

M：Modifier Function。

X：Reserved。

S：Supervisory Function。

控制字段中的第一位或第一位和第二位表示传送帧的类型即信息帧、监控帧或无编号帧。控制字段的第五位是 P/F 位，即轮询/终止位（Poll/Final）位。Control 字段的帧格式如图 2-5-2 所示。

0	1	2	3	4	5	6	7	
0		N(S)		P/F		N(R)		I-frame
1	0	S	S	P/F		N(R)		S-frame
1	1	M	M	P/F	M	M	M	U-frame

图 2-5-2　Control 字段的帧格式

2. 信息帧

信息帧用于传送有效信息或数据，通常简称为 I 帧。I 帧以控制字段第一位是二进制数 0 为标志。

控制字段中的 N(S)用于存放发送帧序列，以便发送方不必等待确认而连续发送多帧。N(R)用于存放接收方下一个预期要接收的帧的序号。N(S)与 N(R)均为 3 位二进制编码，可取值 0~7。

3. 监控帧

监控帧用于差错控制和流量控制,通常称为 S 帧。S 帧以控制字段第一位和第二位是二进制数 10 为标志。

S 帧不带信息字段,只有 6 个字节即 48 个比特。S 帧的控制字段的第三、四位为 S 帧类型编码,共有以下 4 种不同的编码。

(1) 00

表示接收就绪(Receiver Ready,RR)。由主节点或从节点发送。

主节点可以使用 RR 型 S 帧来轮询从节点,即希望从节点传输编号为 N(R)的 I 帧。若存在这样的帧,便可以进行传输。

从节点也可以用 RR 型 S 帧来作响应,表示从节点希望从主节点那里接收的下一个 I 帧的编号是 N(R)。

(2) 01

表示拒绝(Reject,REJ)。由主节点或从节点发送。用以要求发送方从编号为 N(R)开始的帧及其后所有的帧进行重发,这也暗示 N(R)以前的 I 帧以被正确接收。

(3) 10

接收未就绪(Receiver Not Ready,RNR)。表示编号小于 N(R)的 I 帧已被收到,但目前正处于忙状态,尚未准备好接收编号为 N(R)的 I 帧。

这可用来对链路进行流量控制。

(4) 11

表示选择拒绝(Selective Reject,SREJ),它要求发送方发送编号为 N(R)的单个 I 帧,并暗示其他编号的 I 帧已经全部确认。

接收就绪型 S 帧和接收未就绪型 S 帧有以下两个主要功能:

首先,这两种类型的 S 帧用来表示从站已经准备好或未准备好信息;

其次,确认编号小于 N(R)的所有接收到的 I 帧。

拒绝型 S 帧和选择拒绝型 S 帧用于向对方节点指出发生了差错。

拒绝型 S 帧用于请求重发 N(R)起始的所有帧,而 N(R)以前的帧已被确认。当收到一个 N(S)等于拒绝型 S 帧的 N(R)的 I 帧后,拒绝状态即可清除。

选择拒绝型 S 帧用于选择重发策略,当收到一个 N(S)等于选择拒绝型 S 帧的 N(R)的 I 帧后,选择拒绝状态即可清除。

4. 无编号帧

无编号帧因其控制字段中不包含编号 N(S)和 N(R)而得名,简称 U 帧。

U 帧用于提供对链路的建立、拆除以及多种控制功能,这些控制功能用 5 个 M 位(M1,M2,M3,M4,M5)也称修正位来定义。5 个 M 位可以定义 32 种附加的命令功能或 32 种应答功能,但目前有许多是空缺的。

2.5.5　HDLC 的应用和传输特点

本节主要介绍 HDLC 的应用和传输特点,具体包括以下内容:

应用场合;

传输效率；

传输可靠性；

数据透明性；

信息传输格式；

链路控制。

1. 应用场合

（1）就系统结构而言，HDLC 适用于点到点或点到多点式的结构；

（2）就工作方式而言，HDLC 适用于半双工或全双工；

（3）就传输方式而言，HDLC 只用于同步传输；

（4）在传输速率方面考虑，HDLC 常用于中高速传输。

2. 传输效率

（1）HDLC 开始发送一帧后，就要连续不断地发完该帧。HDLC 可以同时确认几个帧。

（2）HDLC 中的每个帧含有地址字段。在多点结构中，每个从节点只接收含有本节点地址的帧。

（3）因此主节点在选中一个从节点并与之通信的同时，不用拆链，便可以选择其他的节点通信。即，可以同时与多个节点建立链路。

由于以上特点，HDLC 具有较高的传输效率。

3. 传输可靠性

HDLC 中所有的帧（包括响应帧）都有 FCS，I 帧按窗口序号顺序编号，传输可靠性比异步通信高。

4. 数据透明性

HDLC 采用"0 比特插入法"对数据进行透明传输，传输信息的比特组合模式无任何限制，处理简单。

5. 信息传输格式

HDLC 采用统一的帧格式来实现数据、命令和响应的传输，实现起来方便。

6. 链路控制

HDLC 利用改变一帧中的控制字段的编码格式来完成各种规定的链路操作功能，提供的是面向比特的传输功能。

2.6 帧中继

2.6.1 帧中继简介

本小节介绍帧中继的基本概念和原理，具体包括以下内容。

帧中继的引入；

帧中继协议简介；

帧中继基本概念；

MFR。

1. 帧中继的引入

（1）网络交换技术及其特点

随着数据通信技术的发展，网络交换技术主要有以下几种方式。

1）电路交换方式

电路交换方式基于电话网电路交换的原理。当用户要求发送数据时，交换机就在主叫用户和被叫用户之间接通一条物理的数据传输通路。

它的优点主要有：

① 时延小；

② 透明传输，即传输通路对用户数据不进行任何修正或解释；

③ 信息传输的吞吐量大；

它的缺点是所占带宽固定，网络资源利用率低。

2）分组交换方式

分组交换方式是一种存储转发的交换方式。它将需要传输的信息划分为一定长度的包（分组），以分组为单位进行存储转发。每个分组信息都载有接收地址和发送地址的标识。在传送分组之前必须首先建立虚电路，然后依序传送。

分组方式在线路上采用动态复用的技术来传送各个分组，带宽可以复用。

它的优点有：

① 传输质量高；

② 可靠性高；

③ 分组多路通信。

它的缺点是由于采用存储转发方式工作，所以每个分组的传送延迟可达几百毫秒，时延比较大。

3）帧中继

帧中继（帧方式）工作在 OSI 参考模型的数据链路层，是数据链路层使用简化的方法传送和交换数据单元的一种方式。由于在数据链路层的数据单元一般称为帧，故称为帧方式。

采用帧中继的重要特点之一是将 X.25 分组交换网中分组节点的差错控制、确认重传和流量控制，防止拥塞等处理过程进行简化，缩短了处理时间，这对有效利用高速数字传输信道十分关键。

X.25 分组交换的时延在几十到几百毫秒，而帧中继交换可以减少一个数量级，达到几毫秒。

帧中继实现的条件和特点在后面的内容中详细介绍。

4）信元方式

信元方式（Cell Model）是以信元为单位进行传送的一种技术。信元长度是固定的。

信元方式也是一种快速分组技术，它将信息切割成固定长度的信元。信元由信元头和信元净荷两部分构成。信元头包含地址和控制信息，信元净荷是用户数据。

采用信元方式，网络不对信元中包含的用户数据进行检查。但是信元头的 CRC 比特将指示信元地址信息的完整性。

信元方式仅是一个非常宏观的概念，在具体应用中，还需规范详尽的格式和协议，例如 SMDS、ATM 等。

ATM 是一种全新的面向连接的快速分组技术，它综合了分组交换和电路交换的优点，采用异步时分复用的方法，将信息流分成固定长度的信元，进行高速交换。

5）交换型多兆比特数据业务

交换型多兆比特数据业务（Switched Multimegabit Data Service，SMDS）是一种高速的、无连接信元交换业务。

SMDS 的主要原理是将信息切割成固定长度（53 个字节）的信元在网上传输，采用帧方式的类似机理，由端系统完成差错检查和重传的功能。

（2）帧中继的起因

从技术上分析帧中继业务的飞速发展有以下几个原因。

① 计算机的普及和局域网的使用促进了用户间数据通信的要求，特别是局域网互连的要求。

② 服务器和端系统之间以及局域网之间的数据业务量特性经常是突发性的。原有的数据通信手段，例如 X.25 技术难以满足处理突发性信息传输的要求。

③ 数字传输系统的广泛使用。例如光纤或数字微波等先进传输手段，使得比特差错率大大降低，为帧中继技术的使用创造了条件。

④ 用户终端的智能化功能易于实现，可以完成帧的检错、重传和必要的控制功能，而使网络的第三层处理变得毫无意义。

综上所述，随着计算机技术和通信技术的不断发展和相互结合，数据通信需求的增长和网络传输性能的提高给帧中继技术带来了机会，使帧中继技术的优势得以发挥。

帧中继技术自 20 世纪 80 年代初诞生以来，发展非常迅速，从市场方面分析有以下几个原因：

① 数据通信设备（如路由器）以专线方式连接，带来了许多弊病。

首先，专线方式在带宽和接口的使用上是固定的。当用户需要改变带宽需求或需扩容时，都不是很方便。

其次，是专线连接网络的造价昂贵，用户的租用费也很高。

另外专线方式若将用户两两连接，用户数量为 n，则需要 $n(n-1)/2$ 条电路，在网络资源的管理和运用方面都非常麻烦。

② 帧中继在初期运用时非常容易在原有的 X.25 的接口上进行软件升级来实现。由于帧中继是基于 X.25 进行简化的快速分组交换技术，所以在许多使用帧中继的终端应用中，不需要对原有的 X.25 设备进行硬件上的改造，只需要对其软件进行升级就可以提供帧中继业务。

③ 帧中继的灵活计费方式非常适用于突发性的数据通信。目前国际上许多运营公司采用承诺信息速率（CIR）计费，CIR 用户的通信费用大大降低。

④ 帧中继技术可以动态分配网络资源。对于电信运营者来说，可以让用户使用过剩的带宽，而且用户可以共享网络资源，而不需要重新投资。

基于以上原因,帧中继获得了很好的发展。

由于帧中继可以实现固定速率传输、分组交换和易于计费等目的,所以现在帧中继的应用在国内外还是非常广泛的。

2. 帧中继协议简介

帧中继工作在 OSI 的物理层和数据链路层。它依赖于 TCP 等上层协议完成纠错控制等,大大简化了节点机之间的协议。

帧中继采用虚电路技术,能充分利用网络资源,因此帧中继具有吞吐量高、时延低、适合突发性业务等特点。帧中继对于 ATM 网络,是一个重要的可选项。帧中继作为一种附加于分组方式的承载业务引入 ISDN,其帧结构与 ISDN 的 LAPD 结构一致,可以进行逻辑复用。

帧中继最初是作为在综合业务数字网(ISDN)接口上工作的一种协议来涉及的。但是现在,它已经成为一种交换式数据链路层协议的工业标准。主要应用在广域网中,支持多种数据型业务。

帧中继技术可归纳为以下几点。

(1) 帧中继技术主要用于传递数据业务,将数据信息以帧的形式进行传送。

(2) 帧中继传送数据使用的传输链路是逻辑连接,而不是物理连接,在一个物理连接上可以复用多个逻辑连接,可以实现带宽的复用和动态分配。

(3) 帧中继协议简化了 X.25 的第三层功能,使网络节点的处理大大简化,提高了网络对信息处理效率。采用物理层和数据链路层的两级结构,在数据链路层也只保留了核心子集部分。

(4) 在数据链路层完成统计复用、帧透明传输和错误检测,但不提供发现错误后的重传操作。省去了帧编号、流量控制、应答和监视等机制,大大节省了交换机的开销,提高了网络吞吐量、降低了通信时延。一般帧中继用户的接入速率为 64 kbit/s～2 Mbit/s。

(5) 交换单元。帧的信息长度比分组长度要长,预约的最大帧长度至少要达到 1 600 字节/帧,适合封装局域网的数据单元。

(6) 提供一套合理的带宽管理和防止拥塞的机制,用户有效地利用预约的带宽,即承诺的信息速率(CIR),还允许用户的突发数据占用未预定的带宽,以提高网络资源的利用率。

(7) 与分组交换一样,帧中继采用面向连接的交换技术。可以提供 SVC 和 PVC 业务,但目前已应用的帧中继网络中,只采用 PVC 业务。

3. 帧中继的基本概念

帧中继网络用虚电路来连接网络两端的帧中继设备。每条虚电路用数据链路连接标识符定义了一条帧中继连接通道。

(1) 帧中继接口类型

帧中继网提供了用户设备(如路由器和主机等)之间进行数据通信的能力。

用户设备被称为数据终端设备(Data Terminal Equipment,DTE)。

为用户设备提供接入的设备,属于网络设备,被称为数据电路终结设备(Data Circuit-terminating Equipment,DCE)。

帧中继交换机之间为 NNI 接口格式(Network-to-Network Interface),相应接口采用 NNI。

如果把设备用于帧中继交换,帧中继接口类型应该为 NNI 或 DCE。

帧中继网络可以是公用网络、私有网络、也可以是数据设备之间直接连接构成的网络。

（2）虚电路（VC）

虚电路（Virtual Circuit,VC）是建立在两台网络设备之间共享网络的逻辑电路。根据建立方式,可以将虚电路分为两种类型。

① 永久虚电路（Permanent Virtual Circuit,PVC）:手工设置产生的虚电路。

② 交换虚电路 SVC（Switching Virtual Circuit,SVC）:通过协议协商自动创建和删除的虚电路。

目前在帧中继中使用最多的方式是 PVC 方式。

对于 DTE 侧设备,PVC 的状态完全由 DCE 侧设备决定。对于 DCE 侧设备,PVC 的状态由网络来决定。

在两台网络设备直接连接的情况下,DCE 侧设备的虚电路状态是由设备管理员来设置的。在系统中,虚电路号和状态是在设置地址映射的同时设置的。

PVC 方式需要检测虚电路是否可用。本地管理接口（Local Management Interface,LMI）协议就是用来检测虚电路是否可用的。

（3）数据链路连接标识（DLCI）

帧中继协议是一种统计复用协议,它能够在单一物理传输线路上提供多条虚电路。

虚电路通过数据链路连接标识（Data Link Connection Identifier,DLCI）区分,DLCI 只在本地接口和与之直接相连的对端接口有效,不具有全局有效性。在帧中继网络中,不同的物理接口上相同的 DLCI 并不表示是同一条虚连接。

帧中继网络用户接口上最多支持 1 024 条虚电路,其中,用户可用的 DLCI 范围是 16～1007。由于帧中继虚电路是面向连接的,本地不同的 DLCI 连接到不同的对端设备,所以,可以认为本地 DLCI 是对端设备的"帧中继地址"。

帧中继地址映射是把对端设备的协议地址与对端设备的帧中继地址（本地的 DLCI）关联,以便高层协议能根据对端设备的协议地址寻找到对端设备。

帧中继主要用来承载 IP 协议,在发送 IP 报文时,首先从路由表中找到报文的下一跳地址,然后查找帧中继地址映射表,确定下一跳的 DLCI。地址映射表存放对端 IP 地址和下一跳的 DLCI 的映射关系。地址映射表可以手工配置,也可以由 Inverse ARP 协议动态维护。

（4）帧中继 LMI 协议

本地管理接口（Local Management Interface,LMI）协议通过状态请求报文和状态报文维护帧中继的链路状态和 PVC 状态。包括:增加 PVC 记录、删除已断掉的 PVC 记录、监控 PVC 状态的变更、链路完整性验证。

系统支持三种本地管理接口协议:

ITU-T 的 Q. 933 附录 A；

ANSI 的 T1. 617 附录 D；

非标准兼容协议。

它们的基本工作方式是：DTE 设备每隔一定的时间间隔发送一个链路状态请求（Status Enquiry）报文查询虚电路的链路状态，DCE 设备收到状态请求报文后，立即用状态（Status）报文通知 DTE 当前接口的链路是否完整。当链路请求报文发送到一定数量（N391）后，DTE 设备就发送一个全状态请求报文，DCE 根据链路的状态向 DTE 报告所有虚电路的状态。

以上过程中用到的帧中继协议参数定义如表 2-6-1 所示。用户可以对这些参数进行配置，达到优化设备运行的目的。

表 2-6-1　帧中继协议参数含义

工作方式	参数含义	取值范围	缺省值
DTE	请求 PVC 状态的计数器（N391）	1 次～255 次	6 次
	错误门限（N392）	1 次～10 次	3 次
	事件计数器（N393）	1 次～10 次	4 次
	用户侧轮询定时器（T391），当为 0 时，表示禁止 LMI 协议	0 秒～32 767 秒	10 秒
DCE	错误门限（N392）	1 次～10 次	3 次
	事件计数器（N393）	1 次～10 次	4 次
	网络侧轮询定时器（T392）	5 秒～30 秒	15 秒

这些参数由 Q.933 附录 A 规定，与 DTE 工作方式相关的参数含义如表 2-6-2 所示。

表 2-6-2　与 DTE 工作方式相关的参数含义

参数	含　义
N391	DTE 设备每隔一定的时间间隔（T391）发送一个状态请求报文。状态请求报文有两种类型：链路完整性验证报文和链路全状态查询报文。N391 定义两种报文的发送比例，即链路完整性验证报文数∶链路全状态查询报文数＝（N391－1）∶1
N392	表示在被观察的事件总数中发生错误的门限
N393	表示被观察的事件总数
T391	这是一个时间变量，它定义了 DTE 设备发送状态请求报文的时间间隔

DTE 设备每隔一定的时间间隔发送一个状态请求报文查询链路状态，DCE 设备收到该报文后，应立即发送状态响应报文。如果 DTE 设备在规定的时间内没有收到响应，就记录该错误。如果错误次数超过门限，DTE 设备就认为物理通路不可用，所有的虚电路都不可用。

上面两个参数一起定义了"错误门限"。即：如果 DTE 设备发送事件计数器 N393 定义的状态请求报文个数中，发生错误数达到错误门限 N392 定义的错误个数，DTE 设备就认为错误次数达到门限，并认为物理通路不可用，所有的虚电路都不可用。

与 DCE 工作方式相关的参数含义如表 2-6-3 所示。

表 2-6-3　与 DCE 工作方式相关的参数含义

参数	含　义
N392	与 DTE 工作方式相关的参数中的 N392 意义相似。区别是 DCE 设备要求 DTE 设备发送状态请求报文的固定时间间隔由 T392 决定,而 DTE 设备由 T391 决定
N393	与 DTE 工作方式相关的参数中的 N393 意义相似。区别是 DCE 设备要求 DTE 设备发送状态请求报文的固定时间间隔由 T392 决定,而 DTE 设备由 T391 决定
T392	这是一个时间变量,它定义了 DCE 设备等待一个状态请求报文的最长时间,它应该比 T391 值大

（5）多网络 PVC

当一个 PVC 经过多个网络时,该 PVC 称为多网络 PVC(Multi-network PVC)。它是由每个单一网络的 PVC 构成,这种多网络的 PVC 称为 PVC 段(PVC segment),如图 2-6-1 所示。

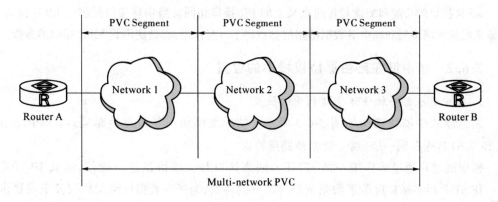

图 2-6-1　多网络 PVC

只有所有的 PVC 段都设置完成,才构成一条多网络 PVC。由于每个 PVC 段是在各自网络内设置的,不可能同时完成。通过 NNI 的 LMI 协议能够双向传递 PVC 段的状态,该状态一直传递到两端的 DCE,再由 DCE 通知 DTE,从而 DTE 能够了解 PVC 的端到端状态。如果所有的 PVC 段都设置完成,DTE 能够发现一条可用的多网络 PVC。

4. MFR

多链路帧中继(Multilink Frame Relay,MFR)是为帧中继用户提供的一种性价比较高的带宽解决方案,它基于帧中继论坛的 FRF.16 协议,实现在用户—网络接口或网络—网络接口(UNI/NNI)下的多链路帧中继功能。

多链路帧中继提供 MFR 逻辑接口。它由多个帧中继物理链路捆绑而成,可以在帧中继网络上提供高速率、大带宽的链路。

同一个 MFR 接口捆绑的物理接口如果速率一致,会减少管理开销,使捆绑后的 MFR 接口带宽最大。

1) bundle 和 bundle link

捆绑(bundle)和捆绑链路(bundle link)是多链路帧中继的两个基本概念。

一个 MFR 接口对应一个捆绑,一个捆绑中可以包含多个捆绑链路,一个捆绑链路对应着一个物理接口。捆绑对它的捆绑链路进行管理。两者的关系如图 2-6-2 所示。

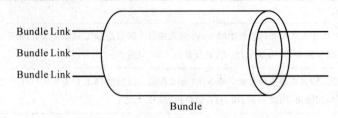

图 2-6-2　Bundle 和 Bundle link 示意图

对于实际的物理层可见的是捆绑链路；对于实际的数据链路层可见的是捆绑。

2）MFR 接口和物理接口

MFR 接口是逻辑接口，多个物理接口可以捆绑成一个 MFR 接口。对捆绑和捆绑链路的配置实际就是对 MFR 接口和物理接口的配置。

MFR 接口的功能和配置与普通意义上的 FR 接口相同。当物理接口捆绑进 MFR 接口后，它原来配置的网络层和帧中继数据链路层参数将不再起作用，而是使用此 MFR 接口的参数。

2.6.2　帧中继在路由器协议栈中的位置

1. 帧中继在整个软件体系结构中的位置

路由器软件模块结构如图 2-6-3 所示。帧中继模块位于数据链路层，与 PPP、SLIP、X.25/LAPB 等在同一层，属于数据链路层协议。

帧中继模块通过操作统一的 IFNET 网络接口与上层协议进行通信，承载 IP/IPX 报文。IFNET 网络接口屏蔽了数据链路层以下的协议，为所有数据链路层协议及下层提供统一的接口。

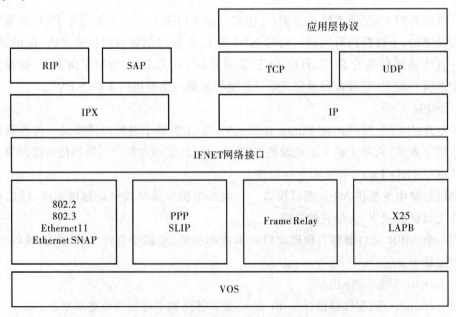

图 2-6-3　路由器软件结构图

2. 帧中继软件结构

帧中继模块由六个子模块组成。帧中继模块结构图如图 2-6-4 所示。

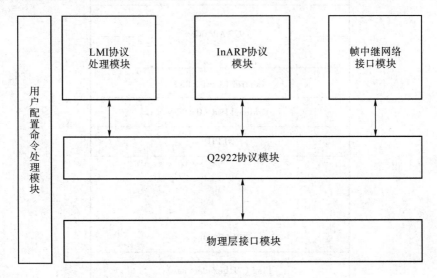

图 2-6-4　帧中继模块结构图

各个子模块各自独立完成自己的功能，它们之间不能发生重入，它们之间可以通过参数传递或者访问全局变量来进行通信。

（1）用户配置命令处理模块

该模块负责处理用户的各种配置命令，它能直接修改帧中继模块的许多重要全局变量，从而影响其他子模块。

（2）LMI 协议处理模块

该模块用于实现 LMI 规程，维护 PVC 表。LMI 协议报文通过 Q.922 协议模块发送或接收。

（3）帧中继网络接口模块

该模块用于处理与网络层的接口，接收或者上报 IP/IPX 报文。它与 Q.922 协议模块通过函数调用进行通信。

（4）InARP 协议模块

该模块用于处理逆向地址解析协议报文，动态的建立 PVC 与对端 IP/IPX 地址的映射。

（5）Q.922 协议模块

该模块用于封装或者去封装 Q.922 协议帧，接收来自 LMI 协议处理模块和帧中继网络接口模块的报文，将报文通过物理层接口模块发送出去，同时在相反的方向上，要向上递交报文。

（6）物理层接口模块

该模块只与 Q.922 协议模块有接口，完成数据包的收发功能。

2.6.3　帧中继帧格式

帧中继的帧格式最常用的是 IETF 封装，IETF 帧格式如图 2-6-5 所示。

Flag（7E hexadecimal）
Q 922 Address*
Control（UI=0×03）
Optional Pad（0×00）
NLPID
Data
FCS（2 bytes）
Flag（7E hexadecimal）

图 2-6-5　IETF 帧格式

（1）标志字段（Flag）

标志字段（Flag）为 01111110（0x7E），作用是标志一个帧的开始和结束。

（2）地址字段

地址字段的主要用途是区分同一通路上多个数据链路连接，以便实现帧的复用/分路。

Q.922 地址一般由 2 个字节组成，含有一个 10 bit 的 DLCI。在某些网络中 Q.922 地址会可选的增加到 3 或 4 个字节，如图 2-6-6 所示。

DLCI高阶比特			C/R	EA0
DLCI低阶比特	FECN	BECN	DE	EA1

图 2-6-6　2 个字节的地址字段

地址字段通常包括如下字段：

① 数据链路连接标识符（Data Link Connection Identifier，DLCI）；

② 命令/响应指示（Command/Response bit，C/R）；

③ 地址字段扩展地址（Extended Address，EA）；

④ 前向显式拥塞比特（Forward Explicit Congestion Notification，FECN）；

⑤ 后向显式拥塞比特（Backward Explicit Congestion Notification，BECN）；

⑥ 帧可丢失比特（Discard Eligibility bit，DE）。

其中 DLCI 是一个 10 bit 的数字，值范围从 0～1 023。DLCI 用来标识用户—网络接口（UNI）或网络—网络接口（NNI）上承载通路的虚连接。

（3）控制字段

控制字段代表帧的类型。IETF 封装格式的控制字段值为十六进制 03，即未编号帧。

（4）Optional Pad 字段

Optional Pad 字段用来使该帧的其余部分对齐到一个两字节的边界，也就是字对齐。该字段是可选的，如果需要，其值为 0。

（5）网络边界控制字段

网络边界控制字段（Network Level Protocol ID，NLPID）字段由 ISO 和 CCITT 管理，用于区别各种不同的协议，如 IP，CLNP 和 SNAP 等。

该字段告诉接收方该帧封装的是什么协议的包。在帧中继封装中 NLPID 的值不能为 0。

有些协议分配了 NLPID，但因为 NLPID 的值有限，不是所有的协议都分配了指定的NLPID。

当没有分配 NLPID 的协议经过帧中继网络时，将使用 NLPID 为 0x80 的值，指明后面跟随的是 SNAP。

OUI 为 3 个字节，值随协议的不同而不同，PID 是协议的类型。

有一个 pad 填充字节来把协议数据对齐到两个字节边界，如图 2-6-7 所示。

Q.922 Adress	
Control 0×03	Pad 0×00
NLPID 0×80	OUI
OUI	
PID	
Protocol Data	
Frame Check Sequence	

图 2-6-7　SNAP 的帧格式

如果一个协议分配了 NLPID，将使用如 0 的格式。该 NLPID 封装不需要一个 pad 字节来对齐。

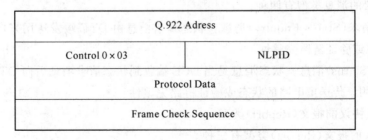

Q.922 Adress	
Control 0×03	NLPID
Protocol Data	
Frame Check Sequence	

图 2-6-8　分配了 NLPID 协议的帧格式

在 IETF 封装中：

Q.933 的 NLPID 为 0x08；

IP 的 NLPID 为 0xCC；

IPX、INARP 和 FRAGMENT 使用 SNAP 的 NLPID；

IPX 和 INARP 的 OUI 的值为 0x00-00-00；

FRAGMENT 的 OUI 的值为 0x00-80-C2；

IPX、INARP 和 FRAGMENT 的 PID 值分别为 0x8137、0x0806 和 0x000D。

（6）帧校验序列字段

FCS 字段是一个 16 比特的序列。FCS 具有很强的检错能力，它能检测出在任何位置上的 3 个以内的错误、所有奇数个错误、16 个比特之内的连续错误以及大部分的大量突发错误。

2.6.4 帧中继 LMI 协议

1. LMI 协议简介

在永久虚电路方式时，不管是网络设备还是用户设备都需要知道 PVC 的当前状态。监控永久虚电路状态的协议称为本地管理接口（Local Management Interface，LMI）协议。

目前有 ITU-T 的 Q.933 附件 A，ANSI 的 T1.617 附件 D。具体内容请参见协议文本。该协议属于控制层面的功能。

2. Q.933 附录 A

Q.933 附录 A 是 LMI 协议中使用最多的一种。Q.933 附录 A 中规定了 LMI 协议的信息单元和实现的规程。

本地管理接口 LMI 模块用于管理永久虚电路 PVC，包括 PVC 的增加、删除，PVC 链路完整性检测，PVC 的状态等。

（1）LMI 协议规程

LMI 协议规程包括：

① 增加 PVC 的通知；

② 删除 PVC 的探测；

③ 已设置的 PVC 的可用或不可用状态的通知；

④ 链路完整性检验。

（2）LMI 协议的消息（Message）类型

LMI 协议的消息类型有两种。

① 状态请求（Status Enquiry）消息。状态请求消息由 DTE 端发送用来向 DCE 端请求虚电路的状态或验证链路完整性。

② 状态（Status）消息。状态消息是当 DCE 端收到状态请求消息后向 DTE 端发送的一个应答消息，用于传送虚电路的状态或验证链路完整性。

（3）LMI 协议的报文（Report）类型

LMI 协议的报文（Report）类型有三种。

① 链路完整性验证（Link Integrity Verification Only）报文。链路完整性验证报文只用于验证链路的完整性。

② 全状态(Full Status)报文。全状态报文除了用于验证链路的完整性,还传递 PVC 的状态。

③ 异步 PVC 状态(Single PVC Asynchronous Status)报文。异步 PVC 状态报文不具有状态请求消息,只是用于 PVC 状态改变时,及时通知 DTE 端 PVC 的状态。

Q.933 附录 A 使用 DLCI＝0 的虚电路传送 Status 或 Status Enquiry 消息报文。

（4）Status 消息报文

Status 消息用于应答 Status Enquiry 消息以通知 PVC 的状态或链路完整性检测,它包含以下信息单元,如表 2-6-4 所示。

表 2-6-4　Status 消息报文类型

序号	类　型	值	长度/字节
1	Protocol discriminator	0x08	1
2	Call reference	00	1
3	Message type	0x7d	1
4	Report type	不定	3
5	Link integrity verification	不定	4
6	PVC status	不定	5～7

Status Enquiry 消息用于询问 PVC 的状态和链路完整性,它包含以下信息单元。

Status Enquiry 消息报文类型如表 2-6-5 所示。

表 2-6-5　Status Enquiry 消息报文类型

序号	类　型	值	长度/字节
1	Protocol discriminator	0x08	1
2	Call reference	00	1
3	Message type	0x75	1
4	Report type	不定	3
5	Link integrity verification	不定	4

Report type 信息单元的格式如表 2-6-6 所示。

表 2-6-6　Report type 消息报文类型

序号	类　型	值	长度/字节
1	information element identifier	0x51	1
2	Length of report type contents	0x01	1
3	Type of report	不定	1

Report 的 Type 类型值如表 2-6-7 所示。

表 2-6-7 Report 的 Type 类型值

序号	类　型	值	长度/字节
1	Full status(status of all PVCs on the bearer channel)	0	1
2	Link integrity verification only	1	1
3	Single PVC asynchronous status	2	1

Link Integrity Verification 信息单元的格式如表 2-6-8 所示。

表 2-6-8 Link Integrity Verification 报文类型

序号	类　型	值	长度/字节
1	Full status(status of all PVCs on the bearer channel)	0x53	1
2	Length of Link integrity verification contents	0x02	1
3	Send sequence number	不定	1
4	Receive sequence number	不定	1

PVC status 信息单元只有 Full status 类型和 Single PVC asynchronous status 类型的状态消息才包含,Link integrity verification only 类型的状态消息没有该信息单元。

在用户—网络接口(UNI)上,DTE 的 PVC 状态完全是由 DCE 决定的,DCE 负责通知 DTE 在 UNI 中所有 PVC 的状态。因此 DTE 只需定时询问 DCE,就可获得该接口上当前 PVC 情况。DCE 的 PVC 状态由网络设备来决定。

在网络—网络接口(NNI)上,两侧的网络设备定时交换 PVC 状态,它们也是使用 LMI 协议来完成的。与 UNI 不同的是,两侧的网络设备都向对端发送查询报文,收到查询报文后,都能进行响应。

(5) LMI 协议简要过程

LMI 协议简要过程如下。

① 由 DTE 发出状态查询消息 Status Enquiry,且定时器 T391 开始计时。T391 的间隔即为每一个轮询的时间间隔。即每隔 T391,DTE 发送一个 Status Enquiry。同时,DTE 的计数器 V391 进行计数。

当 V391<N391 时,DTE 发送的 Status Enquiry 仅询问"链路完整性"。

当 V391=N391 时,V391 清 0,且 DTE 发送的 Status Enquiry 不仅是询问"链路完整性",还询问所有 PVC 状态,这种 Status Enquiry 称为"全状态查询"的 Status Enquiry。

所以说 N391 定义了一个周期的长度,每隔一个周期,DTE 发送一个全状态查询的 Status Enquiry。T391 和 N391 可人工设定或取其缺省值。

② DCE 收到询问消息后,以状态消息 Status 应答状态询问消息 Status Enquiry,同时 DCE 的轮询证实定时器 T392 开始计时,等待下一个状态询问消息 Status Enquiry。如果 T392 超时后,DCE 没有收到状态询问消息 Status Enquiry,DCE 就记录该错误,错误次数加 1。

③ DTE 阅读收到的应答消息 Status,得以了解链路状态和 PVC 状态。DCE 对 DTE 所要了解的状态进行应答,若此时本网络中的 PVC 状态发生变化或有增加/删除的 PVC,

则无论对方是否询问 PVC 状态，都应向 DTE 应答所有 PVC 的状态消息，从而使 DTE 及时了解 DCE 的变化情况，并更新以前的记录。

④ 如果定时器 T391 超时后，DTE 设备没有收到状态消息 Status 响应它，就记录该错误，错误次数加 1。

⑤ 如果在 N393 个事件中，发生的错误次数超过 N392，DTE 或 DCE 就认为该物理通路不可用，所有的虚电路不可用。N393 就是被观察事件总数，N392 就是错误门限，N392 和 N393 可人工设定或取其缺省值。

ANSI T1-617 附录 D 同 Q933 附录 A 一样，使用 DLCI＝0 的 PVC 传送 LMI 消息报文。ANSI 的 LMI 报文比 Q933 多一个信息单元(Information Element)Locking shift，值为 0x95，在 Message Type 后面。另外 Protocol Discriminator 值为 0x08，Report Type ie information 值为 0x01，LIV ie information 值为 0x03，PVC status ie information 值为 0x07。

2.6.5　Inverse ARP 协议介绍

逆向地址解析协议(Inverse ARP)的主要功能是求解每条虚电路连接的对端设备的协议地址，包括 IP 地址和 IPX 地址等。

如果知道了某条虚电路连接的对端设备的协议地址，在本地就可以生成对端协议地址与 DLCI 的映射(MAP)，从而避免手工配置地址映射。

它的基本过程是：

(1) 每当发现一条新的虚电路时，如果本地接口上已配置了协议地址，Inverse ARP 就在该虚电路上发送 Inverse ARP 请求报文给对端。该请求报文包含有本地的协议地址。对端设备收到该请求时，可以获得本地的协议地址，从而生成地址映射，并发送 Inverse ARP 响应报文进行响应，这样本地同样生成地址映射。

(2) 如果已经手工配置了静态 MAP 或已经建立了动态 MAP，则无论该静态 MAP 中的对端地址正确与否，都不会在该虚电路上发送 Inverse ARP 请求报文给对端，只有在没有 MAP 的情况下才会向对端发送 Inverse ARP 请求报文。

(3) 如果在 Inverse ARP 请求报文的接收端发现对端的协议地址与本地配置的 MAP 中的协议地址相同，则不会生成该动态 MAP。

Inverse ARP 报文的格式与标准的 ARP 报文格式相同，如表 2-6-9 所示，其中不包含帧中继帧头。

表 2-6-9　Inverse ARP 报文格式

序号	类型	长度
1	Hardware type	16 bits
2	Protocol type	16 bits
3	Byte length of each hardware address(n)	8 bits
4	Byte length of each Protocol address(m)	8 bits
5	Operation code	16 bits

续 表

序号	类型	长度
6	source hardware address	n Bytes
7	source Protocol address	m Bytes
8	target hardware address	n Bytes
9	target Protocol address	m Bytes

Hardware type 分配给帧中继的值为 0x000f;Protocol type 取决于请求哪种协议类型的协议地址,IP 为 0x0800(在没有配置 TCP/IP 头压缩的情况下),IPX 为 0x8137。

Hardware address 和 Protocol address 的长度取决于 INARP 运行的环境。在帧中继上,hardware address 的长度在 2~4 之间(Q.922 地址),Protocol address 的长度为 4。

Operation code 指出消息的类型,请求(Request)还是响应(Rerly)。如果是 Inarp Request,则 Operation code 值为 0x08;如果是 Inarp Rerly,则 Operation code 值为 0x09。

制定帧中继标准的国际组织主要有国际电信联盟(ITU-T)、美国国家标准委员会(ANSI)和帧中继论坛(FR FORUM)。

(1) ITU-T 标准

I.122:帧中继承载业务框架。

I.233:帧模式承载业务。

I.370:帧中继承载业务的拥塞管理。

I.372:帧中继承载业务的网络—网络间接口要求。

I.555:帧中继承载业务的互通。

I.620:帧中继网络管理。

Q.922:用于帧模式承载业务的 ISDN 数据链路层技术规范。

Q.933:1 号数字用户信令(DSS1)帧模式基本呼叫控制的信令规范。

(2) ANSI 标准

T1S1:结构框与业务描述。

T1.620:ISDN 数据链路层信令规范。

T1.606:帧中继承载业务描述。

T1.617:帧中继承载业务的信令规范。

T1.618:用于帧中继承载业务的帧协议核心部分。

(3) 帧中继论坛标准

FRF.1:用户—网络接口实施协定。

FRF.2:网络—网络接口实施协定。

FRF.3:多协议包封实施协定。

FRF.4:SVC 用户—网络接口实施协定。

FRF.5:帧中继与 ATM PVC 网络互通实施协定。

FRF.6:帧中继业务用户网络管理实施协定。

FRF.7:帧中继 PVC 广播业务和协议描述实施协定。

FRF.8:帧中继与 ATM 业务互通实施协定。

2.6.6 帧中继子接口

1. 帧中继子接口的引入

帧中继网络可以将分散在不同地点的网络连接起来，可能的网络结构有星形结构、部分网状相连（Partial-meshed）和全网状相连（Full-meshed）。

从经济的角度考虑，星形结构是最优的网络结构，因为这种结构使用的 PVC 的数量最少，中心节点通过在一个接口上使用多个 PVC 将多个分散的分支节点连接起来。这种结构主要用于总部连接多个分部的情况。这种结构的缺点是各个分支节点之间通信需要经过中心节点进行中转。

在全网状相连结构中，所有的节点都有 PVC 和其他的节点相连，从一个节点到另外一个节点不需要其他节点中转，另外这种结构可靠性很高，当直连的 PVC 故障的时候可以通过其他的节点中转。缺点是需要的 PVC 数量较多，当网络中节点的数量增加时，需要的 PVC 数量也急剧增加，非常的不经济。

在部分网状相连结构中，不是所有的节点都有到其他节点的 PVC，优缺点介于前两者之间。帧中继默认的网络类型是非广播多点可达 NBMA（Nonbroadcast Multiaccess），也就是说虽然帧中继网络中的各个节点之间相互连通，但是和以太网不同的是这种网络不支持广播，如果某个节点得到路由信息，它需要复制信息然后通过 PVC 一条一条发送到相连的多个节点。

为了减少路由器环路的产生，水平分割机制（在路由协议部分会学到）不允许路由器把从一个接口进来的更新信息再从该接口发送出去。

如图 2-6-9 所示，Router B 告诉 Router A 一条路由信息，由于水平分割机制，Router A 不能通过接收此路由信息的 Serial1/0/0 将这条信息告诉 Router C 和 Router D。要解决这个问题有几个方法。

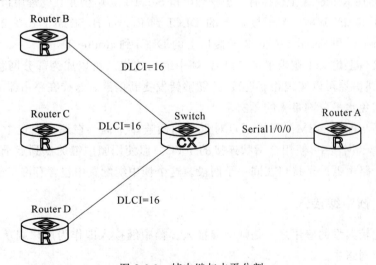

图 2-6-9 帧中继与水平分割

（1）使用多个物理接口连接多个相邻节点，这需要路由器具备多个物理接口，增加了用户的成本。

（2）使用子接口，也就是在一个物理接口上配置多个逻辑接口，每个子接口都有自己的网络地址，就好像一个物理接口一样。

（3）关闭水平分割，当然这需要路由协议的支持，另外关闭水平分割增加了产生路由环路的概率。

2. 帧中继子接口的简介

帧中继子接口如图 2-6-10 所示。

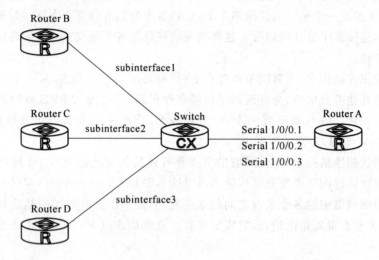

图 2-6-10　帧中继子接口

可以在串口线路上定义这些逻辑子接口。每一个子接口使用一个或多个 DLCI 连接到对端的路由器。在子接口上配置了 DLCI 后，还需要建立目的端协议地址和该 DLCI 的映射。

这样，虽然在 Router A 上仅拥有一个物理串口 Serial 1/0/0，但是在物理串口 Serial 1/0/00 上现在定义了 Serial 1/0/0.1 子接口上的 DLCI 到 Router B，Serial 1/0/0.2 子接口上的 DLCI 到 Router C 和 Serial 1/0/0.3 子接口上的 DLCI 到 Router D。

在物理接口上定义了逻辑子接口以后，帧中继的连接就可以成为部分网状连接。通过配置子接口，路由器可以实现相互连接，并能够转发更新信息。这样在路由器的一个物理接口上就可以避免水平分割带来的影响。

这种设计与前面 NBMA 环境下点对点的两两连接不同。在那种配置中，所有的路由器都在同一个子网段中，使用全网状连接的 PVC。但使用帧中继的点到点子接口时，只有相连接的两个路由器的子接口在同一子网段。这个帧中继配置中包含有许多子网。

2.6.7　帧中继接入

帧中继比较典型的应用之一是帧中继接入。帧中继接入即作为用户端承载上层报文，接入到帧中继网络中。

帧中继网提供了用户设备之间进行数据通信的能力。

帧中继网络可以是公用网络或者是某一企业的私有网络，如图 2-6-11 所示。

帧中继网络也可以是直接连接，如图 2-6-12 所示。

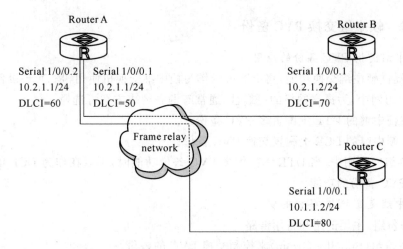

图 2-6-11　通过帧中继互连局域网

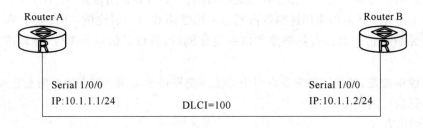

图 2-6-12　通过专线互连局域网

2.6.8　帧中继 PVC 交换

帧中继另外一个典型的应用就是帧中继交换。

帧中继交换指在帧中继网络中,直接在数据链路层通过交换转发用户的报文。

路由器可以用来实现帧中继交换功能。帧中继交换有两种方法可以实现:帧中继交换路由和帧中继交换 PVC。

(1) 帧中继交换路由是为当前接口指定报文转发的出口及虚电路号,从而配置一条报文转发路由;

(2) 帧中继交换 PVC 是为路由器中任意的两个接口创建报文转发路由,常用于路由的备份功能,具体配置请参见帧中继交换 PVC 备份。

帧中继 PVC 交换是根据 PVC 路由表来完成的。PVC 路由表的结构如图 2-6-13 所示。

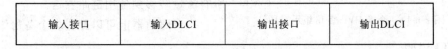

输入接口	输入DLCI	输出接口	输出DLCI

图 2-6-13　PVC 路由表的结构

PVC 路由表可以手工设置,也可以根据协议和网络拓扑自动产生。根据该路由表就可以完成帧交换功能。可以看到帧交换功能是非常简单的。比较麻烦的是 PVC 状态的维护。

2.6.9 帧中继交换 PVC 备份

1. 帧中继交换 PVC 备份的应用

VRP 提供帧中继交换功能,路由器可以作为帧中继交换机使用,是 DCE 设备。

在实际组网中,为提高网络的可靠性,通常有两种解决方案可选择:

(1) 在帧中继的 DTE 上配置多 PVC 备份;

(2) 在帧中继的 DCE 上配置交换 PVC 备份。

在某些组网应用中,当 DTE 不提供多 PVC 备份功能时,可以在作为 DCE 的路由器上启用交换 PVC 备份的功能。

2. 帧中继交换 PVC 备份的实现

(1) 备份组、主用链路和备用链路

通过备份组(Standby Group)来控制交换 PVC 的备份。

备份组由一一对应的若干条主用链路(master PVC)和备用链路(slave PVC)组成。当组内处于 Inactive 状态的主用链路数占到总主用链路数的一定比例,并且处于 Active 状态的备用链路数也占到总的备用链路数的一定比例时,将以备份组为单位,启动主备链路的切换。

需要说明的是:某条链路在备份组中是主用链路还是备用链路在配置时就已经确定了,与链路实际执行的功能无关。

(2) 切换方式

交换 PVC 备份支持手动和自动两种切换方式。

在目前的网络实现中,如果从主用链路切换到备用链路,可以在以上两种方式选择一种,但不能同时启用;而如果从备用链路切换回主用链路,只能使用手动方式。

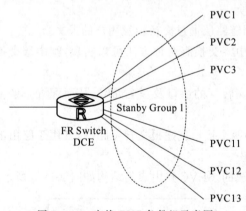

图 2-6-14 交换 PVC 备份组示意图

下面结合图 2-6-14 对交换 PVC 备份组进行简单介绍。

在图 2-6-14 中:路由器作为帧中继交换机,配置六条交换 PVC,其中,PVC1、PVC2 和 PVC3 是主用链路,PVC11、PVC12 和 PVC13 分别作为它们的备用链路,这六条交换 PVC 都属于备份组 1。因此,备份组 1 中包括三条主用链路和三条备用链路。正常情况下,所有流量通过主用链路发送,一旦发生主备切换,所有流量转移到备用链路发送。

一台路由器上可以配置多个备份组。

📖 **说明**

VRP 5.30 支持使用 IP 隧道(IP Tunnel)作为备份链路,即通过 IP 对帧中继进行备份。并且,同一个备份组内,可以同时存在 PVC 和 IP Tunnel 两种备份链路,例如,在图 2-6-14 中,可以将其中一条备份 PVC 替换为 IP Tunnel。

(3) 使用注意事项

在应用帧中继的交换 PVC 特性时,需要注意以下几点:

① 只能在 DCE 上配置交换 PVC 备份功能，不能在两端的 DTE 上配置；

② 主备切换以组为单位进行，因此，应谨慎选择备份链路和切换条件；

③ 一旦发生主备切换，系统不会从备用链路自动切换回主用链路，即使主用链路已经可用。并且只能通过手动方式完成切换。

2.6.10　帧中继压缩

帧中继压缩技术可以对帧中继报文进行压缩，从而能够节约网络带宽，降低网络负载，提高数据在帧中继网络上的传输效率。

帧中继压缩在帧中继模块中的位置如图 2-6-15 所示。

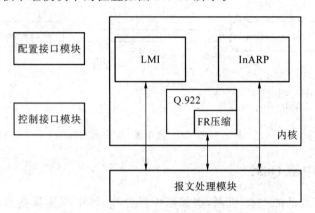

图 2-6-15　帧中继压缩在帧中继模块中的位置

VRP 支持的帧中继压缩有 FRF.9 压缩和帧中继 IP 头压缩（IP Header Compression，IPHC）两种。

1. FRF.9 压缩

VRP 支持的 FRF.9 压缩遵循 FRF.9 压缩协议。系统支持 FRF.9（FRF.9 stac 压缩）功能。

FR（帧中继）压缩技术压缩的对象是非标号信息帧，内容包括 FR 压缩状态协商、FR 压缩报文同步、FR 压缩和解压缩。压缩算法采用 Stac 算法（ANSI X3.241—1994）。

FRF.9 把报文分为控制报文和数据报文两类。控制报文用于配了压缩协议的 DLCI 两端的状态协商，协商成功后才能交换 FRF.9 数据报文。如果 FRF.9 控制报文发送超过一定次数，仍无法协商成功，将停止协商，压缩配置不起作用。

帧中继压缩的状态机如图 2-6-16 所示。

FRF.9 只压缩数据报文和逆向地址解析协议报文，不压缩 LMI 报文。

FRF.9 压缩状态协商是发生在压缩开始前。FRF.9 协议控制报文要先进行压缩格式和算法参数协商，只有压缩状态机到达 Operation 状态，压缩才真正开始。

FRF.9 压缩同步过程发生在压缩开始后出现丢包或校验出错情况时，用于保证传输的压缩数据的正确性。

2. 帧中继 IP 头压缩

VRP 支持的帧中继特性提供 IP 头压缩功能，包括 RTP/TCP 头压缩。

关于 IP 报文头压缩的详细信息请参见《VRP 特性描述 QoS》的"链路效率机制"部分。

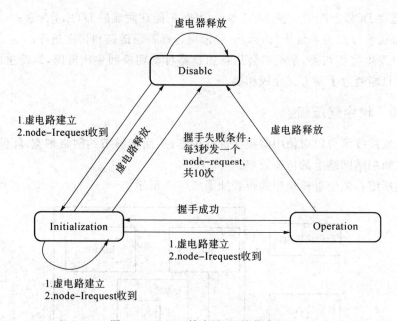

图 2-6-16　FR(帧中继)压缩状态机

2.6.11　帧中继 QoS

帧中继还拥有自己的 QoS 机制,例如帧中继分片、帧中继流量整形、帧中继流量监管、帧中继拥塞管理等。详细内容请参见《VRP 特性描述 QoS》。

下面只简单介绍一下帧中继的带宽管理。

帧中继是统计复用协议,实现了带宽资源的动态分配,因此它适合为具有大量突发数据(如 LAN)的用户提供服务。

但如果某一时刻所有用户的数据流量之和超过可用的物理带宽时,帧中继网络就要实施带宽管理。它通过为用户分配带宽控制参数,对每条虚电路上传送的用户信息进行监视和控制。

如图 2-6-17 所示,帧中继网络为每个帧中继用户分配三个带宽控制参数:Bc、Be 和 CIR。同时,每隔 T_c 时间的间隔对虚电路上的数据流量进行监视和控制。

CIR 是网络与用户约定的用户信息传送速率,即承诺信息速率。如果用户以小于等于 CIR 的速率传送信息,应保证这部分信息的传送。

Bc 是网络允许用户以 CIR 速率在 T_c 时间间隔传送的数据量,它们三者的关系是 $T_c =$ Bc / CIR。

Be 是网络允许用户在 T_c 时间间隔内传送的超过 Bc 的数据量。

网络对每条虚电路进行带宽控制,采用如下策略。

在 T_c 内:

当用户数据传送量不大于 Bc 时,继续传送收到的帧。

当用户数据传送量大于 Bc 但不大于 Bc 与 Be 之和时,将 Be 范围内传送的帧的 DE 位置"1"。若网络未发生严重拥塞,则继续传送。否则将这些帧丢弃。

当 T_c 内用户数据传送量大于 Bc 与 Be 之和时,将超过范围的帧丢弃。

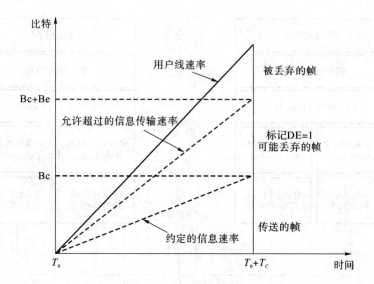

图 2-6-17　帧中继带宽管理

举例来说，如果约定一条 PVC 的 CIR＝128 kbit/s，Bc＝128 kbit，Be＝64 kbit，则 T_c＝
Bc/CIR＝1 s。在这一段时间内，用户可以传送的突发数据量可达到 Bc＋Be＝192 kbit，传
送数据的平均速率为 192 kbit/s，其中，在正常情况下，Bc 范围内的 128 kbit 的帧在拥塞情
况下，这些帧也会被送达终点用户，若发生了严重拥塞，这些帧会被丢弃。

Be 范围内的 64 kbit 的帧的 DE 比特被置为"1"，在无拥塞的情况下，这些帧会被送达
终点用户，若发生拥塞，则这些帧会被丢弃。

2.6.12　多链路帧中继捆绑(MFR)

MFR 技术是通过捆绑路由器的多个物理接口来为用户提供更大的网络带宽，同时又
不会增加多少网络设备投资。

华为路由器中实现的 MFR 基于帧中继论坛 FRF.16 UNI/NNI MFR 协议，它为帧中继业
务提供一个虚拟的物理接口 MFR 接口，该接口实际上是由多个真正的物理接口捆绑而成。

MFR 接口在协议中被称为捆绑 Bundle，而组成该接口的多个物理接口则被称为捆绑
链路 Bundle Link。捆绑链路 MFR 接口为上层帧中继提供的传输带宽几乎是它捆绑的多
个物理接口带宽的总和。

在该协议中有如下的实现机制。

① 通过为帧中继报文加上带序列号的 MFR 帧头信息，实现报文的重组排序。

② 通过若干固定格式的链路管理报文的发送和接收以及相应的协议定时器的开启和
关断，实现对单个物理接口在 MFR 接口中的状态管理。

③ 在 MFR 接口下捆绑的所有物理接口的相关状态最终决定了 MFR 接口的状态。当
MFR 接口下有一个物理接口可用的时候，MFR 接口对于上层帧中继应用就是可用的；当
MFR 接口下所有物理接口都不可用的时候，MFR 接口对于上层帧中继应用才是不可用的。
换个角度说 MFR 接口对帧中继来说是个物理层，而 MFR 接口对它下面捆绑的若干物理接
口来说又是一个数据链路层的概念。具体的协议层次关系如图 2-6-18 所示。

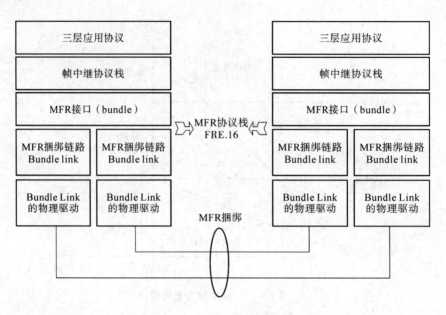

图 2-6-18　MFR 协议层次图

　　由图 2-6-18 可以看出，通信的双方物理接口一对一连接。上层的数据封装帧中继的头信息，再封装 MFR 的头信息，在一个 MFR 接口上传送；而完成实际数据传送工作的是 MFR 接口下捆绑的若干个物理接口（Bundle Link）。

第3章　安全技术(防火墙)

近年来,随着计算机网络技术的飞速发展,尤其是互联网的应用变得越来越广泛,在带来了前所未有的海量信息的同时,计算机网络的安全性变得日益重要起来。由于计算机网络联接形式的多样性、终端分布的不均匀性、网络的开放性和网络资源的共享性等因素,致使计算机网络容易遭受病毒、黑客、恶意软件和其他不轨行为的攻击。

为确保信息的安全与网络畅通,研究计算机网络的安全与防护措施已迫在眉睫。但网络安全问题至今仍没有能够引起人们足够的重视,更多的用户认为网络安全问题离自己尚远,这一点从大约有 40% 以上的用户特别是企业级用户没有安装防火墙(Firewall)便可以窥见一斑。而所有的问题都在向大家证明一个事实,大多数的黑客入侵事件都是由于用户未能正确安装防火墙而引发的,所以防火墙技术应当引起人们的注意和重视。

3.1　计算机网络安全概述

3.1.1　计算机网络安全的含义

计算机网络安全的具体含义会随着使用者的变化而变化,使用者不同,对网络安全的认识和要求也就不同。例如,从普通使用者的角度来说,可能仅仅希望个人隐私或机密信息在网络上传输时受到保护,避免被窃听、篡改和伪造;而网络提供商除了关心这些网络信息安全外,还要考虑如何应付突发的自然灾害、军事打击等对网络硬件的破坏,以及在网络出现异常时如何恢复网络通信,保持网络通信的连续性。

从本质上来讲,网络安全包括组成网络系统的硬件、软件及其在网络上传输信息的安全性,使其不致因偶然的或者恶意的攻击遭到破坏。网络安全既有技术方面的问题,也有管理方面的问题,两方面相互补充,缺一不可。人为的网络入侵和攻击行为使得网络安全面临新的挑战。

3.1.2　计算机网络安全面临的威胁

近年来,威胁网络安全的事件不断发生,特别是在计算机和网络技术发展迅速的国家和部门发生的网络安全事件越来越频繁和严重。一些国家和部门不断遭到入侵攻击,本文列举以下事例以供分析和研究之用。

事件一:2005 年 7 月 14 日国际报道,英国一名可能被引渡到美国的黑客 McKinnon 表示,网络安全性差是他能够入侵美国国防部网站的主要原因。他面临"与计算机有关的欺诈"的指控,控方称,他的活动涉及了美国陆军、海军、空军以及美国航空航天局。

可以看出,一方面尽管这位黑客的主动入侵没有恶意,但是事实上他已经对美国国防部的网络信息在安全方面造成威胁,假如这位黑客出于某种恶意目的,那么后果将无法估量;另一方面网络技术水平很高的国家和部门也会被黑客成功入侵。

事件二:2015 年 6 月 17 日报道,万事达信用卡公司称,大约 4 000 万名信用卡用户的账户被一名黑客利用计算机病毒侵入,遭到入侵的数据包括信用卡用户的姓名、银行账号。如果该黑客用这些信息来盗用资金的话,不但会给这些信用卡用户带来巨大的经济损失,而且侵犯了这些信用卡用户的个人隐私。

1. 网络缺陷

Internet 由于它的开放性迅速在全球范围内普及,但也正是因为开放性使其保护信息安全存在先天不足。Internet 最初的设计主要考虑的是资源共享,基本上没有考虑安全问题,缺乏相应的安全监督机制。

2. 黑客攻击

自 1998 年以后,网上的黑客越来越多,也越来越猖獗。与此同时,黑客技术逐渐被越来越多的人掌握。现在还缺乏针对网络犯罪卓有成效的反击和跟踪手段,使得黑客在攻击时隐蔽性好,"杀伤力"强,这是网络安全的主要威胁之一。

3. 各种病毒

病毒时时刻刻威胁着整个互联网。像 Nimda 和 CodeRed 的爆发更是具有深远的影响,促使人们不得不在网络的各个环节考虑对于各种病毒的检测防治,对病毒彻底防御的重要性毋庸置疑。

4. 网络资源滥用

网络有了安全保证和带宽管理,依然不能防止员工对网络资源的滥用,这些行为极大地降低了员工的工作效率。管理层希望员工更加有效地使用互联网,尽量避免网络给工作带来负面影响。

5. 信息泄露

恶意的不合理信息上传和发布,可能会造成敏感信息泄露、有害信息扩散,危及社会、国家、集体和个人的利益。更有基于竞争的需要,有人利用技术手段对目标计算机的信息资源进行窃取。在众多人为威胁中来自恶意软件(即计算机病毒)的非法入侵严重,计算机病毒可利用程序干扰破坏系统的正常工作,它的产生和蔓延给信息系统的可靠性和安全性带来严重的威胁,造成了巨大的损失。

3.1.3 计算机网络安全产生的原因及缺陷

1. TCP/IP 的脆弱性

因特网的基石是 TCP/IP 协议,不幸的是该协议对于网络的安全性考虑得并不多。并且,由于 TCP/IP 协议是公布于众的,如果人们对 TCP/IP 很熟悉,就可以利用它的安全缺陷来实施网络攻击。

2. 网络结构的不安全性

因特网是一种网间网技术。它是由无数个局域网所连成的一个巨大网络。当人们用一台主机和另一局域网的主机进行通信时,在通常情况下它们之间互相传送的数据流要经过很多机器重重转发,如果攻击者利用一台处于用户的数据流传输路径上的主机进行攻击,他就可以劫持用户的数据包。

3. 易被窃听

由于因特网上大多数数据流都没有加密,因此人们利用网上免费提供的工具就能很容易地对网上的电子邮件、口令和传输的文件进行窃听。

4. 缺乏安全意识

虽然网络中设置了许多安全保护屏障,但人们普遍缺乏安全意识,从而使这些保护措施形同虚设。如人们为了避开防火墙代理服务器的额外认证,进行直接的 PPP 连接,从而避开了防火墙的保护。

3.1.4　影响计算机网络安全的因素

1. 网络资源的共享性

资源共享是计算机网络应用的主要目的,但这为系统安全的攻击者利用共享的资源进行破坏提供了机会。随着互联网需求的日益增长,外部服务请求不可能做到完全隔离,攻击者利用服务请求的机会很容易获取网络数据包。

2. 网络的开放性

任何一个用户都可以很方便地访问互联网上的信息资源,从而很容易获取企业及个人的敏感性信息。

3. 网络操作系统的漏洞

网络操作系统是网络协议和网络服务得以实现的最终载体之一,它不仅负责网络硬件设备的接口封装,同时还提供网络通信所需要的各种协议和服务的程序实现。网络协议实现的复杂性,决定了网络操作系统必然存在各种实现过程所带来的缺陷和漏洞。

4. 网络系统设计的缺陷

网络设计是指拓扑结构的设计和各种网络设备的选择等。网络设备、网络协议、网络操作系统等都会直接带来安全隐患。合理的网络设计在节约资源的情况下,还可以提供较好的安全性。不合理的网络设计则会成为网络的安全威胁。

5. 恶意攻击

恶意攻击就是人们常见的黑客攻击及网络病毒攻击,这是最难防范的网络安全威胁。随着计算机技术教育的大众化,这类攻击也是越来越多,影响越来越大。

3.2　计算机网络安全防范策略

3.2.1　隐藏 IP 地址

黑客经常利用一些网络探测技术来查看用户的主机信息,其主要目的就是得到网络中主机的 IP 地址。IP 地址在网络安全上是一个很重要的概念,如果攻击者知道了用户的 IP 地址,等于为他的攻击准备好了目标,他可以向这个 IP 地址发动各种进攻,如 DoS(拒绝服务)攻击、Floop 溢出攻击等。隐藏 IP 地址的主要方法是使用代理服务器。

使用代理服务器后,其他用户只能探测到代理服务器的 IP 地址而不是用户的 IP 地址,这就实现了隐藏用户 IP 地址的目的,保障了用户的上网安全。

3.2.2　关闭不必要的端口

黑客在入侵时常常会扫描用户的计算机端口,如果安装了端口监视程序(如Netwatch),该监视程序则会有警告提示。如果遇到入侵,可用工具软件关闭用不到的端口,例如,用"Norton Internet Security"关闭用来提供网页服务的80和443端口,其他一些不常用的端口也可关闭。

3.2.3　更换管理员账户

Administrator账户拥有最高的系统权限,一旦该账户被人利用,后果不堪设想。黑客入侵的常用手段之一就是试图获得Administrator账户的密码,所以要重新配置Administrator账户。首先是为Administrator账户设置一个强大复杂的密码,然后重命名Administrator账户,再创建一个没有管理员权限的Administrator账户欺骗入侵者。这样一来,入侵者就很难搞清哪个账户真正拥有管理员权限,也就在一定程度上减少了计算机的危险性。

3.2.4　杜绝 Guest 账户的入侵

Guest账户即所谓的来宾账户,它可以访问计算机,但受到限制。不幸的是,Guest账户也为黑客入侵打开了方便之门! 禁用或彻底删除Guest账户是最好的办法,但在某些必须使用Guest账户的情况下,就需要通过其他途径做好防御工作。首先要给Guest账户设一个复杂的密码,然后详细设置Guest账户对物理路径的访问权限。

3.2.5　防火墙技术

防火墙是网络安全的屏障,配置防火墙是实现网络安全最基本、最经济、最有效的安全措施之一。防火墙由软件和硬件设备组合而成,处于企业或网络群体的计算机与外界通道之间,限制外界用户对内部网络访问及管理内部用户访问外界网络的权限。当一个网络接上Internet之后,系统的安全除了考虑计算机病毒、系统的健壮性之外,更主要的是防止非法用户的入侵,而目前防止的措施主要是靠防火墙技术来完成。防火墙能极大地提高一个内部网络的安全性,并通过过滤不安全的服务而降低风险。

防火墙可以强化网络安全策略。通过以防火墙为中心的安全方案配置,能将所有安全软件(如口令、加密、身份认证)配置在防火墙上。防火墙还可对网络存取和访问进行监控审计。如果所有的访问都经过防火墙,那么,防火墙就能记录下这些访问并做出日志记录,同时也能提供网络使用情况的统计数据。当发生可疑动作时,防火墙能进行适当的报警,并提供网络是否受到监测和攻击的详细信息。另外,防火墙可防止内部信息的外泄。利用防火墙对内部网络的划分,可实现内部网重点网段的隔离,从而降低了局部重点或敏感网络安全问题对全局网络造成的影响。

为了让大家更好地使用防火墙,下面从反面列举两个有代表性的失败案例。

【例1】　未制定完整的企业安全策略。

网络环境:某中型企业购买了适合自己网络特点的防火墙,刚投入使用后,发现以前局域网中肆虐横行的蠕虫病毒不见了,企业网站遭受拒绝服务攻击的次数也大大减少,为此,公司领导特意表扬了负责防火墙安装实施的信息部。该企业网络环境如图3-2-1所示。

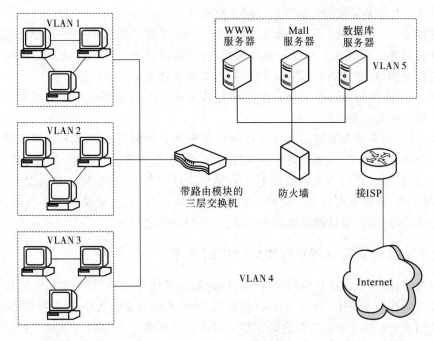

图 3-2-1　企业网络环境图

　　该企业内部网络的核心交换机是带路由模块的三层交换机，出口通过路由器和 ISP 连接。内部网划分为 5 个 VLAN，VLAN 1、VLAN 2 和 VLAN 3 分配给不同的部门使用，不同的 VLAN 之间根据部门级别设置访问权限；VLAN 4 分配给交换机出口地址和路由器使用；VLAN 5 分配给公共服务器使用。在没有安装防火墙之前，各个 VLAN 中的计算机能够通过交换机和路由器不受限制地访问 Internet。安装防火墙后，给防火墙分配一个 VLAN 4 中的空闲 IP 地址，并把网关指向路由器；将 VLAN 5 接入到防火墙的一个网口上。这样，防火墙就把整个网络分为 3 个区域：内部网、公共服务器区和外部网，三者之间的通信受到防火墙安全规则的限制。

　　问题描述：防火墙投入运行后，实施了一套较为严格的安全规则，导致公司员工无法使用 QQ 聊天软件，于是没过多久就有员工自己拨号上网，导致感染了特洛伊木马和蠕虫等病毒，并立刻在公司内部局域网中传播开来，造成内部网大面积瘫痪。

　　问题分析：我们知道，防火墙作为一种保护网络安全的设备，必须部署在受保护网络的边界处，只有这样防火墙才能控制所有出入网络的数据通信，达到将入侵者拒之门外的目的。如果被保护网络的边界不唯一，有很多出入口，那么只部署一台防火墙是不够的。在本案例中，防火墙投入使用后，没有禁止私自拨号上网的行为，使得许多计算机通过电话线和 Internet 相连，导致网络边界不唯一，入侵者可以通过攻击这些计算机然后进一步攻击内部网络，从而成功地避开了防火墙。

　　解决办法：根据自己企业网的特点，制定一整套安全策略，并彻底地贯彻实施。比如说，制定一套安全管理规章制度，严禁员工私自拨号上网；同时封掉拨号上网的电话号码，并购买检测拨号上网的软件，这样从管理和技术上杜绝出现网络边界不唯一的情况发生。另外，考虑到企业员工的需求，可以在防火墙上添加按照时间段生效的安全规则，在非工作时间打开 QQ 使用的 TCP/UDP 端口，使得企业员工可以在工余时间使用 QQ 聊天软件。

【例2】 未考虑与其他安全产品的配合使用。

问题描述:某公司购买了防火墙后,紧接着又购买了漏洞扫描和IDS(入侵检测系统)产品。当系统管理员利用IDS发现入侵行为后,必须每次都要手工调整防火墙安全策略,使管理员工作量剧增,而且经常调整安全策略,也给整个网络带来不良影响。

问题分析:选购防火墙时未充分考虑到与其他安全产品如IDS的联动功能,导致不能最大程度地发挥安全系统的作用。

解决办法:购买防火墙前应查看企业网是否安装了漏洞扫描或IDS等其他安全产品,以及具体产品名称和型号,然后确定所要购买的防火墙是否有联动功能(即是否支持其他安全产品,尤其是IDS产品),支持的是哪些品牌和型号的产品,是否与已有的安全产品名称相符,如果不符,最好不要选用。这样,当IDS发现入侵行为后,在通知管理员的同时发送消息给防火墙,由防火墙自动添加相关规则,把入侵者拒之门外。

3.2.6 数据加密与用户授权访问控制技术

与防火墙相比,数据加密与用户授权访问控制技术比较灵活,更加适用于开放的网络。用户授权访问控制主要用于对静态信息的保护,需要系统级别的支持,一般在操作系统中实现。数据加密主要用于对动态信息的保护。对动态数据的攻击分为主动攻击和被动攻击。对于主动攻击,虽无法避免,但却可以有效地检测;而对于被动攻击,虽无法检测,但却可以避免。实现这一切的基础就是数据加密。数据加密实质上是对以符号为基础的数据进行移位和置换的变换算法,这种变换是对称密钥算法。这样的密钥必须秘密保管,只能为授权用户所知,授权用户既可以用该密钥加密信息,也可以用该密钥解密信息,DES是对称加密算法中最具代表性的算法。在公钥加密算法中,公钥是公开的,任何人可以用公钥加密信息,再将密文发送给私钥拥有者。私钥是保密的,用于解密其接收的用公钥加密过的信息。典型的公钥加密算法nRSA是目前使用比较广泛的加密算法。

3.2.7 入侵检测系统

入侵检测系统(Intrusion Detection System,IDS)是从多种计算机系统及网络系统中收集信息,再通过此信息分析入侵特征的网络安全系统。IDS被认为是防火墙之后的第二道安全闸门,它能使在入侵攻击对系统发生危害前,检测到入侵攻击,并利用报警与防护系统驱逐入侵攻击。在入侵攻击过程中,能减少入侵攻击所造成的损失;在被入侵攻击后,收集入侵攻击的相关信息,作为防范系统的知识,添加到策略集中,增强系统的防范能力,避免系统再次受到同类型的入侵。

入侵检测的作用包括威慑、检测、响应、损失情况评估、攻击预测和起诉支持。入侵检测技术是为保证计算机系统的安全而设计与配置的一种能够及时发现并报告系统中未授权或异常现象的技术,是一种用于检测计算机网络中违反安全策略行为的技术。

3.2.8 病毒防患技术

随着计算机技术的不断发展,计算机病毒变得越来越复杂和高级,对计算机信息系统构成极大的威胁。在病毒防范中普遍使用的防病毒软件,从功能上可以分为网络防病毒软件和单机防病毒软件两大类。单机防病毒软件一般安装在单台计算机上,即对本地和本地工作站连接的远程资源采用分析扫描的方式检测、清除病毒。网络防病毒软件则主要注重网络防病毒，一旦病毒入侵网络或者从网络向其他资源传染，网络防病毒软件会立刻检测到并加以清除。

3.3 防火墙技术

3.3.1 防火墙的定义

防火墙是指设置在不同网络或网络安全域之间信息的唯一出入口，能根据网络的安全政策控制（允许拒绝监测）出入网络的信息流，且本身具有较强的抗攻击能力。它是提供信息安全服务，实现网络和信息安全的基础设施。

Internet 防火墙是一个或一组系统，它能增强机构内部网络的安全性，用于加强网络间的访问控制，防止外部用户非法使用内部网的资源，保护内部网络的设备不被破坏，防止内部网络的敏感数据被窃取。防火墙系统还决定了哪些内部服务可以被外界访问，外界的哪些人可以访问内部的服务，以及哪些外部服务何时可以被内部人员访问。要使一个防火墙有效，所有来自和去往 Internet 的信息都必须经过防火墙并接受检查。防火墙必须只允许授权的数据通过，并且防火墙本身也必须能够免于渗透。但是，防火墙系统一旦被攻击突破或迂回绕过，就不能提供任何保护了。

3.3.2 防火墙的功能

防火墙（作为阻塞点、控制点）能极大地提高一个内部网络的安全性，并通过过滤不安全的服务而降低风险。由于只有经过精心选择的应用协议才能通过防火墙，所以网络环境变得更安全。

防火墙可以强化网络安全策略，通过以防火墙为中心的安全方案配置，能将所有安全软件（如口令、加密、身份认证、审计等）配置在防火墙上，对网络存取和访问进行监控审计。所有的访问都经过防火墙，那么，防火墙就能记录下这些访问并做出日志记录，同时也能提供网络使用情况的统计数据，当发生可疑动作时，防火墙能进行适当的报警，并提供网络是否受到监测和攻击的详细信息。防止内部信息的外泄，通过利用防火墙对内部网络的划分，可实现内部网重点网段的隔离，而限制了局部重点或敏感网络安全问题对全局网络造成的影响。

3.3.3 防火墙的分类

从防火墙的防范方式和侧重点的不同来看，防火墙可以分为很多类型，但是根据防火墙对内外来往数据处理方法，大致可将防火墙分为两大体系：包过滤防火墙和代理防火墙。

1. 包过滤防火墙

包过滤防火墙经历了两代：静态包过滤防火墙和动态包过滤防火墙。

（1）静态包过滤防火墙

静态包过滤防火墙采用的是一个都不放过的原则。它会检查所有通过信息包里的 IP 地址号，端口号及其他的包头信息，并根据系统管理员给定的过滤规则和准备过滤的信息包一一匹配，其中：如果信息包中存在一点与过滤规则不符合，那么这个信息包里所有的信息都会被防火墙屏蔽掉,这个信息包就不会通过防火墙。相反的,如果每条规都和过滤规则相匹配,那么信息包就允许通过。静态包的过滤原理就是:将信息分成若干个小数据片(数据包),确认符合防火墙的包过滤规则后,把这些个小数据片按顺序发送,接收到这些小数据片后再把它们组织成一个完整的信息这个就是包过滤的原理。这种静态包过滤防火墙,对用户是透明的,它不需要用户的用户名和密码就可以登录,它的处理速度快,也易于维护。但由于用户的使用记录没有被记载,如果有不怀好意的人进行攻击的话,用户即不能从访问记录中得到它的攻击记录,也无法得知它的来源。而一个单纯的包过滤的防火墙的防御能力是非常弱的,对于恶意的攻击者来说是攻破它是非常容易的。其中"信息包冲击"是攻击者最常用的攻击手段:主要是攻击者对包过滤防火墙发出一系列地址被替换成一连串顺序 IP 地址的信息包,一旦有一个包通过了防火墙,那么攻击者停止再发测试 IP 地址的信息包,用这个成功发送的地址来伪装他们所发出的对内部网有攻击性的信息。

(2)动态包过滤防火墙

静态包过滤防火墙的缺点,动态包过滤防火墙都可以避免。它采用的规则是发展为"包状态检测技术"的动态设置包过滤规则。动态包过滤防火墙可以根据需要动态的在过滤原则中增加或更新条目,在这点上静态包过滤防火墙是比不上它的,动态包过滤防火墙主要对建立的每一个连接都进行跟踪。

2. 代理防火墙

在这里我们了解的是代理防火墙。代理防火墙与包过滤防火墙不同之点在于,它的内外网之间不存在直接的连接,一般由两部分组成:服务器端程序和客户端程序,其中客户端程序通过中间节点与提供服务的服务器连接。代理防火墙提供了日志和审记服务。

代理防火墙也经历了两代:代理(应用层网关)防火墙和自适应代理防火墙。

(1)代理(应用层网关)防火墙

这种防火墙被网络安全专家认为是最安全的防火墙,主要是因为从内部发出的数据包经过这样的防火墙处理后,就像是源于防火墙外部网卡一样,可以达到隐藏内部网结构的作用。由于内外网的计算机对话机会根本没有,从而避免了入侵者使用数据驱动类型的攻击方式入侵内部网。

(2)自适应代理防火墙

自适应代理技术是商业应用防火墙中实现的一种革命性技术。它结合了代理(应用层网关)防火墙和包过滤防火墙的优点,即保证了安全性又保持了高速度,同时它的性能也在代理(应用层网关)防火墙的十倍以上,在一般的情况下,用户更倾向于这种防火墙。

我们把两种防火墙的优缺点的对比用下列图表的形式表示如表 3-3-1 所示。

表 3-3-1　两种类型防火墙的优缺点比较

防火墙类型	优点	缺点
包过滤防火墙	价格较低性能开销小,处理速度较快	定义复杂,容易出现速度较慢的现象,不太适用于高速网之间的应用
代理防火墙	内置了专门为提高安全性而编制的 Proxy 应用程序,能够透彻地理解相关服务的命令,对来往的数据包进行安全化处理	不能理解特定服务的上下文环境,相应控制只能在高层由代理服务和应用层网关完成

3.3.4 防火墙的典型配置

目前比较流行的有以下三种防火墙配置方案。

1. 双宿主机网关(Dual Homed Gateway)

这种配置是用一台装有两个网络适配器的双宿主机做防火墙。双宿主机用两个网络适配器分别连接两个网络，又称堡垒主机。

堡垒主机上运行着防火墙软件(通常是代理服务器)，可以转发应用程序，提供服务等。双宿主机网关有一个致命弱点，一旦入侵者侵入堡垒主机并使该主机只具有路由器功能，则任何网上用户均可以随便访问有保护的内部网络。

2. 屏蔽主机网关(Screened Host Gateway)

屏蔽主机网关易于实现，安全性好，应用广泛。它又分为单宿堡垒主机和双宿堡垒主机两种类型。先来看单宿堡垒主机类型。

一个包过滤路由器连接外部网络，同时一个堡垒主机安装在内部网络上。堡垒主机只有一个网卡，与内部网络连接。

通常在路由器上设立过滤规则，并使这个单宿堡垒主机成为从 Internet 唯一可以访问的主机，确保了内部网络不受未被授权的外部用户的攻击。而 Intranet 内部的客户机，可以受控制地通过屏蔽主机和路由器访问 Internet。

双宿堡垒主机型与单宿堡垒主机型的区别是，堡垒主机有两块网卡，一块连接内部网络，另一块连接包过滤路由器。

双宿堡垒主机在应用层提供代理服务，与单宿型相比更加安全。

3. 屏蔽子网(Screened Subnet)

这种方法是在 Intranet 和 Internet 之间建立一个被隔离的子网，用两个包过滤路由器将这一子网分别与 Intranet 和 Internet 分开。两个包过滤路由器放在子网的两端，在子网内构成一个"缓冲地带"，两个路由器一个控制 Intranet 数据流，另一个控制 Internet 数据流，Intranet 和 Internet 均可访问屏蔽子网，但禁止它们穿过屏蔽子网通信。可根据需要在屏蔽子网中安装堡垒主机，为内部网络和外部网络的互相访问提供代理服务，但是来自两个网络的访问都必须通过两个包过滤路由器的检查。对于向 Internet 公开的服务器，像WWW、FTP、Mail 等 Internet 服务器也可安装在屏蔽子网内，这样无论是外部用户，还是内部用户都可访问。

这种结构的防火墙安全性能高，具有很强的抗攻击能力，但需要的设备多，造价高。当然，防火墙本身也有其局限性，如不能防范绕过防火墙的入侵，像一般的防火墙不能防止受到病毒感染的软件或文件的传输；难以避免来自内部的攻击等等。总之，防火墙只是一种整体安全防范策略的一部分，仅有防火墙是不够的，安全策略还必须包括全面的安全准则，即网络访问、本地和远程用户认证、拨出拨入呼叫、磁盘和数据加密以及病毒防护等有关的安全策略。

3.3.5 各种防火墙体系结构的优缺点

1. 双重宿主主机体系结构

它提供来自与多个网络相连的主机的服务(但是路由关闭)，它围绕双重宿主主机构筑。该计算机至少有两个网络接口，位于因特网与内部网之间，并被连接到因特网和内部网。两个网络都可以与双重宿主主机通信,但相互之间不行,它们之间的 IP 通信被完全禁止。双重宿主主机仅能通过代理或用户直接登录到双重宿主主机来提供服务。它能提供级别非常高的控制,并保证内部网上没有外部的 IP 包。但这种体系结构中用户访问因特网的速度会较慢,也会因为双重宿主主机的被侵袭而失效。

2. 被屏蔽主机体系结构

使用一个单独的路由器提供来仅仅与内部网络相连的主机的服务。屏蔽路由器位于因特网与内部网之间,提供数据包过滤功能。堡垒主机是一个高度安全的计算机系统,通常因为它暴露于因特网之下,作为联结内部网络用户的桥梁,易受到侵袭损害。这里它位于内部网上,数据包过滤规则设置它为因特网上唯一能连接到内部网络上的主机系统。它也可以开放一些连接(由站点安全策略决定)到外部世界。在屏蔽路由器中,数据包过滤配置可以按下列之一执行。

(1) 允许其他内部主机,为了某些服务而开放到因特网上的主机连接(允许那些经由数据包过滤的服务)。

(2) 不允许来自内部主机的所有连接(强迫这些主机经由堡垒主机使用代理服务)。

这种体系结构通过数据包过滤来提供安全,而保卫路由器比保卫主机较易实现,因为它提供了非常有限的服务组,因此这种体系结构提供了比双重宿主主机体系结构更好的安全性和可用性。

这种体系结构的弊端是,若是侵袭者设法入侵堡垒主机,则在堡垒主机与其他内部主机之间无任何保护网络安全的东西存在;路由器同样可能出现单点失效,若被损害,则整个网络对侵袭者开放。

3. 被屏蔽子网体系结构

考虑到堡垒主机是内部网上最易被侵袭的机器(因为它可被因特网上用户访问),我们添加额外的安全层到被屏蔽主机体系结构中,将堡垒主机放在额外的安全层,构成了这种体系结构。这种在被保护的网络和外部网之间增加的网络,为系统提供了安全的附加层,称之为周边网。这种体系结构有两个屏蔽路由器,每一个都连接到周边网。一个位于周边网与内部网之间,称为内部路由器,另一个位于周边网与外部网之间,称之为外部路由器。堡垒主机位于周边网上。侵袭者若想侵袭内部网络,必须通过两个路由器,即使他入侵了堡垒主机,仍无法进入内部网。因此这种结构没有损害内部网络的单一易受侵袭点。

3.3.6 常见攻击方式以及应对策略

1. 常见攻击方式

(1) 病毒

尽管某些防火墙产品提供了在数据包通过时进行病毒扫描的功能,但仍然很难将所有的病毒(或特洛伊木马程序)阻止在网络外面,黑客很容易欺骗用户下载一个程序从而让恶意代码进入内部网。

策略:设定安全等级,严格阻止系统在未经安全检测的情况下执行下载程序;或者通过常用的基于主机的安全方法来保护网络。

(2) 口令字

对口令字的攻击方式有两种:穷举和嗅探。穷举针对来自外部网络的攻击,来猜测防火墙管理的口令字。嗅探针对内部网络的攻击,通过监测网络获取主机给防火墙的口令字。

策略:设计主机与防火墙通过单独接口通信(即专用服务器端口)、采用一次性口令或禁止直接登录防火墙。

（3）邮件

来自于邮件的攻击方式越来越突出,在这种攻击中,垃圾邮件制造者将一条消息复制成成千上万份,并按一个巨大的电子邮件地址清单发送这条信息,当不经意打开邮件时,恶意代码即可进入。

策略:打开防火墙上的过滤功能,在内网主机上采取相应阻止措施。

（4）IP 地址

黑客利用一个类似于内部网络的 IP 地址,以"逃过"服务器检测,从而进入内部网达到攻击的目的。

策略:通过打开内核 rp_filter 功能,丢弃所有来自网络外部但却有内部地址的数据包;同时将特定 IP 地址与 MAC 绑定,只有拥有相应 MAC 地址的用户才能使用被绑定的 IP 地址进行网络访问。

2. 应对策略

（1）方案选择

市场上的防火墙大致有软件防火墙和硬件防火墙两大类。软件防火墙需运行在一台标准的主机设备上,依托网络在操作系统上实现防火墙的各种功能,因此也称"个人"防火墙,其功能有限,基本上能满足单个用户。硬件防火墙是一个把硬件和软件都单独设计,并集成在一起,运行于自己专用的系统平台。由于硬件防火墙集合了软件,从功能上更为强大,目前已普遍使用。

在制造上,硬件防火墙须同时设计硬件和软件两方面。国外厂家基本上是将软件运算硬件化,将主要运算程序做成芯片,以减少 CPU 的运算压力;国内厂家的防火墙硬件平台仍使用通用 PC 系统,增加了内存容量,增大了 CPU 的频率。在软件性能方面,国外一些著名的厂家均采用专用的操作系统,自行设计防火墙,提供高性能的产品;而国内厂家大部分基于 Linux 操作平台,有针对性的修改代码、增加技术及系统补丁等。因此,国产防火墙与国外的相比仍有一定差距,但科技的进步,也生产出了较为优秀的产品。如北京天融信的 NG 系列产品,支持 TOPSEC 安全体系、多级过滤、透明应用代理等先进技术。

（2）结构透明

防火墙的透明性是指防火墙对于用户是透明的。以网桥的方式将防火墙接入网络,网络和用户无须做任何设置和改动,也根本意识不到防火墙的存在。然后根据自己企业的网络规模,以及安全策略来选择合适的防火墙的构造结构,如果经济实力雄厚的可采用屏蔽子网的拓扑结构。

（3）坚持策略

① 管理主机与防火墙专用服务器端口连接,形成单独管理通道,防止来自内外部的攻击。

② 使用 FTP、Telnet、News 等服务代理,以提供高水平的审计和潜在的安全性。

③ 支持"除非明确允许,否则就禁止"的安全防范原则。

④ 确定可接受的风险水平,如监测什么传输,允许和拒绝什么传输流通过。

（4）实施措施

好的防火墙产品应向使用者提供完整的安全检查功能,应有完善及时的售后服务。但一个安全的网络仍必须靠使用者的观察与改进,企业要达到真正的安全仍需内部的网络管理者不断记录、追踪、改进,定期对防火墙和相应操作系统的补丁程序进行升级。

3.3.7　防火墙的发展历程

1. 基于路由器的防火墙

由于多数路由器本身就包含有分组过滤功能,故网络访问控制可能通过路控制来实现,从而使具有分组过滤功能的路由器成为第一代防火墙产品。

（1）第一代防火墙产品的特点

① 利用路由器本身对分组的解析,以访问控制表（Access List）方式实现对分组的过滤。

② 过滤判断的依据可以是:地址、端口号、IP 旗标及其他网络特征。

③ 只有分组过滤的功能,且防火墙与路由器是一体的。这样,对安全要求低的网络可以采用路由器附带防火墙功能的方法,而对安全性要求高的网络则需要单独利用一台路由器作为防火墙。

（2）第一代防火墙产品的不足之处

① 路由协议十分灵活,本身具有安全漏洞,外部网络要探寻内部网络十分容易。例如,在使用 FTP 协议时,外部服务器容易从 20 号端口上与内部网相连,即使在路由器上设置了过滤规则,内部网络的 20 号端口仍可以由外部探寻。

② 路由器上分组过滤规则的设置和配置存在安全隐患。对路由器中过滤规则的设置和配置十分复杂,它涉及规则的逻辑一致性。作用端口的有效性和规则集的正确性,一般的网络系统管理员难于胜任,加之一旦出现新的协议,管理员就得加上更多的规则去限制,这往往会带来很多错误。

③ 路由器防火墙的最大隐患是:黑客（Hacker）可以"假冒"地址。由于信息在网络上是以明文方式传送的,黑客可以在网络上伪造假的路由信息欺骗防火墙。

路由器防火墙的本质缺陷是:由于路由器的主要功能是为网络访问提供动态的、灵活的路由,而防火墙则要对访问行为实施静态的、固定的控制,这是一对难以调和的矛盾,防火墙的规则设置会大大降低路由器的性能。

可以说基于路由器的防火墙技术只是网络安全的一种应急措施,用这种权宜之计去对付黑客的攻击是十分危险的。

2. 用户化的防火墙工具套

为了弥补路由器防火墙的不足,很多大型用户纷纷要求以专门开发的防火墙系统来保护自己的网络,从而推动了用户防火墙工具套的出现。

（1）作为第二代防火墙产品,用户化的防火墙工具套具有以下特征:

① 将过滤功能从路由器中独立出来,并加上审计和告警功能;

② 针对用户需求,提供模块化的软件包;

③ 软件可以通过网络发送，用户可以自己动手构造防火墙；

④ 与第一代防火墙相比，安全性提高了，价格也降低了。

（2）第二代防火墙产品的缺点

① 无论在实现上还是在维护上都对系统管理员提出了相当复杂的要求，配置和维护过程复杂、费时；

② 对用户的技术要求高；

③ 全软件实现，使用中出现差错的情况很多。

3. 建立在通用操作系统上的防火墙

基于软件的防火墙在销售、使用和维护上的问题迫使防火墙开发商很快推出了建立在通用操作系统上的商用防火墙产品。

（1）操作系统上的防火墙的特点

① 是批量上市的专用防火墙产品；

② 包括分组过滤或者借用路由器的分组过滤功能；

③ 装有专用的代理系统，监控所有协议的数据和指令；

④ 保护用户编程空间和用户可配置内核参数的设置；

⑤ 安全性和速度大大提高。

第三代防火墙有以纯软件实现的，也有以硬件方式实现的，它们已经得到了广大用户的认同。但随着安全需求的变化和使用时间的推延，仍表现出不少问题。

（2）操作系统上的防火墙的缺点

① 作为基础的操作系统及其内核往往不为防火墙管理者所知，由于源码的保密，其安全性无从保证；

② 由于大多数防火墙厂商并非通用操作系统的厂商，通用操作系统厂商不会对操作系统的安全性负责；

③ 从本质上看，第三代防火墙既要防止来自外部网络的攻击，又要防止来自操作系统厂商的攻击；

④ 在功能上包括了分组过滤、应用网关、电路级网关且具有加密鉴别功能；

⑤ 透明性好，易于使用。

4. 第四代防火墙

（1）第四代防火墙的主要技术及功能

第四代防火墙产品将网关与安全系统合二为一，具有以下技术功能。

1）双端口或三端口的结构

新一代防火墙产品具有两个或三个独立的网卡，内外两个网卡可不做 IP 转化而串接于内部与外部之间，另一个网卡可专用于对服务器的安全保护。

2）透明的访问方式

以前的防火墙在访问方式上要么要求用户做系统登录，要么需要通过 SOCKS 等库路径修改客户机的应用。第四代防火墙利用了透明的代理系统技术，从而降低了系统登录固有的安全风险和出错概率。

3）灵活的代理系统

代理系统是一种将信息从防火墙的一侧传送到另一侧的软件模块，第四代防火墙采用了两种代理机制:一种用于代理从内部网络到外部网络的连接;另一种用于代理从外部网络到内部网络的连接。前者采用网络地址转接(NIT)技术来解决,后者采用非保密的用户定制代理或保密的代理系统技术来解决。

4) 多级过滤技术

为保证系统的安全性和防护水平,第四代防火墙采用了三级过滤措施,并辅以鉴别手段。在分组过滤一级,能过滤掉所有的源路由分组和假冒 IP 地址;在应用级网关一级,能利用 FTP、SMTP 等各种网关,控制和监测 Internet 提供的所有通用服务;在电路网关一级,实现内部主机与外部站点的透明连接,并对服务的通行实行严格控制。

5) 网络地址转换技术

第四代防火墙利用 NAT 技术能透明地对所有内部地址做转换,使得外部网络无法了解内部网络的内部结构,同时允许内部网络使用自己编的 IP 源地址和专用网络,防火墙能详尽记录每一个主机的通信,确保每个分组送往正确的地址。

6) Internet 网关技术

由于是直接串联在网络之中,第四代防火墙必须支持用户在 Internet 互联的所有服务,同时还要防止与 Internet 服务有关的安全漏洞,故它要能够以多种安全的应用服务器(包括 FTP、Finger、mail、Ident、News、WWW 等)来实现网关功能。为确保服务器的安全性,对所有的文件和命令均要利用"改变根系统调用(chroot)"做物理上的隔离。

在域名服务方面,第四代防火墙采用两种独立的域名服务器:一种是内部 DNS 服务器,主要处理内部网络和 DNS 信息;另一种是外部 DNS 服务器,专门用于处理机构内部向 Internet 提供的部分 DNS 信息。

在匿名 FTP 方面,服务器只提供对有限受保护的部分目录的只读访问。在 WWW 服务器中,只支持静态的网页,而不允许图形或 CGI 代码等在防火墙内运行。在 Finger 服务器中,对外部访问,防火墙只提供可由内部用户配置的基本的文本信息,而不提供任何与攻击有关的系统信息。SMTP 与 POP 邮件服务器要对所有进、出防火墙的邮件做处理,并利用邮件映射与标头剥除的方法隐除内部的邮件环境。Ident 服务器对用户连接的识别做专门处理,网络新闻服务则为接收来自 ISP 的新闻开设了专门的磁盘空间。

7) 安全服务器网络(SSN)

为了适应越来越多的用户向 Internet 上提供服务时对服务器的需要,第四代防火墙采用分别保护的策略对用户上网的对外服务器实施保护,它利用一张网卡将对外服务器作为一个独立网络处理,对外服务器既是内部网络的一部分,又与内部网关完全隔离,这就是安全服务器网络(SSN)技术。而对 SSN 上的主机既可单独管理,也可设置成通过 FTP、Telnet 等方式从内部网上管理。

SSN 方法提供的安全性要比传统的"隔离区(DMZ)"方法好得多,因为 SSN 与外部网之间有防火墙保护,SSN 与内部网之间也有防火墙的保护,而 DMZ 只是一种在内、外部网络网关之间存在的一种防火墙方式。换言之,一旦 SSN 受破坏,内部网络仍会处于防火墙的保护之下,而一旦 DMZ 受到破坏,内部网络便暴露于攻击之下。

8) 用户鉴别与加密

为了减低防火墙产品在 Telnet、FTP 等服务和远程管理上的安全风险,鉴别功能必不可少。第四代防火墙采用一次性使用的口令系统来作为用户的鉴别手段,并实现了对邮件的加密。

为了满足特定用户的特定需求,第四代防火墙在提供众多服务的同时,还为用户定制提供支持,这类选项有:通用 TCP、出站 UDP、FTP、SMTP 等,如果某一用户需要建立一个数据库的代理,便可以利用这些支持,方便设置。

9）审计和告警

第四代防火墙产品采用的审计和告警功能十分健全,日志文件包括:一般信息、内核信息、核心信息、接收邮件、邮件路径、发送邮件、已收消息、已发消息、连接需求、已鉴别的访问、告警条件、管理日志、进站代理、FTP 代理、出站代理、邮件服务器、名服务器等。告警功能会守住每一个 TCP 或 UDP 探寻,并能以发出邮件、声响等多种方式报警。

此外,第四代防火墙还在网络诊断、数据备份保全等方面具有特色。

（2）第四代防火墙的抗攻击能力

作为一种安全防护设备,防火墙在网络中自然是众多攻击者的目标,故抗攻击能力也是防火墙的必备功能。在 Internet 环境中针对防火墙的攻击很多,下面从几种主要的攻击方法来评估第四代防火墙的抗攻击能力。

1）抗 IP 假冒攻击

IP 假冒攻击是指一个非法的主机假冒内部的主机地址,骗取服务器的"信任",从而达到对网络的攻击目的。由于第四代防火墙已经将网内的实际地址隐蔽起来,外部用户很难知道内部的 IP 地址,因而难以攻击。

2）抗特洛伊木马攻击

特洛伊木马能将病毒或破坏性程序传入计算机网络,且通常是将这些恶意程序隐蔽在正常的程序之中,尤其是热门程序或游戏,一些用户下载并执行这一程序,其中的病毒便会发作。第四代防火墙是建立在安全的操作系统之上的,其内核中不能执行下载的程序,故而可以防止特洛伊木马的发生。必须指出的是,防火墙能抗特洛伊木马的攻击并不表明其保护的某个主机也能防止这类攻击。事实上,内部用户可以通过防火墙下载程序,并执行下载的程序。

3）抗口令字探寻攻击

在网络中探寻口令的方法很多,最常见的是口令嗅探和口令解密。嗅探是通过监测网络通信,截获用户传给服务器的口令字,记录下来,以便使用;解密是指采用强力攻击、猜测或截获含有加密口令的文件,并设法解密。此外,攻击者还常常利用一些常用口令字直接登录。

第四代防火墙采用了一次性口令字和禁止直接登录防火墙措施,能够有效防止对口令字的攻击。

4）抗网络安全性分析

网络安全性分析工具是提供管理人员分析网络安全性之用的,一旦这类工具用作攻击网络的手段,则能够比较方便地探测到内部网络的安全缺陷和弱点所在。目前,SATA 软件可以从网上免费获得,Internet Scanner 可以从市面上购买,这些分析工具给网络安全构成了直接的威胁。第四代防火墙采用了地址转换技术,将内部网络隐蔽起来,使网络安全分析工具无法从外部对内部网络做分析。

5）抗邮件诈骗攻击

邮件诈骗也是越来越突出的攻击方式,第四代防火墙不接收任何邮件,故难以采用这种方式对它攻击,同样值得一提的是,防火墙不接收邮件,并不表示它不让邮件通过,实际上用户仍可收发邮件,内部用户要防邮件诈骗,最终的解决办法是对邮件加密。

3.3.8 防火墙的发展趋势

1. 优良的性能

新一代的防火墙系统不仅应该能够更好地保护防火墙后面内部网络的安全,而且应该具有更为优良的整体性能。传统的代理型防火墙虽然可以提供较高级别的安全保护,但是同时它也成为限制网络带宽的瓶颈,这极大地制约了在网络中的实际应用。数据通过率是表示防火墙性能的参数,由于不同防火墙的不同功能具有不同的工作量和系统资源要求,因此数据在通过防火墙时会产生延时。数据通过率越高,防火墙性能越好。现在大多数的防火墙产品都支持 NAT 功能,它可以让防火墙受保护一边的 IP 地址不至于暴露在没有保护的另一边,但是启用 NAT 后势必会对防火墙系统的性能有所影响。目前如何尽量减少这种影响也成为防火墙产品的卖点之一。另外防火墙系统中集成的 VPN 解决方案必须是真正的线速运行,否则将成为网络通信的瓶颈。

2. 可扩展的结构和功能

对于一个好的防火墙系统而言,它的规模和功能应该能够适应内部网络的规模和安全策略的变化。选择哪种防火墙,除了应考虑它的基本性能之外,毫无疑问,还应考虑用户的实际需求与未来网络的升级。

未来的防火墙系统应是一个可随意伸缩的模块化解决方案,从最为基本的包过滤器到带加密功能的 VPN 型包过滤器,直至一个独立的应用网关,使用户有充分的余地构建自己所需要的防火墙体系。

3. 简化的安装与管理

防火墙的确可以帮助管理员加强内部网的安全性。一个不具体实施任何安全策略的防火墙无异于高级摆设。防火墙产品配置和管理的难易程度是防火墙能否达到目的的主要考虑因素之一。实践证明许多防火墙产品并未起到预期作用的一个不容忽视的原因在于配置和实现上的错误。同时,若防火墙的管理过于困难,则可能会造成设定上的错误,反而不能达到其功能。因此未来的防火墙将具有非常易于进行配置的图形用户界面。NT 防火墙市场的发展证明了这种趋势。Windows NT 提供了一种易于安装和易于管理的基础。尽管基于 NT 的防火墙通常落后于基于 UNIX 的防火墙,但 NT 平台的简单性以及它方便的可用性大大推动了基于 NT 的防火墙的销售。

4. 主动过滤

防火墙开发商通过建立功能更强大的 Web 代理对这种需要做出了回应。例如,许多防火墙具有内置病毒和内容扫描功能或允许用户与病毒与内容扫描程序进行集成。今天,许多防火墙都包括对过滤产品的支持,并可以与第三方过滤服务连接,这些服务提供了不受欢迎 Internet 站点的分类清单。防火墙还在它们的 Web 代理中包括时间限制功能,允许非工作时间的冲浪和登录,并提供冲浪活动的报告。

5. 防病毒与防黑客

尽管防火墙在防止黑客进入上发挥了很好的作用,但 TCP/IP 协议套件中存在的脆弱性使 Internet 对拒绝服务攻击敞开了大门。在拒绝服务攻击中，黑客试图使企业 Internet 服务饱和或使与它连接的系统崩溃，使 Internet 无法供企业使用。防火墙市场已经对此做出了反应。虽然没有防火墙可以防止所有的拒绝服务攻击，但防火墙厂商一直在尽其可能阻止拒绝服务攻击。像序列号预测和 IP 欺骗这类简单攻击，这些年来已经成为了防火墙工具箱的一部分。像 SYN 泛滥这类更复杂的拒绝服务攻击需要厂商部署更先进的检测和避免方案来对付。SYN 泛滥可以锁死 Web 和邮件服务，这样没有数据流可以进入。

第4章 实训指导

4.1 使用 eNSP 搭建基础网络实验

4.1.1 实验 4-1 搭建基础 IP 网络

学习目标

• 掌握 eNSP 模拟器的基本设置方法；

• 掌握使用 eNSP 搭建简单的端到端网络的方法；

• 掌握在 eNSP 中使用 Wireshark 捕获 IP 报文的方法。

场景

在本实验中，用户将熟悉华为 eNSP 模拟器的基本使用，并使用模拟器自带的抓包软件捕获网络中的报文，以便更好地理解 IP 网络的工作原理。

操作步骤

步骤一 启动 eNSP

本步骤介绍 eNSP 模拟器的启动与初始化界面。通过模拟器的使用将能够帮助用户快速学习与掌握 TCP/IP 的原理知识，熟悉网络中的各种操作。

开启 eNSP 后，将看到如图 4-1-1 所示界面。左侧面板中的图标代表 eNSP 所支持的各种产品及设备，中间面板则包含多种网络场景的样例。

图 4-1-1

单击窗口左上角的"新建"图标,创建一个新的实验场景。

用户可以在弹出的空白界面上搭建网络拓扑图,练习组网,分析网络行为。在本示例中,需要使用两台终端系统建立一个简单的端到端网络。

步骤二　建立拓扑

如图 4-1-2 所示,在左侧面板顶部,单击"终端"图标。在显示的终端设备中,选中"PC"图标,把图标拖动到空白界面上。

图 4-1-2

使用相同步骤,再拖动一个 PC 图标到空白界面上,建立一个端到端网络拓扑。PC 设备模拟的是终端主机,可以再现真实的操作场景。

步骤三　建立一条物理连接

如图 4-1-3 所示,在左侧面板顶部,单击"设备连线"图标。在显示的媒介中,选择"Copper(Ethernet)"图标。单击图标后,光标代表一个连接器。单击客户端设备,会显示该模拟设备包含的所有端口。单击"Ethernet 0/0/1"选项,连接此端口。

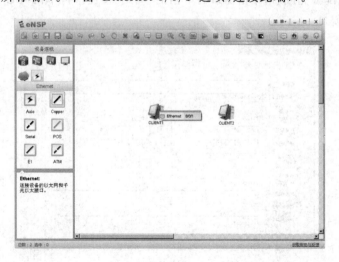

图 4-1-3

单击另外一台设备并选择"Ethernet 0/0/1"端口作为该连接的终点,此时,两台设备间的连接完成。

可以观察到,在已建立的端到端网络中,连线的两端显示的是两个红点,表示该连线连接的两个端口都处于 Down 状态。

步骤四　进入终端系统配置界面

如图 4-1-4 所示,右击一台终端设备,在弹出的属性菜单中选择"设置"选项,查看该设备的系统配置信息。

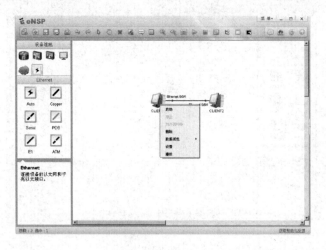

图 4-1-4

弹出的设置属性窗口包含"基础配置""命令行""组播"与"UDP 发包工具"四个标签页,分别用于不同需求的配置。

步骤五　配置终端系统

选择"基础配置"标签页,在"主机名"文本框中输入主机名称。在"IPv4 配置"区域,单击"静态"选项按钮。在"IP 地址"文本框中输入 IP 地址。建议按照图 4-1-5 所示配置 IP 地址及子网掩码。配置完成后,单击窗口右下角的"应用"按钮。再单击"CLIENT1"窗口右上角的 ⌧ 关闭该窗口。

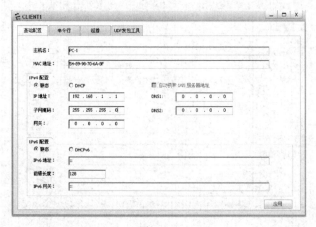

图 4-1-5

使用相同步骤配置 CLIENT2。建议将 CLIENT2 的 IP 地址配置为 192.168.1.2，子网掩码配置为 255.255.255.0。

完成基础配置后，两台终端系统可以成功建立端到端通信。

步骤六   启动终端系统设备

可以使用以下两种方法启动设备：

• 右击一台设备，在弹出的菜单中，选择"启动"选项，启动该设备；

• 拖动光标选中多台设备如图 4-1-6 所示，通过右击显示菜单，选择"启动"选项，启动所有设备。

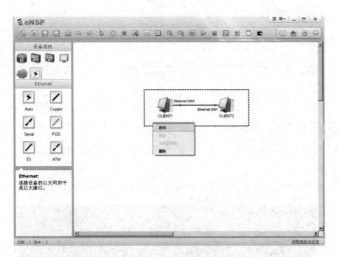

图 4-1-6

设备启动后，线缆上的红点将变为绿色，表示该连接为 up 状态。

当网络拓扑中的设备变为可操作状态后，用户可以监控物理链接中的接口状态与介质传输中的数据流。

步骤七   捕获接口报文

如图 4-1-7 所示，选中设备并右击，在显示的菜单中单击"数据抓包"选项后，会显示设备上可用于抓包的接口列表。从列表中选择需要被监控的接口。

接口选择完成后，Wireshark 抓包工具会自动激活，捕获选中接口所收发的所有报文。如需监控更多接口，重复上述步骤，选择不同接口即可，Wireshark 将会为每个接口激活不同实例来捕获数据包。

根据被监控设备的状态，Wireshark 可捕获选中接口上产生的所有流量，生成抓包结果。在本实例的端到端组网中，需要先通过配置来产生一些流量，再观察抓包结果。

步骤八   生成接口流量

可以使用以下两种方法打开命令行界面：

• 双击设备图标，在弹出的窗口中选择"命令行"标签页；

• 右击设备图标，在弹出的属性菜单中，选择"设置"选项，然后在弹出的窗口中选择"命令行"标签页。

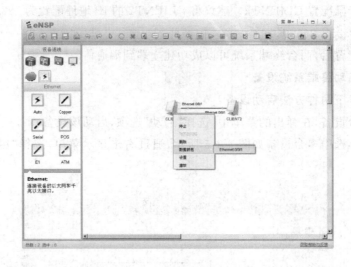

图 4-1-7

产生流量最简单的方法是使用 ping 命令发送 ICMP 报文。在命令行界面输入 ping <ip address>命令,其中<ip address>设置为对端设备的 IP 地址。

图 4-1-8

生成的流量会在该界面的回显信息中显示,包含发送的报文和接收的报文。

生成流量之后,通过 Wireshark 捕获报文并生成抓包结果。用户可以在抓包结果中查看到 IP 网络的协议的工作过程,以及报文中所基于 OSI 参考模型各层的详细内容。

步骤九 观察捕获的报文

查看 Wireshark 所抓取到的报文的结果。

Wireshark 程序包含许多针对所捕获报文的管理功能。其中一个比较常见的功能是过滤功能,可用来显示某种特定报文或协议的抓包结果。在菜单栏下面的"Filter"文本框里输入过滤条件,就可以使用该功能。最简单的过滤方法是在文本框中先输入协议名称(小写字母),再按 Enter 键。在本示例中,Wireshark 抓取了 ICMP 与 ARP 两种协议的报文。在

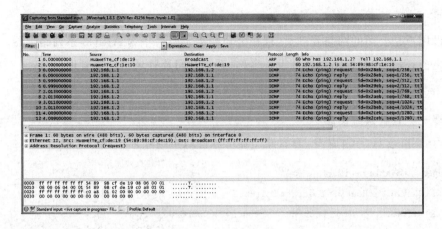

图 4-1-9

"Filter"文本框中输入 ICMP 或 ARP 再按 Enter 键后,在回显中就将只显示 ICMP 或 ARP 报文的捕获结果。

Wireshark 界面包含三个面板,分别显示的是数据包列表、每个数据包的内容明细以及数据包对应的十六进制的数据格式。报文内容明细对于理解协议报文格式十分重要,同时也显示了基于 OSI 参考模型的各层协议的详细信息。

4.2 设备基础配置实验

4.2.1 实验 4-2 设备基础配置

学习目标

- 掌握设备系统参数的配置方法,包括设备名称、系统时间及系统时区;
- 掌握 Console 口空闲超时时长的配置方法;
- 掌握登录信息的配置方法;
- 掌握登录密码的配置方法;
- 掌握保存配置文件的方法;
- 掌握配置路由器接口 IP 地址的方法;
- 掌握测试两台直连路由器连通性的方法;
- 掌握重启设备的方法。

设备基础配置拓扑图如图 4-2-1 所示。

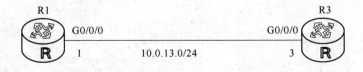

图 4-2-1 设备基础配置拓扑图

场景

假设用户是公司的网络管理员,现在公司购买了两台华为 AR G3 系列路由器。路由器在使用之前,需要先配置路由器的设备名称、系统时间及登录密码等管理信息。

操作步骤

步骤一　查看系统信息

执行 display version 命令,查看路由器的软件版本与硬件信息。

```
<Huawei>display version
Huawei Versatile Routing Platform Software
VRP(R)software,Version 5.120(AR2200 V200R003C00SPC200)
Copyright(C)2011-2013 HUAWEI TECH CO.,LTD
Huawei AR2220 Router uptime is 0 week,3 days,21 hours,43 minutes
BKP 0 version information:
......output omitted......
```

命令回显信息中包含了 VRP 版本,设备型号和启动时间等信息。

步骤二　修改系统时间

VRP 系统会自动保存时间,但如果时间不正确,可以在用户视图下执行 clock timezone 命令和 clock datetime 命令修改系统时间。

```
<Huawei>clock timezone Local add 08:00:00
<Huawei>clock datetime 12:00:00 2013-09-15
```

用户可以修改 Local 字段为当前地区的时区名称。如果当前时区位于 UTC+0 时区的西部,需要把 add 字段修改为 minus。

执行 display clock 命令查看生效的新系统时间。

```
<Huawei>display clock
2013-09-15 12:00:21
Sunday
Time Zone(Default Zone Name):UTC+00:00
```

步骤三　帮助功能和命令自动补全功能

在系统中输入命令时,问号是通配符,Tab 键是自动联想并补全命令的快捷键。

```
<Huawei>display ?
  Cellular                    Cellular interface
  aaa                         AAA
  · access-user               User access
  accounting-scheme           Accounting scheme
  acl                         <Group> acl command group
  actual                      Current actual
  adp-ipv4                    Ipv4 information
```

```
adp-mpls                    Adp-mpls module
alarm                       Alarm
antenna                     Current antenna that outputting radio
anti-attack                 Specify anti-attack configurations
ap                          <Group> ap command group
ap-auth-mode                Display AP authentication mode
...output omit...
```

在输入信息后输入"?"可查看以输入字母开头的命令。如输入"dis?",设备将输出所有以 dis 开头的命令。

在输入的信息后增加空格,再输入"?",这时设备将尝试识别输入的信息所对应的命令,然后输出该命令的其他参数。例如输入"dis ?",如果只有 display 命令是以 dis 开头的,那么设备将输出 display 命令的参数;如果以 dis 开头的命令还有其他的,设备将报错。

另外可以使用键盘上 Tab 键补全命令,比如输入"dis"后,按键盘"Tab"键可以将命令补全为"display"。如有多个以"dis"开头的命令存在,则在多个命令之间循环切换。

命令在不发生歧义的情况下可以使用简写,如"display"可以简写为"dis"或"disp"等,"interface"可以简写为"int"或"inter"等。

步骤四　进入系统视图

使用 system-view 命令可以进入系统视图,这样才可以配置接口、协议等内容。

```
<Huawei>system-view
Enter system view,return user view with Ctrl + Z.
[Huawei]
```

步骤五　修改设备名称

配置设备时,为了便于区分,往往给设备定义不同的名称。下面依照实验拓扑图,修改设备名称。

修改 R1 路由器的设备名称为 R1。

```
[Huawei]sysname R1
[R1]
```

修改 R3 路由器的设备名称为 R3。

```
[Huawei]sysname R3
[R3]
```

步骤六　配置登录信息

配置登录标语信息来进行提示或进行登录警告。执行 header shell information 命令配置登录信息。

```
[R1]header shell information "Welcome to the Huawei certification lab."
```

退出路由器命令行界面,再重新登录命令行界面,查看登录信息是否已经修改。

```
[R1]quit
<R1>quit
   Configuration console exit,please press any key to log on
Welcome to the Huawei certification lab.
<R1>
```

步骤七　配置 Console 口参数

在默认情况下,通过 Console 口登录无密码,任何人都可以直接连接到设备,进行配置。为避免由此带来的风险,可以将 Console 接口登录方式配置为密码认证方式,密码为明文形式的"huawei"。

空闲时间指的是经过没有任何操作的一定时间后,会自动退出该配置界面,再次登录会根据系统要求,提示输入密码进行验证。

设置空闲超时时间为 20 分钟,默认为 10 分钟。

```
[R1]user-interface console 0
[R1-ui-console0]authentication-mode password
[R1-ui-console0]set authentication password cipher huawei
[R1-ui-console0]idle-timeout 20 0
```

执行 display this 命令查看配置结果。

```
[R1-ui-console0]display this
[V200R003C01SPC200]
#
user-interface con 0
   authentication-mode password
   set authentication password cipher % $ % $ fIn'6>NZ6 * ~as(#J:WU% ,#72Uy8cVlN^NXkT51E ^
RX;>#75,% $ % $
   idle-timeout 20 0
```

退出系统,并使用新配置的密码登录系统。需要注意的是,在路由器第一次初始化启动时,也需要配置密码。

```
[R1-ui-console0]return
<R1>quit
   Configuration console exit,please press any key to log on
Welcome to Huawei certification lab
<R1>
```

步骤八　配置接口 IP 地址和描述信息

配置 R1 上 GigabitEthernet 0/0/0 接口的 IP 地址。使用点分十进制格式(如 255.255.255.0)或根据子网掩码前缀长度配置子网掩码。

```
[R1]interface GigabitEthernet 0/0/0
[R1-GigabitEthernet0/0/0]ip address 10.0.13.1 24
[R1-GigabitEthernet0/0/0]description This interface connects to R3-G0/0/0
```

在当前接口视图下,执行 display this 命令查看配置结果。

```
[R1-GigabitEthernet0/0/0]display this
[V200R003C00SPC200]
#
interface GigabitEthernet0/0/0
  description This interface connects to R3-G0/0/0
  ip address 10. 0. 13. 1 255. 255. 255. 0
#
Return
```

执行 display interface 命令查看接口信息。

```
[R1]display interface GigabitEthernet0/0/0
GigabitEthernet0/0/0 current state:UP
Line protocol current state:UP
Last line protocol up time:2013-10-08 04:13:09
Description:This interface connects to R3-G0/0/0
Route Port,The Maximum Transmit Unit is 1500
Internet Address is 10. 0. 13. 1/24
IP Sending Frames' Format is PKTFMT_ETHNT_2,Hardware address is 5489-9876-830b
Last physical up time:2013-10-08 03:24:01
Last physical down time:2013-10-08 03:25:29
Current system time:2013-10-08 04:15:30
Port Mode:FORCE COPPER
Speed:100,Loopback:NONE
Duplex:FULL,Negotiation:ENABLE
Mdi:AUTO
Last 300 seconds input rate 2296 bits/sec,1 packets/sec
Last 300 seconds output rate 88 bits/sec,0 packets/sec
Input peak rate 7392 bits/sec,Record time:2013-10-08 04:08:41
Output peak rate 1120 bits/sec,Record time:2013-10-08 03:27:56
Input:3192 packets,895019 bytes
    Unicast:              0,        Multicast:          1592
    Broadcast:         1600,        Jumbo:                 0
    Discard:              0,        Total Error:           0
    CRC:                  0,        Giants:                0
    Jabbers:              0,        Throttles:             0
    Runts:                0,        Symbols:               0
    Ignoreds:             0,        Frames:                0
Output:181 packets,63244 bytes
    Unicast:              0,        Multicast:             0
    Broadcast:          181,        Jumbo:                 0
    Discard:              0,        Total Error:           0
```

```
   Collisions:            0,            ExcessiveCollisions:          0
   Late Collisions:       0,            Deferreds:                    0
     Input bandwidth utilization threshold:100.00%
     Output bandwidth utilization threshold:100.00%
     Input bandwidth utilization:0.01%
     Output bandwidth utilization:0%
```

从命令回显信息中可以看到,接口的物理状态与协议状态均为 Up,表示对应的物理层与数据链路层均可用。

配置 R3 上 GigabitEthernet 0/0/0 接口的 IP 地址与描述信息。

```
[R3]interface GigabitEthernet 0/0/0
[R3-GigabitEthernet0/0/0]ip address 10.0.13.3 255.255.255.0
[R3-GigabitEthernet0/0/0]description This interface connects to R1-G0/0/0
```

配置完成后,通过执行 ping 命令测试 R1 和 R3 间的连通性。

```
<R1>ping 10.0.13.3
  PING 10.0.13.3:56   data bytes,press CTRL_C to break
    Reply from 10.0.13.3:bytes = 56 Sequence = 1 ttl = 255 time = 35 ms
    Reply from 10.0.13.3:bytes = 56 Sequence = 2 ttl = 255 time = 32 ms
    Reply from 10.0.13.3:bytes = 56 Sequence = 3 ttl = 255 time = 32 ms
    Reply from 10.0.13.3:bytes = 56 Sequence = 4 ttl = 255 time = 32 ms
    Reply from 10.0.13.3:bytes = 56 Sequence = 5 ttl = 255 time = 32 ms
  --- 10.0.13.3 ping statistics ---
    5 packet(s)transmitted
    5 packet(s)received
    0.00% packet loss
round-trip min/avg/max = 32/32/35 ms
```

步骤九　查看当前设备上存储的文件列表

在用户视图下执行 dir 命令,查看当前目录下的文件列表。

```
<R1>dir
Directory of sd1:/
  Idx  Attr      Size(Byte)  Date          Time(LMT)     FileName
   0   -rw-      1,738,816   Mar 14 2013   11:50:24      web.zip
   1   -rw-      68,288,896  Mar 14 2013   14:17:58      ar2220-v200r003c00spc200.cc
   2   -rw-      739         Mar 14 2013   16:01:17      vrpcfg.zip
1,927,476 KB total(1,856,548 KB free)


<R3>dir
Directory of sd1:/
  Idx  Attr      Size(Byte)  Date          Time(LMT)     FileName
   0   -rw-      1,738,816   Mar 14 2013   11:50:58      web.zip
```

```
  1  -rw-        68,288,896  Mar 14 2013        14:19:02   ar2220-v200r003c00spc200.cc
  2  -rw-               739  Mar 14 2013        16:03:04   vrpcfg.zip
1,927,476 KB total(1,855,076 KB free)
```

步骤十　管理设备配置文件

执行 display saved-configuration 命令查看保存的配置文件。

```
<R1>display saved-configuration
  There is no correct configuration file in FLASH
```

系统中没有已保存的配置文件。执行 save 命令保存当前配置文件。

```
<R1>save
  The current configuration will be written to the device.
  Are you sure to continue? (y/n)[n]:y
  It will take several minutes to save configuration file,please wait...........
  Configuration file had been saved successfully
  Note:The configuration file will take effect after being activated
```

重新执行 display saved-configuration 命令查看已保存的配置信息。

```
<R1>display saved-configuration
[V200R003C00SPC200]
#
 sysname R1
 header shell information "Welcome to Huawei certification lab"
#
 board add 0/1 1SA
 board add 0/2 1SA
......output omit......
```

执行 display current-configuration 命令查看当前配置信息。

```
<R1>display current-configuration
[V200R003C00SPC200]
#
 sysname R1
 header shell information "Welcome to Huawei certification lab"
#
 board add 0/1 1SA
 board add 0/2 1SA
 board add 0/3 2FE
......output omit......
```

一台路由器可以存储多个配置文件。执行 display startup 命令查看下次启动时使用的配置文件。

```
<R3>display startup
MainBoard:
  Startup system software:
  sd1:/ar2220-v200r003c00spc200.cc
  Next startup system software:
  sd1:/ar2220-v200r003c00spc200.cc
  Backup system software for next startup:        null
  Startup saved-configuration file:               null
  Next startup saved-configuration file: sd1:/vrpcfg.zip
  Startup license file:                           null
  Next startup license file:                      null
  Startup patch package:                          null
  Next startup patch package:                     null
  Startup voice-files:                            null
  Next startup voice-files:                       null
```

删除闪存中的配置文件。

```
<R1>reset saved-configuration
This will delete the configuration in the flash memory.
The device configurations will be erased to reconfigure.
Are you sure? (y/n)[n]:y
 Clear the configuration in the device successfully.


<R3>reset saved-configuration
This will delete the configuration in the flash memory.
The device configurations will be erased to reconfigure.
Are you sure? (y/n)[n]:y
Clear the configuration in the device successfully.
```

步骤十一　重启设备

执行 reboot 命令重启路由器。

```
<R1>reboot
Info:The system is now comparing the configuration,please wait.
Warning:All the configuration will be saved to the next startup configuration. Continue ? [y/n]:n
System will reboot! Continue ? [y/n]:y
Info:system is rebooting,please wait...


<R3>reboot
Info:The system is now comparing the configuration,please wait.
Warning:All the configuration will be saved to the next startup configuration. Continue ? [y/n]:n
System will reboot! Continue ? [y/n]:y
```

系统提示是否保存当前配置,可根据实验要求决定是否保存当前配置。如果无法确定是否保存,则不保存当前配置。

配置文件代码如下。

```
[R1]display current-configuration
[V200R003C00SPC200]
#
 sysname R1
 header shell information "Welcome to Huawei certification lab"
#
interface GigabitEthernet0/0/0
 description This interface connects to R3-G0/0/0
 ip address 10.0.13.1 255.255.255.0
#
user-interface con 0
 authentication-mode password
 set authentication password
cipher % $ % $ 4D0K * -E"t/I7[{HD~kgW,% dgkQQ! &|;XTDq9SFQJ.27M % dj,% $ % $
 idle-timeout 20 0
#
return

[R3]dispay current-configuration
[V200R003C00SPC200]
#
 sysname R3
#
interface GigabitEthernet0/0/0
 description This interface connect to R1-G0/0/0
 ip address 10.0.13.3 255.255.255.0
#
user-interface con 0
 authentication-mode password
 set authentication password
cipher % $ % $ M8\HO3:72:ERQ8JLoHU8,% t + 1E:$ 9 = a7"8 % yMoARB]$ B % t.,% $ % $
user-interface vty 0 4
#
Return
```

4.3 以太网与 VLAN 实验

4.3.1 实验 4-3 以太网接口和链路配置

学习目标

• 掌握接口速率和双工模式的配置方法；

- 掌握使用手动模式配置链路聚合的方法；
- 掌握使用静态 LACP 模式配置链路聚合的方法；
- 掌握在静态 LACP 模式下配置接口优先级的方法。

以太网链路聚合拓扑图如图 4-3-1 所示。

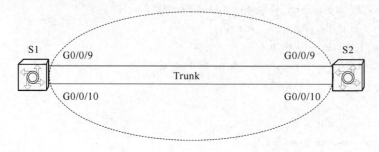

图 4-3-1　以太网链路聚合拓扑图

场景

假设用户是公司的网络管理员。现在公司购买了两台华为的 S5700 系列的交换机，为了提高交换机之间链路带宽以及可靠性，用户需要在交换机上配置链路聚合功能。

操作步骤

步骤一　以太网交换机基础配置

华为交换机接口默认开启了自协商功能。在本任务中，需要手动配置 S1 与 S2 上 G0/0/9 和 G0/0/10 接口的速率及双工模式。

首先修改交换机的设备名称，然后查看 S1 上 G0/0/9 和 G0/0/10 接口的详细信息。

```
<Quidway>system-view
[Quidway]sysname S1
[S1]display interface GigabitEthernet 0/0/9
GigabitEthernet0/0/9 current state:UP
Line protocol current state:UP
Description:HUAWEI,Quidway Series,GigabitEthernet0/0/9 Interface
Switch Port,PVID:1,The Maximum Frame Length is 1600
IP Sending Frames' Format is PKTFMT_ETHNT_2,Hardware address is 0018-82e1-aea6
Port Mode:COMMON COPPER
Speed:1000,Loopback:NONE
Duplex:FULL,Negotiation:ENABLE
Mdi:AUTO
Last 300 seconds input rate 752 bits/sec,0 packets/sec
Last 300 seconds output rate 720 bits/sec,0 packets/sec
Input peak rate 1057259144 bits/sec,Record time:2008-10-01 00:08:58
Output peak rate 1057267232 bits/sec,Record time:2008-10-01 00:08:58
Input:11655141 packets,960068100 bytes
Unicast:                70,Multicast:             5011357
Broadcast:              6643714,Jumbo:             0
```

CRC:	0,Giants:	0
Jabbers:	0,Throttles:	0
Runts:	0,DropEvents:	0
Alignments:	0,Symbols:	0
Ignoreds:	0,Frames:	0
Discard:	69,Total Error:	0

Output:11652169 packets,959869843 bytes

Unicast:	345,Multicast:	5009016
Broadcast:	6642808,Jumbo:	0
Collisions:	0,Deferreds:	0
Late Collisions:	0,ExcessiveCollisions:	0
Buffers Purged:	0	
Discard:	5,Total Error:	0

    Input bandwidth utilization threshold:100. 00 %

    Output bandwidth utilization threshold:100. 00 %

    Input bandwidth utilization:0. 01 %

    Output bandwidth utilization:0. 00 %

[S1]display interface GigabitEthernet 0/0/10

GigabitEthernet0/0/10 current state:UP

Line protocol current state:UP

Description:HUAWEI,Quidway Series,GigabitEthernet0/0/10 Interface

Switch Port,PVID:1,The Maximum Frame Length is 1600

IP Sending Frames' Format is PKTFMT_ETHNT_2,Hardware address is 0018-82e1-aea6

Port Mode:COMMON COPPER

Speed:1000,Loopback:NONE

Duplex:FULL,Negotiation:ENABLE

Mdi:AUTO

Last 300 seconds input rate 1312 bits/sec,0 packets/sec

Last 300 seconds output rate 72 bits/sec,0 packets/sec

Input peak rate 1057256792 bits/sec,Record time:2008-10-01 00:08:58

Output peak rate 1057267296 bits/sec,Record time:2008-10-01 00:08:58

Input:11651829 packets,959852817 bytes

Unicast:	115,Multicast:	5009062
Broadcast:	6642648,Jumbo:	0
CRC:	3,Giants:	0
Jabbers:	0,Throttles:	0
Runts:	0,DropEvents:	0
Alignments:	0,Symbols:	4
Ignoreds:	0,Frames:	0
Discard:	218,Total Error:	7

Output:11655280 packets,960072712 bytes

Unicast：	245，Multicast：	5011284
Broadcast：	6643751，Jumbo：	0
Collisions：	0，Deferreds：	0
Late Collisions：	0，ExcessiveCollisions：	0
Buffers Purged：	0	
Discard：	107，Total Error：	0

    Input bandwidth utilization threshold：100. 00 %

    Output bandwidth utilization threshold：100. 00 %

    Input bandwidth utilization：0. 01 %

    Output bandwidth utilization：0. 00 %

在修改接口的速率和双工模式之前应先关闭接口的自协商功能,然后将 S1 上的 G0/0/9 和 G0/0/10 接口的速率配置为 100 Mbit/s,工作模式配置为全双工模式。

```
[S1]interface GigabitEthernet 0/0/9
[S1-GigabitEthernet0/0/9]undo negotiation auto
[S1-GigabitEthernet0/0/9]speed 100
[S1-GigabitEthernet0/0/9]duplex full
[S1-GigabitEthernet0/0/9]quit
[S1]interface GigabitEthernet 0/0/10
[S1-GigabitEthernet0/0/10]undo negotiation auto
[S1-GigabitEthernet0/0/10]speed 100
[S1-GigabitEthernet0/0/10]duplex full
```

同样的方法将 S2 上的 G0/0/9 和 G0/0/10 接口的速率配置为 100 Mbit/s,工作模式配置为全双工模式。

```
<Quidway>system-view
[Quidway]sysname S2
[S2]interface GigabitEthernet 0/0/9
[S2-GigabitEthernet0/0/9]undo negotiation auto
[S2-GigabitEthernet0/0/9]speed 100
[S2-GigabitEthernet0/0/9]duplex full
[S2-GigabitEthernet0/0/9]quit
[S2]interface GigabitEthernet 0/0/10
[S2-GigabitEthernet0/0/10]undo negotiation auto
[S2-GigabitEthernet0/0/10]speed 100
[S2-GigabitEthernet0/0/10]duplex full
```

验证 S1 上的 G0/0/9 和 G0/0/10 接口的速率和工作模式已配置成功。

```
[S1]display interface GigabitEthernet 0/0/9
GigabitEthernet0/0/9 current state：UP
Line protocol current state：UP
Description：HUAWEI,Quidway Series,GigabitEthernet0/0/9 Interface
Switch Port,PVID：1,The Maximum Frame Length is 1600
```

```
IP Sending Frames' Format is PKTFMT_ETHNT_2,Hardware address is 0018-82e1-aea6
Port Mode:COMMON COPPER
Speed:100,Loopback:NONE
Duplex:FULL,Negotiation:DISABLE
Mdi:AUTO
......output omitted......


[S1]display interface GigabitEthernet 0/0/10
GigabitEthernet0/0/10 current state:UP
Line protocol current state:UP
Description:HUAWEI,Quidway Series,GigabitEthernet0/0/10 Interface
Switch Port,PVID:1,The Maximum Frame Length is 1600
IP Sending Frames' Format is PKTFMT_ETHNT_2,Hardware address is 0018-82e1-aea6
Port Mode:COMMON COPPER
Speed:100,Loopback:NONE
Duplex:FULL,Negotiation:DISABLE
Mdi:AUTO
......output omitted......
```

步骤二 配置手动模式的链路聚合

在 S1 和 S2 上创建 Eth-Trunk 1,然后将 G0/0/9 和 G0/0/10 接口加入 Eth-Trunk 1 (注意:将接口加入 Eth-Trunk 前需确认成员接口下没有任何配置)。

```
[S1]interface Eth-Trunk 1
[S1-Eth-Trunk1]quit
[S1]interface GigabitEthernet 0/0/9
[S1-GigabitEthernet0/0/9]eth-trunk 1
[S1-GigabitEthernet0/0/9]quit
[S1-GigabitEthernet0/0/9]interface GigabitEthernet 0/0/10
[S1-GigabitEthernet0/0/10]eth-trunk 1


[S2]interface Eth-Trunk 1
[S2-Eth-Trunk1]quit
[S2]interface GigabitEthernet 0/0/9
[S2-GigabitEthernet0/0/9]eth-trunk 1
[S2-GigabitEthernet0/0/9]quit
[S2-GigabitEthernet0/0/9]interface GigabitEthernet 0/0/10
[S2-GigabitEthernet0/0/10]eth-trunk 1
```

验证 Eth-Trunk 的配置结果。

```
[S1]display eth-trunk 1
Eth-Trunk1's state information is:
WorkingMode:NORMAL                Hash arithmetic:According to SA-XOR-DA
```

```
Least Active-linknumber:1              Max Bandwidth-affected-linknumber:8
Operate status:up                      Number Of Up Port In Trunk:2
--------------------------------------------------------------------------------
PortName                 Status              Weight
GigabitEthernet0/0/9       Up                   1
GigabitEthernet0/0/10      Up                   1

[S2]display eth-trunk 1
Eth-Trunk1's state information is:
WorkingMode:NORMAL                     Hash arithmetic:According to SA-XOR-DA
Least Active-linknumber:1              Max Bandwidth-affected-linknumber:8
Operate status:up                      Number Of Up Port In Trunk:2
--------------------------------------------------------------------------------
PortName                 Status              Weight
GigabitEthernet0/0/9       Up                   1
GigabitEthernet0/0/10      Up                   1
```

回显信息中灰色阴影标注的部分表明 Eth-Trunk 工作正常,成员接口都已正确加入。

步骤三　配置静态 LACP 模式的链路聚合

删除 S1 和 S2 上的 G0/0/9 和 G0/0/10 接口下的配置。

```
[S1]interface GigabitEthernet 0/0/9
[S1-GigabitEthernet0/0/9]undo eth-trunk
[S1-GigabitEthernet0/0/9]quit
[S1]interface GigabitEthernet 0/0/10
[S1-GigabitEthernet0/0/10]undo eth-trunk

[S2]interface GigabitEthernet 0/0/9
[S2-GigabitEthernet0/0/9]undo eth-trunk
[S2-GigabitEthernet0/0/9]quit
[S2]interface GigabitEthernet 0/0/10
[S2-GigabitEthernet0/0/10]undo eth-trunk
```

创建 Eth-Trunk 1 并配置该 Eth-Trunk 为静态 LACP 模式。然后将 G0/0/9 和 G0/0/10
接口加入 Eth-Trunk 1。

```
[S1]interface Eth-Trunk 1
[S1-Eth-Trunk1]mode lacp-static
[S1-Eth-Trunk1]quit
[S1]interface GigabitEthernet 0/0/9
[S1-GigabitEthernet0/0/9]eth-trunk 1
[S1-GigabitEthernet0/0/9]quit
[S1]interface GigabitEthernet 0/0/10
[S1-GigabitEthernet0/0/10]eth-trunk 1
```

```
[S2]interface Eth-Trunk 1
[S2-Eth-Trunk1]mode lacp-static
[S2-Eth-Trunk1]quit
[S2]interface GigabitEthernet 0/0/9
[S2-GigabitEthernet0/0/9]eth-trunk 1
[S2-GigabitEthernet0/0/9]interface GigabitEthernet 0/0/10
[S2-GigabitEthernet0/0/10]eth-trunk 1
```

查看交换机上 Eth-Trunk 的信息,查看链路是否协商成功。

```
[S1]display eth-trunk
Eth-Trunk1's state information is:
Local:
LAG ID:1                       WorkingMode:STATIC
Preempt Delay:Disabled         Hash arithmetic:According to SA-XOR-DA
System Priority:32768          System ID:4c1f-cc45-aace
Least Active-linknumber:1      Max Active-linknumber:8
Operate status:up              Number Of Up Port In Trunk:2
-----------------------------------------------------------------------------
ActorPortName          Status    PortType   PortPri  PortNo  PortKey  PortState  Weight
GigabitEthernet0/0/9   Selected  100M       32768    9       289      10111100   1
GigabitEthernet0/0/10  Selected  100M       32768    10      289      10111100   1
Partner:
-----------------------------------------------------------------------------
ActorPortName          SysPri   SystemID        PortPri  PortNo  PortKey  PortState
GigabitEthernet0/0/9   32768    4c1f-cc45-aacc  32768    9       289      10111100
GigabitEthernet0/0/10  32768    4c1f-cc45-aacc  32768    10      289      10111100
```

在 S1 上配置 LACP 的系统优先级为 100,使其成为 LACP 主动端。

```
[S1]lacp  priority 100
```

配置接口的优先级确定活动链路。

```
[S1]interface GigabitEthernet 0/0/9
[S1-GigabitEthernet0/0/9]lacp priority 100
[S1-GigabitEthernet0/0/9]quit
[S1]interface GigabitEthernet 0/0/10
[S1-GigabitEthernet0/0/10]lacp priority 100
```

验证 Eth-Trunk 的配置结果。

```
[S1]display  eth-trunk 1
Eth-Trunk1's state information is:
Local:
LAG ID:1                       WorkingMode:STATIC
Preempt Delay:Disabled         Hash arithmetic:According to SA-XOR-DA
```

```
System Priority:100                System ID:4c1f-cc45-aace
Least Active-linknumber:1           Max Active-linknumber:8
Operate status:up                   Number Of Up Port In Trunk:2
--------------------------------------------------------------------------------
```

ActorPortName	Status	PortType	PortPri	PortNo	PortKey	PortState	Weight
GigabitEthernet0/0/9	Selected	100M	100	9	289	10111100	1
GigabitEthernet0/0/10	Selected	100M	100	10	289	10111100	1

Partner:

```
--------------------------------------------------------------------------------
```

ActorPortName	SysPri	SystemID	PortPri	PortNo	PortKey	PortState
GigabitEthernet0/0/9	32768	4c1f-cc45-aacc	32768	9	289	10111100
GigabitEthernet0/0/10	32768	4c1f-cc45-aacc	32768	10	289	10111100

```
[S2]display  eth-trunk 1
Eth-Trunk1's state information is:
Local:
LAG ID:1                            WorkingMode:STATIC
Preempt Delay:Disabled              Hash arithmetic:According to SA-XOR-DA
System Priority:32768               System ID:4c1f-cc45-aacc
Least Active-linknumber:1           Max Active-linknumber:8
Operate status:up                   Number Of Up Port In Trunk:2
--------------------------------------------------------------------------------
```

ActorPortName	Status	PortType	PortPri	PortNo	PortKey	PortState	Weight
GigabitEthernet0/0/9	Selected	100M	32768	9	289	10111100	1
GigabitEthernet0/0/10	Selected	100M	32768	10	289	10111100	1

Partner:

```
--------------------------------------------------------------------------------
```

ActorPortName	SysPri	SystemID	PortPri	PortNo	PortKey	PortState
GigabitEthernet0/0/9	100	4c1f-cc45-aace	100	9	289	10111100
GigabitEthernet0/0/10	100	4c1f-cc45-aace	100	10	289	10111100

配置文件代码如下。

```
[S1]display current-configuration
#
! Software Version V100R006C00SPC800
 sysname S1
#
 lacp priority 100
#
interface Eth-Trunk1
 mode lacp-static
#
```

```
interface GigabitEthernet0/0/9
 eth-trunk 1
 lacp priority 100
 undo negotiation auto
 speed 100
#
interface GigabitEthernet0/0/10
 eth-trunk 1
 lacp priority 100
 undo negotiation auto
 speed 100
#
return

[S2]display current-configuration
#
! Software Version V100R006C00SPC800
 sysname S2
#
interface Eth-Trunk1
 mode lacp-static
#
interface GigabitEthernet0/0/9
 eth-trunk 1
 undo negotiation auto
 speed 100
#
interface GigabitEthernet0/0/10
 eth-trunk 1
 undo negotiation auto
 speed 100
#
Return
```

4.3.2 实验 4-4 VLAN 配置

学习目标

- 掌握 VLAN 的创建方法；
- 掌握 Access 和 Trunk 类型接口的配置方法；
- 掌握 Hybird 接口的配置；
- 掌握将接口与 VLAN 关联的配置方法。

VLAN 实验拓扑图如图 4-3-2 所示。

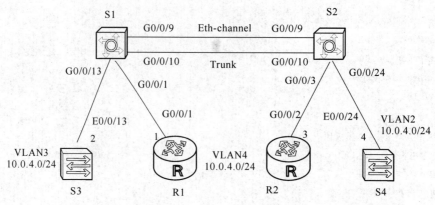

图 4-3-2　VLAN 配置实验拓扑图

场景

目前,公司网络内的所有主机都处在同一个广播域,网络中充斥着大量的广播流量。作为网络管理员,需要将网络划分成多个 VLAN 来控制广播流量的泛滥。本实验中,需要在交换机 S1 和 S2 上进行 VLAN 配置。

操作步骤

步骤一　实验环境准备

如果本任务中用户使用的是空配置设备,那么请从步骤一开始配置。如果使用的设备包含上一个实验的配置,请直接从步骤二开始配置。

在 S1 和 S2 上创建 Eth-Trunk 1 并配置该 Eth-Trunk 为静态 LACP 模式。然后将 G0/0/9 和 G0/0/10 接口加入 Eth-Trunk 1。

```
<Quidway>system-view
[Quidway]sysname S1
[S1]interfaceEth-trunk 1
[S1-Eth-Trunk1]mode lacp-static
[S1-Eth-Trunk1]quit
[S1]interfaceGigabitEthernet0/0/9
[S1-Gigabitethernet0/0/9]eth-trunk 1
[S1-Gigabitethernet0/0/9]interface GigabitEthernet0/0/10
[S1-Gigabitethernet0/0/10]eth-trunk 1

<Quidway>system-view
[Quidway]sysname S2
[S2]interface eth-trunk 1
[S2-Eth-Trunk1]mode lacp-static
[S2-Eth-Trunk1]trunkport GigabitEthernet 0/0/9
[S2-Eth-Trunk1]trunkport GigabitEthernet 0/0/10
```

步骤二　关闭不相关接口,并配置 Trunk

为了确保测试结果的准确性,需要关闭 S3 上的 E0/0/1 和 E0/0/23 端口以及 S4 上的 E0/0/14 端口。

```
<Quidway>system-view
Enter system view,return user view with Ctrl + Z.
[Quidway]sysname S3
[S3]interface Ethernet 0/0/1
[S3-Ethernet0/0/1]shutdown
[S3-Ethernet0/0/1]quit
[S3]interface Ethernet 0/0/23
[S3-Ethernet0/0/23]shutdown


<Quidway>system-view
Enter system view,return user view with Ctrl + Z.
[Quidway]sysname S4
[S4]interface Ethernet 0/0/14
[S4-Ethernet0/0/14]shutdown
```

交换机端口的类型默认为 Hybrid 端口。将 Eth-Trunk 1 的端口类型配置为 Trunk,并允许所有 VLAN 的报文通过该端口。

```
[S1]interface Eth-Trunk 1
[S1-Eth-Trunk1]port link-type trunk
[S1-Eth-Trunk1]port trunk allow-pass vlan all


[S2]interface Eth-Trunk 1
[S2-Eth-Trunk1]port link-type trunk
[S2-Eth-Trunk1]port trunk allow-pass vlan all
```

步骤三　创建 VLAN

本实验中将 S3、R1、R3 和 S4 设备作为客户端主机。在 S1 和 S2 上分别创建 VLAN,并使用两种不同方式将端口加入已创建 VLAN 中。将所有连接客户端的端口类型配置为 Access。

在 S1 上,将端口 G0/0/13 和 G0/0/1 分别加入 VLAN 3 和 VLAN 4。

在 S2 上,将端口 G0/0/2 和 G0/0/24 分别加入 VLAN 4 和 VLAN 2。

```
[S1]interface GigabitEthernet0/0/13
[S1-GigabitEthernet0/0/13]port link-type access
[S1-GigabitEthernet0/0/13]quit
[S1]interface GigabitEthernet0/0/1
[S1-GigabitEthernet0/0/1]port link-type access
[S1-GigabitEthernet0/0/1]quit
[S1]vlan 2
[S1-vlan2]vlan 3
[S1-vlan3]port GigabitEthernet0/0/13
[S1-vlan3]vlan 4
```

```
[S1-vlan4]port GigabitEthernet0/0/1
[S2]vlan batch 2 to 4
[S2]interface GigabitEthernet 0/0/3
[S2-GigabitEthernet0/0/3]port link-type access
[S2-GigabitEthernet0/0/3]port default vlan 4
[S2-GigabitEthernet0/0/3]quit
[S2]interface GigabitEthernet 0/0/24
[S2-GigabitEthernet0/0/24]port link-type access
[S2-GigabitEthernet0/0/24]port default vlan 2
```

确认 S1 和 S2 上已成功创建 VLAN，且已将相应端口划分到对应的 VLAN 中。

```
<S1>display vlan
The total number of vlans is:4
--------------------------------------------------------------------------------
U:Up;           D:Down;          TG:Tagged;          UT:Untagged;
MP:Vlan-mapping;                 ST:Vlan-stacking;
#:ProtocolTransparent-vlan;     *:Management-vlan;
--------------------------------------------------------------------------------
VID   Type      Ports
--------------------------------------------------------------------------------
1     common UT:GE0/0/2(U)    GE0/0/3(U)    GE0/0/4(U)    GE0/0/5(U)
               GE0/0/6(D)     GE0/0/7(D)    GE0/0/8(D)    GE0/0/11(D)
               GE0/0/12(D)    GE0/0/14(D)   GE0/0/15(D)   GE0/0/16(D)
               GE0/0/17(D)    GE0/0/18(D)   GE0/0/19(D)   GE0/0/20(D)
               GE0/0/21(U)    GE0/0/22(U)   GE0/0/23(U)   GE0/0/24(D)
               Eth-Trunk1(U)
2     common TG:Eth-Trunk1(U)
3     common UT:GE0/0/13(U)
              TG:Eth-Trunk1(U)
4     common UT:GE0/0/1(U)
              TG:Eth-Trunk1(U)
...output omitted...
<S2>display vlan
The total number of vlans is:4
--------------------------------------------------------------------------------
U:Up;           D:Down;          TG:Tagged;          UT:Untagged;
MP:Vlan-mapping;                 ST:Vlan-stacking;
#:ProtocolTransparent-vlan;     *:Management-vlan;
--------------------------------------------------------------------------------
VID   Type      Ports
--------------------------------------------------------------------------------
1     common UT:GE0/0/1(U)    GE0/0/2(U)    GE0/0/4(U)    GE0/0/5(U)
```

```
                    GE0/0/6(D)      GE0/0/7(D)      GE0/0/8(D)      GE0/0/11(U)
                    GE0/0/12(U)     GE0/0/13(U)     GE0/0/14(D)     GE0/0/15(D)
                    GE0/0/16(D)     GE0/0/17(D)     GE0/0/18(D)     GE0/0/19(D)
                    GE0/0/20(D)     GE0/0/21(D)     GE0/0/22(D)     GE0/0/23(D)
                    Eth-Trunk1(U)
2       common UT:GE0/0/24(U)
                   TG:Eth-Trunk1(U)
3       common TG:Eth-Trunk1(U)
4       common UT:GE0/0/3(U)
                   TG:Eth-Trunk1(U)
...output omitted...
```

回显信息中灰色阴影标注的部分表明接口已经加入各个对应 VLAN 中,并且 Eth-Trunk 1 端口允许所有 VLAN 的报文通过。

步骤四 为客户端配置 IP 地址

分别为主机 R1、S3、R3 和 S4 配置 IP 地址。由于无法直接为交换机的物理接口分配 IP 地址,因此将 S3 和 S4 的本地管理接口 VLANIF 1 作为用户接口,配置 IP 地址。

```
<Huawei>system-view
[Huawei]sysname R1
[R1]interface GigabitEthernet0/0/1
[R1-GigabitEthernet0/0/1]ip address 10.0.4.1 24

[S3]interface vlanif 1
[S3-vlanif1]ip address 10.0.4.2 24

<Huawei>system-view
[Huawei]sysname R3
[R3]interface GigabitEthernet0/0/2
[R3-GigabitEthernet0/0/2]ip address 10.0.4.3 24

[S4]interface vlanif 1
[S4-vlanif1]ip address 10.0.4.4 24
```

步骤五 检测设备连通性,验证 VLAN 配置结果

执行 ping 命令。同属 VLAN 4 中的 R1 和 R3 能够相互通信。其他不同 VLAN 间的设备无法通信。

```
[R1]ping 10.0.4.3
  PING 10.0.4.3:56   data bytes,press CTRL_C to break
    Reply from 10.0.4.3:bytes = 56 Sequence = 1 ttl = 255 time = 6 ms
    Reply from 10.0.4.3:bytes = 56 Sequence = 2 ttl = 255 time = 2 ms
    Reply from 10.0.4.3:bytes = 56 Sequence = 3 ttl = 255 time = 2 ms
    Reply from 10.0.4.3:bytes = 56 Sequence = 4 ttl = 255 time = 2 ms
```

```
        Reply from 10.0.4.3:bytes = 56 Sequence = 5 ttl = 255 time = 2 ms
      --- 10.0.4.3 ping statistics ---
        5 packet(s)transmitted
        5 packet(s)received
        0.00% packet loss
round-trip min/avg/max = 2/2/6 ms


[R1]ping 10.0.4.4
    PING 10.0.4.4:56   data bytes,press CTRL_C to break
      Request time out
      Request time out
      Request time out
      Request time out
      Request time out
      --- 10.0.4.4 ping statistics ---
        5 packet(s)transmitted
        0 packet(s)received
        100.00% packet loss
```

同样,还可以检测 R1 和 S3 以及 R3 和 S4 之间的连通性。此处不再赘述。

步骤六　配置 Hybrid 端口

配置端口的类型为 Hybrid,可以实现端口为来自不同 VLAN 报文打上标签或去除标签的功能。本任务中,需要通过配置 Hybrid 端口来允许 VLAN 2 和 VLAN 4 之间可以互相通信。

将 S1 上的 G0/0/1 端口和 S2 上的 G0/0/3 和 G0/0/24 端口的类型配置为 Hybrid。同时,配置这些端口发送数据帧时能够删除 VLAN 2 和 VLAN 4 的标签。

```
[S1]interface GigabitEthernet 0/0/1
[S1-GigabitEthernet0/0/1]undo port default vlan
[S1-GigabitEthernet0/0/1]port link-type hybrid
[S1-GigabitEthernet0/0/1]port hybrid untagged vlan 2 4
[S1-GigabitEthernet0/0/1]port hybrid pvid vlan 4


[S2]interface GigabitEthernet 0/0/3
[S2-GigabitEthernet0/0/3]undo port default vlan
[S2-GigabitEthernet0/0/3]port link-type hybrid
[S2-GigabitEthernet0/0/3]port hybrid untagged vlan 2 4
[S2-GigabitEthernet0/0/3]port hybrid pvid vlan 4
[S2-GigabitEthernet0/0/3]quit
[S2]interface GigabitEthernet 0/0/24
[S2-GigabitEthernet0/0/24]undo port default vlan
[S2-GigabitEthernet0/0/24]port link-type hybrid
[S2-GigabitEthernet0/0/24]port hybrid untagged vlan 2 4
[S2-GigabitEthernet0/0/24]port hybrid pvid vlan 2
```

执行 port hybrid pvid vlan 命令,可以配置端口收到数据帧时需要给数据帧添加的 VLAN 标签。同时 port hybrid untagged vlan 命令可以配置该端口在向主机转发数据帧之前,删除相应的 VLAN 标签。

执行 ping 命令。测试 VLAN 3 中的 R1 与 R3 是否还能通信。

```
<R1>ping 10. 0. 4. 3
  PING 10. 0. 4. 3:56   data bytes,press CTRL_C to break
    Reply from 10. 0. 4. 3:bytes = 56 Sequence = 1 ttl = 255 time = 1 ms
    Reply from 10. 0. 4. 3:bytes = 56 Sequence = 2 ttl = 255 time = 1 ms
    Reply from 10. 0. 4. 3:bytes = 56 Sequence = 3 ttl = 255 time = 1 ms
    Reply from 10. 0. 4. 3:bytes = 56 Sequence = 4 ttl = 255 time = 10 ms
    Reply from 10. 0. 4. 3:bytes = 56 Sequence = 5 ttl = 255 time = 1 ms
  --- 10. 0. 4. 3 ping statistics ---
    5 packet(s)transmitted
    5 packet(s)received
    0. 00 % packet loss
    round-trip min/avg/max = 1/2/10 ms
```

执行 ping 命令,测试 VLAN 2 中的 S4 能否与 VLAN 4 中的 R1 通信。

```
<R1>ping 10. 0. 4. 4
  PING 10. 0. 4. 4:56   data bytes,press CTRL_C to break
    Reply from 10. 0. 4. 4:bytes = 56 Sequence = 1 ttl = 255 time = 41 ms
    Reply from 10. 0. 4. 4:bytes = 56 Sequence = 2 ttl = 254 time = 2 ms
    Reply from 10. 0. 4. 4:bytes = 56 Sequence = 3 ttl = 254 time = 3 ms
    Reply from 10. 0. 4. 4:bytes = 56 Sequence = 4 ttl = 254 time = 2 ms
    Reply from 10. 0. 4. 4:bytes = 56 Sequence = 5 ttl = 254 time = 2 ms
  --- 10. 0. 4. 4 ping statistics ---
    5 packet(s)transmitted
    5 packet(s)received
    0. 00 % packet loss
    round-trip min/avg/max = 2/10/41 ms
```

通过配置 Hybrid 端口,使 VLAN 2 内的主机能够接收来自 VLAN 4 的报文,反之亦然。而没有配置 Hybrid 端口的 VLAN 3 中地址为 10.0.4.2 的主机仍无法与其他 VLAN 主机通信。

配置文件如下所示。

```
[R1]display current-configuration
[V200R003C00SPC200]
#
 sysname R1
#
interface GigabitEthernet0/0/1
 ip address 10. 0. 4. 1 255. 255. 255. 0
```

```
#
return

[S3]display current-configuration
#
! Software Version V100R006C00SPC800
 sysname S3
#
interface Vlanif1
 ip address 10. 0. 4. 2 255. 255. 255. 0
#
interface Ethernet0/0/1
 shutdown
#
interface Ethernet0/0/23
 shutdown
#
return

[S1]display current-configuration
#
! Software Version V100R006C00SPC800
 sysname S1
#
 vlan batch 2 to 4
#
 lacp priority 100
#
interface Eth-Trunk1
 port link-type trunk
 port trunk allow-pass vlan 2 to 4094
 mode lacp-static
#
interface GigabitEthernet0/0/1
 port hybrid pvid vlan 4
 port hybrid untagged vlan 2 4
#
interface GigabitEthernet0/0/9
 eth-trunk 1
 lacp priority 100
 undo negotiation auto
 speed 100
```

```
#
interface GigabitEthernet0/0/10
 eth-trunk 1
 lacp priority 100
 undo negotiation auto
 speed 100
#
interface GigabitEthernet0/0/13
 port link-type access
 port default vlan 3
#
return


[S2]display current-configuration
#
! Software Version V100R006C00SPC800
 sysname S2
#
 vlan batch 2 4
#
interface Eth-Trunk1
 port link-type trunk
 port trunk allow-pass vlan 2 to 4094
 mode lacp-static
#
interface GigabitEthernet0/0/3
 port hybrid pvid vlan 4
 port hybrid untagged vlan 2 4
#
interface GigabitEthernet0/0/9
 eth-trunk 1
 undo negotiation auto
 speed 100
#
interface GigabitEthernet0/0/10
 eth-trunk 1
 undo negotiation auto
 speed 100
#
interface GigabitEthernet0/0/24
 port hybrid pvid vlan 2
 port hybrid untagged vlan 2 4
```

```
#
interface NULL0
#
user-interface con 0
user-interface vty 0 4
#
return

[R3]display current-configuration
[V200R003C00SPC200]
#
 sysname R3
#
interface GigabitEthernet0/0/2
 ip address 10. 0. 4. 3 255. 255. 255. 0
#
return

[S4]display current-configuration
#
！Software Version V100R006C00SPC800
 sysname S4
#
interface Vlanif1
 ip address 10. 0. 4. 4 255. 255. 255. 0
#
interface Ethernet0/0/14
 shutdown
#
Return
```

4.3.3 实验 4-5 GVRP 配置

学习目标

• 掌握 GVRP 的配置方法；

• 掌握 GVRP 不同注册模式的配置方法。

GVRP 配置实验拓扑图如图 4-3-3 所示。

场景

企业网络中往往会使用大量的交换机且需要在网络中划分不同的 VLAN，若网络管理员采用手工配置 VLAN 的创建和删除，工作量极大而且容易出错。这种情况下，可以通过 GVRP 的 VLAN 动态注册功能来自动完成 VLAN 的配置。

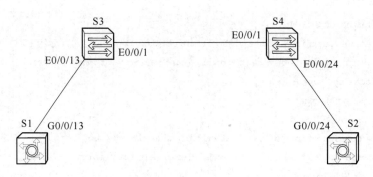

图 4-3-3 GVRP 配置实验拓扑图

操作步骤

步骤一 实验环境准备

如果本任务中用户使用的是空配置设备,需要从步骤一开始,并跳过步骤 2。如果使用的设备包含上一个实验的配置,请直接从步骤二开始。

```
<Quidway>system-view
[Quidway]sysname S1
[S1]interface GigabitEthernet 0/0/9
[S1-GigabitEthernet0/0/9]shutdown
[S1-GigabitEthernet0/0/9]quit
[S1]interface GigabitEthernet 0/0/10
[S1-GigabitEthernet0/0/10]shutdown

<Quidway>system-view
[Quidway]sysnameS2
[S2]interface GigabitEthernet 0/0/9
[S2-GigabitEthernet0/0/9]shutdown
[S2-GigabitEthernet0/0/9]quit
[S2]interface GigabitEthernet 0/0/10
[S2-GigabitEthernet0/0/10]shutdown

<Quidway>system-view
[Quidway]sysname S3
[S3-Ethernet0/0/23]shutdown

<Quidway>system-view
[Quidway]sysname S4
[S4-Ethernet0/0/14]shutdown
```

步骤二 清除设备上原有的配置

在 S1 和 S2 上,删除无关 VLAN 并关闭 Eth-Trunk 端口。删除 S3 和 S4 上的 VLANIF 1 接口,并打开 S3 上的 E0/0/1 端口。

```
[S1]undo vlan batch 2 to 4
Warning:The configurations of the VLAN will be deleted. Continue? [Y/N]:y
Info:This operation may take a few seconds. Please wait for a moment...done.
[S1]interface Eth-Trunk 1
[S1-Eth-Trunk1]shutdown
[S2]undo vlan batch 2 to 4
Warning:The configurations of the VLAN will be deleted. Continue? [Y/N]:y
Info:This operation may take a few seconds. Please wait for a moment...done.
[S2]interface Eth-Trunk 1
[S2-Eth-Trunk1]shutdown
[S2-Eth-Trunk1]quit
[S2]interface GigabitEthernet 0/0/24
[S2-GigabitEthernet0/0/24]undo port hybrid vlan 2 4

[S3]interface Ethernet 0/0/1
[S3-Ethernet0/0/1]undo shutdown
[S3-Ethernet0/0/1]quit
[S3]undo interface Vlanif 1
Info:This operation may take a few seconds. Please wait for a moment...succeeded.

[S4]undo interface Vlanif 1
Info:This operation may take a few seconds. Please wait for a moment...succeeded.
```

步骤三　在交换机之间配置 Trunk 链路

```
[S1]interface GigabitEthernet 0/0/13
[S1-Gigabitethernet0/0/13]port link-type trunk
[S1-Gigabitethernet0/0/13]port trunk allow-pass vlan all

[S3]interface Ethernet 0/0/13
[S3-Ethernet0/0/13]port link-type trunk
[S3-Ethernet0/0/13]port trunk  allow-pass vlan  all
[S3-Ethernet0/0/13]quit
[S3]interface Ethernet 0/0/1
[S3-Ethernet0/0/1]port link-type trunk
[S3-Ethernet0/0/1]port trunk allow-pass vlan all

[S2]interface GigabitEthernet 0/0/24
[S2-Gigabitethernet0/0/24]port link-type trunk
[S2-Gigabitethernet0/0/24]port trunk allow-pass vlan all
[S4]interface Ethernet 0/0/24
[S4-Ethernet0/0/24]port link-type trunk
[S4-Ethernet0/0/24]port trunk allow-pass vlan all
```

```
[S4-Ethernet0/0/24]quit
[S4]interface Ethernet 0/0/1
[S4-Ethernet0/0/1]port link-type trunk
[S4-Ethernet0/0/1]port trunk allow-pass vlan all
```

步骤四 开启 GVRP 功能

首先在全局模式下开启 GVRP 功能,然后在相应接口下开启 GVRP 功能。

```
[S1]gvrp
[S1]interface GigabitEthernet 0/0/13
[S1-GigabitEthernet0/0/13]gvrp


[S3]gvrp
[S3]interface Ethernet 0/0/13
[S3-Ethernet0/0/13]gvrp
[S3-Ethernet0/0/13]quit
[S3]interface Ethernet 0/0/1
[S3-Ethernet0/0/1]gvrp


[S2]gvrp
[S2]interface GigabitEthernet 0/0/24
[S2-Gigabitethernet0/0/24]gvrp


[S4]gvrp
[S4]interface Ethernet0/0/24
[S4-Ethernet0/0/24]gvrp
[S4-Ethernet0/0/24]quit
[S4]interface Ethernet 0/0/1
[S4-Ethernet0/0/1]gvrp
```

在 S1 上创建 VLAN 2 和 VLAN 100,S2 上创建 VLAN 2 和 VLAN 200,在 S3 和 S4 上创建 VLAN 2。

```
[S1]vlan batch 2 100
[S2]vlan batch 2 200
[S3]vlan 2
[S4]vlan 2
```

在 S3 和 S4 上执行 display gvrp statistics 命令,查看接口的 GVRP 统计信息。

```
[S3]display gvrp statistics
  GVRP statistics on port Ethernet0/0/1
  GVRP status                    :Enabled
  GVRP registrations failed      :0
  GVRP last PDU origin           :5489-98ec-f012
  GVRP registration type         :Normal
```

```
    GVRP statistics on port Ethernet0/0/13
    GVRP status                              :Enabled
    GVRP registrations failed                :0
    GVRP last PDU origin                     :4c1f-cc45-aace
    GVRP registration type                   :Normal


[S4]display gvrp statistics
    GVRP statistics on port Ethernet0/0/1
    GVRP status                              :Enabled
    GVRP registrations failed                :0
    GVRP last PDU origin                     :781d-ba99-d977
    GVRP registration type                   :Normal
    GVRP statistics on port Ethernet0/0/24
    GVRP status                              :Enabled
    GVRP registrations failed                :0
    GVRP last PDU origin                     :4c1f-cc45-aacc
    GVRP registration type                   :Normal
```

可以看到,交换机接口上 GVRP 的注册模式默认为 Normal。执行 display vlan 命令,查看 S3 和 S4 上的 VLAN 的学习情况。

```
[S3]display  vlan
The total number of vlans is:4
--------------------------------------------------------------------------------
U:Up;            D:Down;          TG:Tagged;            UT:Untagged;
MP:Vlan-mapping;                  ST:Vlan-stacking;
#:ProtocolTransparent-vlan;    *:Management-vlan;
--------------------------------------------------------------------------------

VID  Type    Ports
--------------------------------------------------------------------------------

1    common UT:Eth0/0/1(U)      Eth0/0/2(D)       Eth0/0/3(D)       Eth0/0/4(D)
               Eth0/0/5(D)      Eth0/0/6(D)       Eth0/0/7(D)       Eth0/0/8(D)
               Eth0/0/9(D)      Eth0/0/10(D)      Eth0/0/11(D)      Eth0/0/12(D)
               Eth0/0/13(U)     Eth0/0/14(D)      Eth0/0/15(D)      Eth0/0/16(D)
               Eth0/0/17(D)     Eth0/0/18(D)      Eth0/0/19(D)      Eth0/0/20(D)
               Eth0/0/21(D)     Eth0/0/22(D)      Eth0/0/23(D)      Eth0/0/24(D)
               GE0/0/1(D)       GE0/0/2(D)        GE0/0/3(D)        GE0/0/4(D)
2    common  TG:Eth0/0/1(U)     Eth0/0/13(U)
100  dynamic TG:Eth0/0/13(U)
200  dynamic TG:Eth0/0/1(U)
...output omitted...


[S4]display  vlan
```

```
The total number of vlans is:4
-----------------------------------------------------------------------------
U:Up;            D:Down;           TG:Tagged;            UT:Untagged;
MP:Vlan-mapping;                   ST:Vlan-stacking;
#:ProtocolTransparent-vlan;        *:Management-vlan;
-----------------------------------------------------------------------------
VID  Type    Ports
-----------------------------------------------------------------------------
1    common UT:Eth0/0/1(U)    Eth0/0/2(D)     Eth0/0/3(D)     Eth0/0/4(D)
               Eth0/0/5(D)    Eth0/0/6(D)     Eth0/0/7(D)     Eth0/0/8(D)
               Eth0/0/9(D)    Eth0/0/10(D)    Eth0/0/11(D)    Eth0/0/12(D)
               Eth0/0/13(D)   Eth0/0/14(D)    Eth0/0/15(D)    Eth0/0/16(D)
               Eth0/0/17(D)   Eth0/0/18(D)    Eth0/0/19(D)    Eth0/0/20(D)
               Eth0/0/21(D)   Eth0/0/22(D)    Eth0/0/23(D)    Eth0/0/24(U)
               GE0/0/1(D)     GE0/0/2(D)      GE0/0/3(D)      GE0/0/4(D)
2    common TG:Eth0/0/1(U)    Eth0/0/24(U)
100  dynamic TG:Eth0/0/1(U)
200  dynamic TG:Eth0/0/24(U)
...output omitted...
```

有上述灰色标注部分可以看出,S3 和 S4 能够动态学习到 VLAN 100 和 VLAN 200,但是仅有一侧端口加入动态学习的 VLAN 中,此时数据帧仅能单向通信。还需要分别在 S1 上创建 VLAN 200,S2 上创建 VLAN 100,使得交换机两侧端口都加入动态学习的 VLAN 中,这样报文才能够双向通信。

```
[S1]vlan 200
[S2]vlan 100
```

配置完成后执行 display vlan 命令,查看 VLAN 中的接口信息。

```
[S3]display vlan
...output omitted...
VID  Type    Ports
-----------------------------------------------------------------------------
1    common UT:Eth0/0/1(U)    Eth0/0/2(D)     Eth0/0/3(D)     Eth0/0/4(D)
               Eth0/0/5(D)    Eth0/0/6(D)     Eth0/0/7(D)     Eth0/0/8(D)
               Eth0/0/9(D)    Eth0/0/10(D)    Eth0/0/11(D)    Eth0/0/12(D)
               Eth0/0/13(U)   Eth0/0/14(D)    Eth0/0/15(D)    Eth0/0/16(D)
               Eth0/0/17(D)   Eth0/0/18(D)    Eth0/0/19(D)    Eth0/0/20(D)
               Eth0/0/21(D)   Eth0/0/22(D)    Eth0/0/23(D)    Eth0/0/24(D)
               GE0/0/1(D)     GE0/0/2(D)      GE0/0/3(D)      GE0/0/4(D)
2    common TG:Eth0/0/1(U)    Eth0/0/13(U)
100  dynamic TG:Eth0/0/1(U)   Eth0/0/13(U)
200  dynamic TG:Eth0/0/1(U)   Eth0/0/13(U)
```

```
...output omitted...
[S4]display vlan
...output omitted...
VID  Type    Ports
--------------------------------------------------------------------------
1    common UT:Eth0/0/1(U)    Eth0/0/2(D)    Eth0/0/3(D)    Eth0/0/4(D)
                Eth0/0/5(D)    Eth0/0/6(D)    Eth0/0/7(D)    Eth0/0/8(D)
                Eth0/0/9(D)    Eth0/0/10(D)   Eth0/0/11(D)   Eth0/0/12(D)
                Eth0/0/13(D)   Eth0/0/14(D)   Eth0/0/15(D)   Eth0/0/16(D)
                Eth0/0/17(D)   Eth0/0/18(D)   Eth0/0/19(D)   Eth0/0/20(D)
                Eth0/0/21(D)   Eth0/0/22(D)   Eth0/0/23(D)   Eth0/0/24(U)
                GE0/0/1(D)     GE0/0/2(D)     GE0/0/3(D)     GE0/0/4(D)
2    common TG:Eth0/0/1(U)    Eth0/0/24(U)
100  dynamic TG:Eth0/0/1(U)   Eth0/0/24(U)
200  dynamic TG:Eth0/0/1(U)   Eth0/0/24(U)
...output omitted...
```

回显信息中灰色阴影标注的部分表明 S3 和 S4 上两侧的端口均已加入 VLAN 100 和 VLAN 200。

步骤五 修改交换机接口的注册模式

将 S3 的 E0/0/1 端口和 S4 的 E0/0/1 的 G 注册模式修改为 Fixed。

```
[S3]interface Ethernet 0/0/1
[S3-Ethernet0/0/1]gvrp registration fixed


[S4]interface Ethernet 0/0/1
[S4-Ethernet0/0/1]gvrp registration fixed
```

在 S3 和 S4 上执行 display gvrp statistics 命令,查看接口 GVRP 统计信息和注册模式。

```
[S3]display gvrp statistics interface Ethernet 0/0/1
  GVRP statistics on port Ethernet0/0/1
    GVRP status                :Enabled
    GVRP registrations failed  :12
    GVRP last PDU origin        :5489-98ec-f012
    GVRP registration type      :Fixed
```

可以观察到 E0/0/1 端口的注册模式已修改为 Fixed。该端口将无法注册动态 VLAN。

执行 display vlan 命令,验证 Fixed 注册模式的配置结果。

```
[S3]display vlan
...output omitted...
VID  Type    Ports
--------------------------------------------------------------------------
1    common UT:Eth0/0/1(U)    Eth0/0/2(D)    Eth0/0/3(D)    Eth0/0/4(D)
```

```
                  Eth0/0/5(D)      Eth0/0/6(D)      Eth0/0/7(D)      Eth0/0/8(D)
                  Eth0/0/9(D)      Eth0/0/10(D)     Eth0/0/11(D)     Eth0/0/12(D)
                  Eth0/0/13(U)     Eth0/0/14(D)     Eth0/0/15(D)     Eth0/0/16(D)
                  Eth0/0/17(D)     Eth0/0/18(D)     Eth0/0/19(D)     Eth0/0/20(D)
                  Eth0/0/21(D)     Eth0/0/22(D)     Eth0/0/23(D)     Eth0/0/24(D)
                  GE0/0/1(D)       GE0/0/2(D)       GE0/0/3(D)       GE0/0/4(D)
2     common  TG:Eth0/0/1(U)      Eth0/0/13(U)
100   dynamic TG:Eth0/0/13(U)
200   dynamic TG:Eth0/0/13(U)
```

回显信息中灰色阴影标注的部分表明端口 E0/0/1 无法注册动态 VLAN 100 和 200。
将 S3 的 E0/0/1、S4 的 E0/0/1 接口的 GVRP 注册模式配置为 Forbidden。

```
[S3]interface Ethernet 0/0/1
[S3-Ethernet0/0/1]gvrp registration forbidden


[S4]interface Ethernet 0/0/1
[S4-Ethernet0/0/1]gvrp registration forbidden
```

执行 display gvrp statistics 命令,查看接口 GVRP 统计信息和注册模式。

```
[S3]display gvrp statistics interface Ethernet 0/0/1
  GVRP statistics on port Ethernet0/0/1
  GVRP status                     :Enabled
  GVRP registrations failed       :18
  GVRP last PDU origin            :5489-98ec-f012
  GVRP registration type          :Forbidden
```

可以观察到 E0/0/1 接口的注册模式已修改为 Forbidden。
执行 display vlan 命令,验证 Forbidden 注册模式的配置结果。

```
[S3]display vlan
The total number of vlans is:4
...output omitted...
VID   Type    Ports
--------------------------------------------------------------------------------
1     common UT:Eth0/0/1(U)       Eth0/0/2(D)      Eth0/0/3(D)      Eth0/0/4(D)
                  Eth0/0/5(D)      Eth0/0/6(D)      Eth0/0/7(D)      Eth0/0/8(D)
                  Eth0/0/9(D)      Eth0/0/10(D)     Eth0/0/11(D)     Eth0/0/12(D)
                  Eth0/0/13(U)     Eth0/0/14(D)     Eth0/0/15(D)     Eth0/0/16(D)
                  Eth0/0/17(D)     Eth0/0/18(D)     Eth0/0/19(D)     Eth0/0/20(D)
                  Eth0/0/21(D)     Eth0/0/22(D)     Eth0/0/23(D)     Eth0/0/24(D)
                  GE0/0/1(D)       GE0/0/2(D)       GE0/0/3(D)       GE0/0/4(D)
2     common  TG:Eth0/0/13(U)
100   dynamic TG:Eth0/0/13(U)
200   dynamic TG:Eth0/0/13(U)
```

在 Forbidden 模式下,E0/0/1 接口只允许 VLAN 1 的报文通过,禁止任何其他 VLAN 的报文通过。

配置文件代码如下。

```
[S1]display current-configuration
#
! Software Version V100R006C00SPC800
 sysname S1
#
 vlan batch 2 100 200
#
 gvrp
#
interface Eth-Trunk1
 shutdown
 port link-type trunk
 port trunk allow-pass vlan 2 to 4094
 mode lacp-static
#
interface GigabitEthernet0/0/1
 port hybrid untagged vlan 2 4
#
interface GigabitEthernet0/0/9
 shutdown
 eth-trunk 1
 lacp priority 100
 undo negotiation auto
 speed 100
#
interface GigabitEthernet0/0/10
 shutdown
 eth-trunk 1
 lacp priority 100
 undo negotiation auto
 speed 100
#
interface GigabitEthernet0/0/13
 port link-type trunk
 port trunk allow-pass vlan 2 to 4094
 gvrp
#
return
```

```
[S2]display current-configuration
#
! Software Version V100R006C00SPC800
 sysname S2
#
 vlan batch 2 100 200
#
 gvrp
#
interface Eth-Trunk1
 shutdown
 port link-type trunk
 port trunk allow-pass vlan 2 to 4094
 mode lacp-static
#
interface GigabitEthernet0/0/3
 port hybrid untagged vlan 2 4
#
interface GigabitEthernet0/0/9
 shutdown
 eth-trunk 1
 undo negotiation auto
 speed 100
#
interface GigabitEthernet0/0/10
 shutdown
 eth-trunk 1
 undo negotiation auto
 speed 100
#
interface GigabitEthernet0/0/24
 port link-type trunk
 port trunk allow-pass vlan 2 to 4094
 gvrp
#
return

[S3]display current-configuration
#
! Software Version V100R006C00SPC800
 sysname S3
#
 vlan batch 2
```

```
#
 gvrp
#
interface Ethernet0/0/1
 port link-type trunk
 port trunk allow-pass vlan 2 to 4094
 gvrp
 gvrp registration forbidden
#
interface Ethernet0/0/13
 port link-type trunk
 port trunk allow-pass vlan 2 to 4094
 gvrp
#
interface Ethernet0/0/23
 shutdown
#
return

[S4]display current-configuration
#
! Software Version V100R006C00SPC800
 sysname S4
#
 vlan batch 2
#
 gvrp
#
interface Ethernet0/0/1
 port link-type trunk
 port trunk allow-pass vlan 2 to 4094
 gvrp
 gvrp registration forbidden
#
interface Ethernet0/0/14
 shutdown
#
interface Ethernet0/0/24
 port link-type trunk
 port trunk allow-pass vlan 2 to 4094
 gvrp
#
Return
```

4.4 STP 和 RSTP 实验

4.4.1 实验 4-6 配置 STP

学习目标

- 掌握启用和禁用 STP 的方法；
- 掌握修改交换机 STP 模式的方法；
- 掌握修改桥优先级，控制根桥选举的方法；
- 掌握修改端口优先级，控制根端口和指定端口选举的方法；
- 掌握修改端口开销，控制根端口和指定端口选举的方法；
- 掌握边缘端口的配置方法。

配置 STP 实验拓扑图如图 4-4-1 所示。

图 4-4-1 配置 STP 实验拓扑图

场景

假设用户是公司的网络管理员，为了避免网络中的环路问题，需要在网络中的交换机上配置 STP。本实验中，用户还需要通过修改桥优先级来控制 STP 的根桥选举，并通过配置 STP 的一些特性来加快 STP 的收敛速度。

操作步骤

步骤一 配置 STP 并验证

为了保证实验结果的准确性，必须先关闭无关的端口。

配置 STP 之前，先关闭 S3 上的 E0/0/1、E0/0/13、E0/0/23 端口，S4 上的 E0/0/14 和 E0/0/24 端口。确保设备以空配置启动。如果 STP 被禁用，则执行 stp enable 命令启用 STP。

```
<Quidway>system-view
[Quidway]sysnameS3
[S3]interface Ethernet 0/0/1
[S3-Ethernet0/0/1]shutdown
[S3-Ethernet0/0/1]quit
[S3]interface Ethernet 0/0/13
[S3-Ethernet0/0/13]shutdown
[S3-Ethernet0/0/13]quit
[S3]interface Ethernet 0/0/23
[S3-Ethernet0/0/23]shutdown
```

```
<Quidway>system-view
[Quidway]sysname S4
[S4]inter Ethernet 0/0/14
[S4-Ethernet0/0/14]shutdown
[S4-Ethernet0/0/14]quit
[S4]interface Ethernet 0/0/24
[S4-Ethernet0/0/24]shutdown
```

本实验中,S1 和 S2 之间有两条链路。在 S1 和 S2 上启用 STP,并把 S1 配置为根桥。

```
<Quidway>system-view
Enter system view,return user view with Ctrl + Z.
[Quidway]sysname S1
[S1]stp mode stp
[S1]stp root primary
```

```
<Quidway>system-view
Enter system view,return user view with Ctrl + Z.
[Quidway]sysname S2
[S2]stp mode stp
[S2]stp root secondary
```

执行 display stp brief 命令查看 STP 信息。

```
<S1>display stp brief
  MSTID Port        Role                STP    State        Protection
    0               GigabitEthernet0/0/9    DESI   FORWARDING   NONE
    0               GigabitEthernet0/0/10   DESI   FORWARDING   NONE

<S2>display stp brief
  MSTID Port        Role                STP    State        Protection
    0               GigabitEthernet0/0/9    ROOT   FORWARDING   NONE
    0               GigabitEthernet0/0/10   ALTE   DISCARDING   NONE
```

执行 display stp interface 命令查看端口的 STP 状态。

```
<S1>display stp interface GigabitEthernet 0/0/10
----[CIST][Port10(GigabitEthernet0/0/10)][FORWARDING]----
  Port Protocol           :Enabled
  Port Role               :Designated Port
  Port Priority           :128
  Port Cost(Dot1T)        :Config = auto / Active = 20000
  Designated Bridge/Port  :0. 4c1f-cc45-aace / 128. 10
  Port Edged              :Config = default / Active = disabled
  Point-to-point          :Config = auto / Active = true
  Transit Limit           :147 packets/hello-time
```

```
    Protection Type                :None
    Port STP Mode                  :STP
    Port Protocol Type             :Config = auto / Active = dot1s
    BPDU Encapsulation             :Config = stp / Active = stp
    PortTimes                      :Hello 2s MaxAge 20s FwDly 15s RemHop 20
    TC or TCN send                 :17
    TC or TCN received             :33
    BPDU Sent                      :221
    TCN:0,Config                   :221,RST:0,MST:0
    BPDU Received                  :68
    TCN:0,Config                   :68,RST:0,MST:0


<S2>display stp interface GigabitEthernet 0/0/10
----[CIST][Port10(GigabitEthernet0/0/10)][DISCARDING]----
    Port Protocol                  :Enabled
    Port Role                      :Alternate Port
    Port Priority                  :128
    Port Cost(Dot1T)               :Config = auto / Active = 20000
    Designated Bridge/Port         :0. 4c1f-cc45-aace / 128. 10
    Port Edged                     :Config = default / Active = disabled
    Point-to-point                 :Config = auto / Active = true
    Transit Limit                  :147 packets/hello-time
    Protection Type                :None
    Port STP Mode                  :STP
    Port Protocol Type             :Config = auto / Active = dot1s
    BPDU Encapsulation             :Config = stp / Active = stp
    PortTimes                      :Hello 2s MaxAge 20s FwDly 15s RemHop 0
    TC or TCN send                 :17
    TC or TCN received             :17
    BPDU Sent                      :35
    TCN:0,Config                   :35,RST:0,MST:0
    BPDU Received                  :158
    TCN:0,Config                   :158,RST:0,MST:0
```

步骤二 控制根桥选举

执行 display stp 命令查看根桥信息。根桥设备的 CIST Bridge 与 CIST Root/ERPC 字段取值相同。

```
<S1>display  stp
-------[CIST Global Info][Mode STP]-------
CIST Bridge             :0. 4c1f-cc45-aace
Bridge Times            :Hello 2s MaxAge 20s FwDly 15s MaxHop 20
CIST Root/ERPC          :0. 4c1f-cc45-aace / 0
```

```
CIST RegRoot/IRPC        :0. 4c1f-cc45-aace / 0
CIST RootPortId          :0. 0
BPDU-Protection          :Disabled
CIST Root Type           :Primary root
TC or TCN received       :108
TC count per hello       :0
STP Converge Mode        :Normal
Share region-configuration:Enabled
Time since last TC       :0 days 0h:9m:23s
...output omit...


<S2>display stp
-------[CIST Global Info][Mode STP]-------
CIST Bridge              :4096. 4c1f-cc45-aacc
Bridge Times             :Hello 2s MaxAge 20s FwDly 15s MaxHop 20
CIST Root/ERPC           :0. 4c1f-cc45-aace / 20000
CIST RegRoot/IRPC        :4096. 4c1f-cc45-aacc / 0
CIST RootPortId          :128. 9
BPDU-Protection          :Disabled
CIST Root Type           :Secondary root
TC or TCN received       :55
TC count per hello       :0
STP Converge Mode        :Normal
Share region-configuration:Enabled
Time since last TC       :0 days 0h:9m:30s
...output omit...
```

通过配置优先级,使 S2 为根桥,S1 为备份根桥。桥优先级取值越小,则优先级越高。把 S1 和 S2 的优先级分别设置为 8192 和 4096。

```
[S1]undo stp root
[S1]stp priority8192

[S2]undo stp root
[S2]stp priority4096
```

执行 display stp 命令查看新的根桥信息。

```
<S1>display stp
-------[CIST Global Info][Mode STP]-------
CIST Bridge              :8192. 4c1f-cc45-aace
Bridge Times             :Hello 2s MaxAge 20s FwDly 15s 0
CIST Root/ERPC           :4096. 4c1f-cc45-aacc / 20000
CIST RegRoot/IRPC        :8192. 4c1f-cc45-aace / 0
```

```
CIST RootPortId              :128.9
BPDU-Protection              :Disabled
TC or TCN received           :143
TC count per hello           :0
STP Converge Mode            :Normal
Share region-configuration   :Enabled
Time since last TC           :0 days 0h:0m:27s
...output omit...


<S2>display  stp
------[CIST Global Info][Mode STP]------
CIST Bridge                  :4096.4c1f-cc45-aacc
Bridge Times                 :Hello 2s MaxAge 20s FwDly 15s MaxHop 20
CIST Root/ERPC               :4096.4c1f-cc45-aacc / 0
CIST RegRoot/IRPC            :4096.4c1f-cc45-aacc / 0
CIST RootPortId              :0.0
BPDU-Protection              :Disabled
TC or TCN received           :55
TC count per hello           :0
STP Converge Mode            :Normal
Share region-configuration   :Enabled
Time since last TC           :0 days 0h:14m:7s
...output omit...
```

由上述回显信息中的灰色部分可以看出,S2 已经变成新的根桥。

关闭 S2 的 G0/0/9 和 G0/0/10 端口,从而隔离 S1 与 S2,模拟 S2 发生故障。

```
[S2]interface GigabitEthernet 0/0/9
[S2-GigabitEthernet0/0/9]shutdown
[S2-GigabitEthernet0/0/9]quit
[S2]interface GigabitEthernet 0/0/10
[S2-GigabitEthernet0/0/10]shutdown


[S1]display  stp
------[CIST Global Info][Mode STP]------
CIST Bridge                  :8192.4c1f-cc45-aace
Bridge Times                 :Hello 2s MaxAge 20s FwDly 15s MaxHop 20
CIST Root/ERPC               :8192.4c1f-cc45-aace / 0
CIST RegRoot/IRPC            :8192.4c1f-cc45-aace / 0
CIST RootPortId              :0.0
BPDU-Protection              :Disabled
TC or TCN received           :146
TC count per hello           :0
```

```
STP Converge Mode          :Normal
Share region-configuration :Enabled
Time since last TC         :0 days 0h:0m:11s
...output omit...
```

在上述回显信息中,灰色部分表明当 S2 故障时,S1 变成根桥。
开启 S2 之前关闭的接口。

```
[S2]interface GigabitEthernet 0/0/9
[S2-GigabitEthernet0/0/9]undo shutdown
[S2-GigabitEthernet0/0/9]quit
[S2]interface GigabitEthernet 0/0/10
[S2-GigabitEthernet0/0/10]undo shutdown


<S1>display stp
------[CIST Global Info][Mode STP]------
CIST Bridge                :8192.4c1f-cc45-aace
Bridge Times               :Hello 2s MaxAge 20s FwDly 15s 0
CIST Root/ERPC             :4096.4c1f-cc45-aacc / 20000
CIST RegRoot/IRPC          :8192.4c1f-cc45-aace / 0
CIST RootPortId            :128.9
BPDU-Protection            :Disabled
TC or TCN received         :143
TC count per hello         :0
STP Converge Mode          :Normal
Share region-configuration :Enabled
Time since last TC         :0 days 0h:0m:27s
...output omitted...


<S2>display  stp
------[CIST Global Info][Mode STP]------
CIST Bridge                :4096.4c1f-cc45-aacc
Bridge Times               :Hello 2s MaxAge 20s FwDly 15s MaxHop 20
CIST Root/ERPC             :4096.4c1f-cc45-aacc / 0
CIST RegRoot/IRPC          :4096.4c1f-cc45-aacc / 0
CIST RootPortId            :0.0
BPDU-Protection            :Disabled
TC or TCN received         :55
TC count per hello         :0
STP Converge Mode          :Normal
Share region-configuration :Enabled
Time since last TC         :0 days 0h:14m:7s
...output omitted...
```

在上述回显信息中,灰色部分表明 S2 已经恢复正常,重新变成根桥。

步骤三 控制根端口选举

在 S1 上执行 display stp brief 命令查看端口角色。

```
<S1>display stp brief
 MSTID   Port                    Role    STP State     Protection
 0       GigabitEthernet0/0/9    ROOT    FORWARDING    NONE
 0       GigabitEthernet0/0/10   ALTE    DISCARDING    NONE
```

上述回显信息表明 G0/0/9 是根端口,G0/0/10 是 Alternate 端口。通过修改端口优先级,使 G0/0/10 成为根端口,G0/0/9 成为 Alternate 端口。

修改 S2 上 G0/0/9 和 G0/0/10 端口的优先级。

在缺省情况下端口优先级为 128。端口优先级取值越大,则优先级越低。在 S2 上,修改 G0/0/9 的端口优先级值为 32,G0/0/10 的端口优先级值为 16。因此,S1 上的 G0/0/10 端口优先级高于 S2 的 G0/0/10 端口优先级,成为根端口。

```
[S2]interface GigabitEthernet 0/0/9
[S2-GigabitEthernet0/0/9]stp port priority 32
[S2-GigabitEthernet0/0/9]quit
[S2]interface GigabitEthernet 0/0/10
[S2-GigabitEthernet0/0/10]stp port priority 16
```

提示:此处是修改 S2 的端口优先级,而不是修改 S1 的端口优先级。

```
<S2>display stp interface  GigabitEthernet 0/0/9
---[CIST][Port9(GigabitEthernet0/0/9)][FORWARDING]---
 Port Protocol              :Enabled
 Port Role                  :Designated Port
 Port Priority              :32
 Port Cost(Dot1T)           :Config = auto / Active = 20000
 Designated Bridge/Port     :4096.4c1f-cc45-aacc / 32.9
 Port Edged                 :Config = default / Active = disabled
 Point-to-point             :Config = auto / Active = true
 Transit Limit              :147 packets/hello-time
 Protection Type            :None
 Port STP Mode              :STP
 Port Protocol Type         :Config = auto / Active = dot1s
 BPDU Encapsulation         :Config = stp / Active = stp
 PortTimes                  :Hello 2s MaxAge 20s FwDly 15s RemHop 20
 TC or TCN send             :22
 TC or TCN received         :1
 BPDU Sent                  :164
        TCN:0,Config        :164,RST:0,MST:0
 BPDU Received              :2
        TCN:1,Config        :1,RST:0,MST:0
```

```
<S2>display stp interface GigabitEthernet 0/0/10
----[CIST][Port10(GigabitEthernet0/0/10)][FORWARDING]----
 Port Protocol              :Enabled
 Port Role                  :Designated Port
 Port Priority              :16
 Port Cost(Dot1T)           :Config = auto / Active = 20000
 Designated Bridge/Port     :4096. 4c1f-cc45-aacc / 16. 10
 Port Edged                 :Config = default / Active = disabled
 Point-to-point             :Config = auto / Active = true
 Transit Limit              :147 packets/hello-time
 Protection Type            :None
 Port STP Mode              :STP
 Port Protocol Type         :Config = auto / Active = dot1s
 BPDU Encapsulation         :Config = stp / Active = stp
 PortTimes                  :Hello 2s MaxAge 20s FwDly 15s RemHop 20
 TC or TCN send             :35
 TC or TCN received         :1
 BPDU Sent                  :183
      TCN:0,Config          :183,RST:0,MST:0
 BPDU Received              :2
      TCN:1,Config          :1,RST:0,MST:0
```

在 S1 上执行 display stp brief 命令查看端口角色。

```
<S1>display stp brief
 MSTID    Port                 Role    STP State     Protection
 0        GigabitEthernet0/0/9  ALTE    DISCARDING    NONE
 0        GigabitEthernet0/0/10 ROOT    FORWARDING    NONE
```

在上述回显信息中,灰色部分表明 S1 的 G0/0/10 端口是根端口,G0/0/9 是 Alternate 端口。

关闭 S1 的 GigabitEthernet 0/0/10 端口,再查看端口角色。

```
[S1]interface GigabitEthernet 0/0/10
[S1-GigabitEthernet0/0/10]shutdown
<S1>display stp brief
 MSTID   Port                 Role    STP State     Protection
 0       GigabitEthernet0/0/9  ROOT    FORWARDING    NONE
```

在上述回显信息中的灰色部分可以看出,S1 的 G0/0/9 变成了根端口。在 S2 上恢复 G0/0/9 和 G0/0/10 端口的缺省优先级,并重新开启 S1 上关闭的端口。

```
[S2]interface GigabitEthernet 0/0/9
[S2-GigabitEthernet0/0/9]undo stp port priority
[S2-GigabitEthernet0/0/9]quit
```

```
[S2]interface GigabitEthernet 0/0/10
[S2-GigabitEthernet0/0/10]undo stp port priority

[S1]interface GigabitEthernet 0/0/10
[S1-GigabitEthernet0/0/10]undo shutdown
```

在 S1 上执行 display stp brief 命令和 display stp interface 命令查看端口角色。

```
<S1>display stp brief
    MSTID       Port                        Role        STP State      Protection
    0           GigabitEthernet0/0/9        ROOT        FORWARDING     NONE
    0           GigabitEthernet0/0/10       ALTE        DISCARDING     NONE

[S1]display stp interface GigabitEthernet 0/0/9
----[CIST][Port9(GigabitEthernet0/0/9)][FORWARDING]----
 Port Protocol               :Enabled
 Port Role                   :Root Port
 Port Priority               :128
 Port Cost(Dot1T)            :Config = auto / Active = 20000
 Designated Bridge/Port      :4096. 4c1f-cc45-aacc / 128. 9
 Port Edged                  :Config = default / Active = disabled
 Point-to-point              :Config = auto / Active = true
 Transit Limit               :147 packets/hello-time
 Protection Type             :None
 Port STP Mode               :STP
 Port Protocol Type          :Config = auto / Active = dot1s
 BPDU Encapsulation          :Config = stp / Active = stp
 PortTimes                   :Hello 2s MaxAge 20s FwDly 15s RemHop 0
 TC or TCN send              :4
 TC or TCN received          :90
 BPDU Sent                   :5
      TCN:4,Config           :1,RST:0,MST:0
 BPDU Received               :622
      TCN:0,Config           :622,RST:0,MST:0

[S1]display stp interface GigabitEthernet 0/0/10
----[CIST][Port10(GigabitEthernet0/0/10)][DISCARDING]----
 Port Protocol               :Enabled
 Port Role                   :Alternate Port
 Port Priority               :128
 Port Cost(Dot1T)            :Config = auto / Active = 20000
 Designated Bridge/Port      :4096. 4c1f-cc45-aacc / 128. 10
 Port Edged                  :Config = default / Active = disabled
```

```
Point-to-point              :Config = auto / Active = true
Transit Limit               :147 packets/hello-time
Protection Type             :None
Port STP Mode               :STP
Port Protocol Type          :Config = auto / Active = dot1s
BPDU Encapsulation          :Config = stp / Active = stp
PortTimes                   :Hello 2s MaxAge 20s FwDly 15s RemHop 0
TC or TCN send              :3
TC or TCN received          :90
BPDU Sent                   :4
      TCN:3,Config          :1,RST:0,MST:0
BPDU Received               :637
      TCN:0,Config          :637,RST:0,MST:0
```

在上述回显信息中,灰色部分表明 G0/0/9 和 G0/0/10 的端口开销缺省情况下为 20 000。修改 S1 上的 G0/0/9 端口开销值为 200 000。

```
[S1]interface GigabitEthernet 0/0/9
[S1-GigabitEthernet0/0/9]stp cost 200000
```

在 S1 上执行 display stp brief 命令和 display stp interface 命令查看端口角色。

```
<S1>display stp interface GigabitEthernet 0/0/9
----[CIST][Port9(GigabitEthernet0/0/9)][DISCARDING]----
Port Protocol               :Enabled
Port Role                   :Alternate Port
Port Priority               :128
Port Cost(Dot1T)            :Config = 200000 / Active = 200000
Designated Bridge/Port      :4096. 4c1f-cc45-aacc / 128. 9
Port Edged                  :Config = default / Active = disabled
Point-to-point              :Config = auto / Active = true
Transit Limit               :147 packets/hello-time
Protection Type             :None
Port STP Mode               :STP
Port Protocol Type          :Config = auto / Active = dot1s
BPDU Encapsulation          :Config = stp / Active = stp
PortTimes                   :Hello 2s MaxAge 20s FwDly 15s RemHop 0
TC or TCN send              :4
TC or TCN received          :108
BPDU Sent                   :5
      TCN:4,Config          :1,RST:0,MST:0
BPDU Received               :818
      TCN:0,Config          :818,RST:0,MST:0
```

```
<S1>display stp brief
    MSTID  Port                      Role  STP State   Protection
    0      GigabitEthernet0/0/9      ALTE  DISCARDING  NONE
    0      GigabitEthernet0/0/10     ROOT  FORWARDING  NONE
```

此时，S1 上的 G0/0/10 端口变为根端口。

配置文件代码如下。

```
<S1>display current-configuration
#
! Software Version V100R006C00SPC800
 sysname S1
#
 stp mode stp
 stp instance 0 priority 8192
#
interface GigabitEthernet0/0/9
 stp instance 0 cost 200000
#
interface GigabitEthernet0/0/10
#
user-interface con 0
user-interface vty 0 4
#
return

<S2>display current-configuration
#
! Software Version V100R006C00SPC800
 sysname S2
#
 stp mode stp
 stp instance 0 priority 4096
#
interface GigabitEthernet0/0/9
#
interface GigabitEthernet0/0/10
#
user-interface con 0
user-interface vty 0 4
#
return
```

```
<S3>display current-configuration
#
! Software Version V100R006C00SPC800
 sysname S3
#
interface Ethernet0/0/1
 shutdown
#
interface Ethernet0/0/13
 shutdown
#
interface Ethernet0/0/23
 shutdown
#
user-interface con 0
user-interface vty 0 4
#
return

<S4>display current-configuration
#
! Software Version V100R006C00SPC800
 sysname S4
#
interface Ethernet0/0/14
 shutdown
#
interface Ethernet0/0/24
 shutdown
#
user-interface con 0
user-interface vty 0 4
#
return
```

4.4.2 实验 4-7 配置 RSTP

学习目标

- 掌握启用和禁用 RSTP 的配置方法；
- 掌握边缘端口的配置方法；
- 掌握 RSTP BPDU 保护功能的配置方法；
- 掌握 RSTP 环路保护功能的配置方法。

配置 RSTP 实验拓扑图如图 4-4-2 所示。

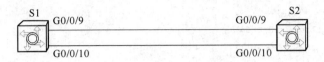

图 4-4-2 配置 RSTP 实验拓扑图

场 景

公司的网络使用了两层网络结构,核心层和接入层,并采用了冗余设计。假设用户是公司的网络管理员,需要通过使用 RSTP 来避免网络中产生二层环路问题。本实验中,还将通过配置 RSTP 的一些特性来加快 RSTP 收敛速度,并配置相关保护功能。

操作步骤

步骤一 实验环境准备

如果本实验中用户使用的是空配置设备,需要从步骤 1 开始,并跳过步骤 2。如果使用的设备包含上一个实验的配置,请直接从步骤 2 开始。

为了保证实验结果的准确性,必须先关闭无关的端口。

在实验配置之前,先关闭 S3 上的 E0/0/1、E0/0/13、E0/0/23 端口,以及 S4 上的 E0/0/14 和 E0/0/24 端口,确保设备空配置启动。如果 STP 被禁用,则需执行 stp enable 命令启用 STP。

```
<Quidway>system-view
Enter system view,return user view with Ctrl + Z.
[Quidway]sysname S1

<Quidway>system-view
Enter system view,return user view with Ctrl + Z.
[Quidway]sysname S2

<Quidway>system-view
[Quidway]sysnameS3
[S3]interface Ethernet 0/0/1
[S3-Ethernet0/0/1]shutdown
[S3-Ethernet0/0/1]quit
[S3]interface Ethernet 0/0/13
[S3-Ethernet0/0/13]shutdown
[S3-Ethernet0/0/13]quit
[S3]interface Ethernet 0/0/23
[S3-Ethernet0/0/23]shutdown

<Quidway>system-view
[Quidway]sysname S4
[S4]interface Ethernet 0/0/14
```

```
[S4-Ethernet0/0/14]shutdown
[S4-Ethernet0/0/14]quit
[S4]interface Ethernet 0/0/24
[S4-Ethernet0/0/24]shutdown
```

步骤二 清除设备上已有的配置

清除 S1 上配置的 STP 优先级和开销，清除 S2 上配置的 STP 优先级。

```
[S1]undo stp priority
[S1]interface GigabitEthernet 0/0/9
[S1-GigabitEthernet0/0/9]undo stp cost


[S2]undo stp priority
```

步骤三 配置 RSTP 并验证 RSTP 配置

执行 stp mode rstp 命令配置 S1 和 S2 的 STP 模式为 RSTP。

```
[S1]stp moderstp


[S2]stp moderstp
```

执行 display stp 命令查看 RSTP 的简要信息。

```
[S1]display  stp
------[CIST Global Info][Mode RSTP]------
CIST Bridge                    :32768. 4c1f-cc45-aace
Bridge Times                   :Hello 2s MaxAge 20s FwDly 15s MaxHop 20
CIST Root/ERPC                 :32768. 4c1f-cc45-aacc / 20000
CIST RegRoot/IRPC              :32768. 4c1f-cc45-aace / 0
CIST RootPortId                :128.9
BPDU-Protection                :Disabled
TC or TCN received             :28
TC count per hello             :0
STP Converge Mode              :Normal
Share region-configuration     :Enabled
Time since last TC             :0 days 0h:11m:1s
...output omitted...


[S2]display  stp
------[CIST Global Info][Mode RSTP]------
CIST Bridge                    :32768. 4c1f-cc45-aacc
Bridge Times                   :Hello 2s MaxAge 20s FwDly 15s MaxHop 20
CIST Root/ERPC                 :32768. 4c1f-cc45-aacc / 0
CIST RegRoot/IRPC              :32768. 4c1f-cc45-aacc / 0
CIST RootPortId                :0. 0
BPDU-Protection                :Disabled
```

```
TC or TCN received            :14
TC count per hello            :0
STP Converge Mode        .    :Normal
Share region-configuration    :Enabled
Time since last TC            :0 days 0h:12m:23s
...output omitted...
```

步骤四　配置边缘端口

配置连接用户终端的端口为边缘端口。边缘端口可以不通过 RSTP 计算直接由 Discarding 状态转变为 Forwarding 状态。在本示例中,S1 和 S2 上的 G0/0/4 端口都连接的是一台路由器,可以配置为边缘端口,以加快 RSTP 收敛速度。

```
[S1]interface GigabitEthernet 0/0/4
[S1-GigabitEthernet0/0/4]stp edged-port enable


[S2]interface GigabitEthernet 0/0/4
[S2-GigabitEthernet0/0/4]stp edged-port enable
```

步骤五　配置 BPDU 保护功能

边缘端口直接与用户终端相连,正常情况下不会收到 BPDU 报文。但如果攻击者向交换机的边缘端口发送伪造的 BPDU 报文,交换机会自动将边缘端口设置为非边缘端口,并重新进行生成树计算,从而引起网络震荡。在交换机上配置 BPDU 保护功能,可以防止该类攻击。

执行 stp bpdu-protection 命令,在 S1 和 S2 上配置 BPDU 保护功能。

```
[S1]stp bpdu-protection


[S2]stp bpdu-protection
```

执行 display stp brief 命令查看端口上配置的保护功能。

```
<S1>display  stp brief
  MSTID    Port                      Role    STP State     Protection
    0      GigabitEthernet0/0/4      DESI    FORWARDING    BPDU
    0      GigabitEthernet0/0/9      ROOT    FORWARDING    NONE
    0      GigabitEthernet0/0/10     ALTE    DISCARDING    NONE

<S2>display  stp brief
  MSTID    Port                      Role    STP State     Protection
    0      GigabitEthernet0/0/4      DESI    FORWARDING    BPDU
    0      GigabitEthernet0/0/9      DESI    FORWARDING    NONE
    0      GigabitEthernet0/0/10     DESI    FORWARDING    NONE
```

配置完成后,从上述回显的灰色部分可以看出,S1 和 S2 上的 G0/0/4 端口已经配置 BPDU 保护功能。

步骤六　配置环路保护功能

在运行 RSTP 协议的网络中,交换机依靠不断接收来自上游设备的 BPDU 报文维持根端口和 Alternate 端口的状态。如果由于链路拥塞或者单向链路故障导致交换机收不到来自上游设备的 BPDU 报文,交换机会重新选择根端口。原先的根端口会转变为指定端口,而原先的阻塞端口会迁移到转发状态,从而会引起网络环路。可以在交换机上配置环路保护功能,避免此种情况发生。

首先在 S1 上查看端口角色。

```
[S1]display   stp brief
  MSTID  Port                      Role   STP State    Protection
    0    GigabitEthernet0/0/4      DESI   FORWARDING   BPDU
    0    GigabitEthernet0/0/9      ROOT   FORWARDING   NONE
    0    GigabitEthernet0/0/10     ALTE   DISCARDING   NONE
```

可以看到 S1 上的 G0/0/9 和 G0/0/10 端口分别为根端口和 Alternate 端口。在这两个端口上配置环路保护功能。

```
[S1]interface GigabitEthernet 0/0/9
[S1-GigabitEthernet0/0/9]stp loop-protection
[S1-GigabitEthernet0/0/9]quit
[S1]interface GigabitEthernet 0/0/10
[S1-GigabitEthernet0/0/10]stp loop-protection
```

执行 display stp brief 命令查看端口上配置的保护功能。

```
<S1>display   stp brief
  MSTID  Port                      Role   STP State    Protection
    0    GigabitEthernet0/0/4      DESI   FORWARDING   BPDU
    0    GigabitEthernet0/0/9      ROOT   FORWARDING   LOOP
    0    GigabitEthernet0/0/10     ALTE   DISCARDING   LOOP
```

因为 S2 是根桥,S2 上的所有端口都是指定端口,无须配置环路保护功能。配置完成后,如果用户把 S1 配置为根桥,可以使用相同的步骤在 S2 的根端口和 Alternate 端口上配置环路保护功能。

配置文件代码如下。

```
<S1>display current-configuration
#
! Software Version V100R006C00SPC800
 sysname S1
#
 stp mode rstp
 stp bpdu-protection
#
interface GigabitEthernet0/0/4
 stp edged-port enable
#
interface GigabitEthernet0/0/9
```

```
 stp loop-protection
#
interface GigabitEthernet0/0/10
 stp loop-protection
#
user-interface con 0
user-interface vty 0 4
#
return
```

```
<S2>display current-configuration
#
! Software Version V100R006C00SPC800
 sysname S2
#
 stp mode rstp
 stp bpdu-protection
#
interface GigabitEthernet0/0/4
 stp edged-port enable
#
user-interface con 0
user-interface vty 0 4
#
return
```

```
<S3>display current-configuration
#
! Software Version V100R006C00SPC800
 sysname S3
#
interface Ethernet0/0/1
 shutdown
#
interface Ethernet0/0/13
 shutdown
#
interface Ethernet0/0/23
 shutdown
#
user-interface con 0
user-interface vty 0 4
```

```
#
return

<S4>display current-configuration
#
! Software Version V100R006C00SPC800
 sysname S4
#
interface Ethernet0/0/14
 shutdown
#
interface Ethernet0/0/24
 shutdown
#
user-interface con 0
user-interface vty 0 4
#
Return
```